D1726313

Sybille Handrock-Meyer
Differenzialgleichungen für Einsteiger

Sybille Handrock-Meyer

Differenzialgleichungen für Einsteiger

Eine anwendungsbezogene Einführung
für Bachelor-Studiengänge

Mit 60 Bildern, 11 Tabellen, 62 Beispielen und 43 Aufgaben
sowie einer Testklausur und Maple-Worksheets

Fachbuchverlag Leipzig
im Carl Hanser Verlag

Hochschuldozentin Dr. rer. nat. habil. Sybille Handrock-Meyer
Technische Universität Chemnitz
Fakultät für Mathematik
http://www.tu-chemnitz.de/~syha

Bibliografische Information der Deutschen Nationalbibliothek

Die Deutsche Nationalbibliothek verzeichnet diese Publikation in der Deutschen Nationalbibliografie; detaillierte bibliografische Daten sind im Internet über http://dnb.d-nb.de abrufbar.

ISBN: 978-3-446-40770-1

Fachbuchverlag Leipzig im Carl Hanser Verlag
© 2007 Carl Hanser Verlag München
Internet: http://www.hanser.de

Lektorat: Christine Fritzsch
Herstellung: Renate Roßbach
Satz: Sybille Handrock-Meyer, Chemnitz
Druck und Bindung: Druckhaus „Thomas Müntzer" GmbH, Bad Langensalza
Printed in Germany

Vorwort

If people do not believe that mathematics is simple, it is only because they do not realize how complicated life is!

(John von Neumann)

Gewöhnliche Differenzialgleichungen sind für Ingenieure und Naturwissenschaftler ein unentbehrliches Hilfsmittel. Deshalb nimmt diese Thematik bei der Ausbildung der Studenten in technischen Bereichen einen gebührenden Platz ein. Das vorliegende Buch ist als eine anwendungsorientierte Einführung zu verstehen und wendet sich besonders an Einsteiger und an Studenten technischer Bachelor-Studiengänge. Ich habe mich bemüht, nach drei Gesichtspunkten vorzugehen:

1. Die mathematischen Vorkenntnisse der Leser so gering wie möglich anzusetzen,

2. den Anwendungsaspekt zu betonen,

3. moderne Methoden der Computeralgebra einzubinden.

Das Buch ist für Studenten ab dem dritten Semester gedacht. Ein Teil der Beispiele und Aufgaben wird von der mathematischen Modellierung des Problems bis zur Interpretation der Lösung bearbeitet. Die ersten sechs Kapitel enthalten Kontrollfragen und einen Aufgabenteil. Im Kapitel 7 sind einfach nachzuvollziehende Beispiele für das Computeralgebrasystem MAPLE aufgelistet. Die entsprechenden MAPLE-Worksheets können unter

http://www.tu-chemnitz.de/~ syha/

heruntergeladen werden, um selbstständig zu üben. In den Anhängen 1 und 2 sind die Lösungen der Modellierungsbeispiele und der Aufgaben zu den Kapiteln 1 bis 6 zu finden. Eine Testklausur im Anhang 3 gibt die Möglichkeit zur Überprüfung des Wissensstandes der Leser.

Selbstverständlich war bei dieser Konzeption und dem Umfang des Buches als Einsteigerliteratur eine Stoffeingrenzung erforderlich. Ich habe mich deshalb im Wesentlichen auf die in den Anwendungen häufig vorkommenden linearen gewöhnlichen Differenzialgleichungen und lineare Systeme erster Ordnung beschränkt. Dabei wird nur der Fall konstanter Koeffizienten abgehandelt. Auf Beweise wird verzichtet. Wer tiefer in die Theorie der gewöhnlichen Differenzialgleichungen eindringen möchte, kann dies mithilfe der im Literaturverzeichnis aufgeführten Bücher tun.

Bedanken möchte ich mich bei den Studenten Andreas Ficker und Falko Hiller, die Teile des Manuskriptes lasen und ganz besonders bei Jens Köhler, der außerdem noch einen Teil der Aufgaben nachprüfte und die MAPLE-Worksheets testete. Ihre Vorschläge und Anregungen haben wesentlich zur Verbesserung das Manuskriptes beigetragen.

Meinem verehrten Kollegen PD Klaus R. Schneider (Berlin), der ebenfalls Teile des Buches durchsah, verdanke ich viele fruchtbringende Diskussionen zum Thema. Prof. Bernd Luderer und PD Uwe Streit (beide TU Chemnitz) habe ich für die kritische Durchsicht des Manuskriptes zu danken. Sie waren mir mit ihrer mathematischen und sprachlichen Kompetenz eine große Hilfe und haben mich auf manche Unstimmigkeit hingewiesen. Herzlichen Dank auch meinem Mann, welcher mir besonders in der Endphase der Manuskripterstellung den Rücken freihielt.

An dieser Stelle möchte ich mich auch bei Frau Christine Fritzsch vom Fachbuchverlag Leipzig für die konstruktive und angenehme Zusammenarbeit bedanken.

Hinweise und Anregungen von Studenten und Lehrkräften werden stets dankend entgegengenommen.

Und nun viel Spaß beim Studium des Buches!

Chemnitz, im März 2007   Sybille Handrock-Meyer

Inhaltsverzeichnis

1 Grundlegende Begriffe

1.1 Was ist eine gewöhnliche Differenzialgleichung?

Unser Ziel ist es, Vorgänge in der Natur und Technik durch Gesetze und Formeln zu erfassen und daraus auf Eigenschaften und neue Gesetzmäßigkeiten zu schließen. Beginnen wir mit der aus dem Schulunterricht bekannten geradlinigen gleichförmigen Bewegung eines Körpers. Diese ist als eine Funktion der Zeit t darstellbar:

$$s(t) = v_0 t + s_0.$$

Dabei bezeichnet s_0 den zum Zeitpunkt $t = 0$ zurückgelegten Weg und v_0 eine konstante Geschwindigkeit. Die erste Ableitung der Weg-Zeit-Funktion $s(t)$ ist die Geschwindigkeit $v(t)$ der Bewegung, also $v(t) = s'(t) = v_0$. Die zweite Ableitung liefert die Beschleunigung $a(t)$ der Bewegung: $a(t) = s''(t) = 0$.

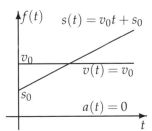

Bild 1.1: Geradlinige gleichförmige Bewegung

Die drei Funktionen sind in *Bild 1.1* dargestellt. Ist nun umgekehrt eine konstante Geschwindigkeit gegeben, so ergibt sich durch Integration der Gleichung $s'(t) = v_0$ wieder das Weg-Zeit-Gesetz der geradlinigen gleichförmigen Bewegung mit der Integrationskonstante s_0, die einen beliebigen reellen Wert annehmen kann. Dies drückt den aus der Physik bekannten Fakt aus, dass man allein aus der Vorgabe der Geschwindigkeit das Bewegungsgesetz nicht eindeutig ermitteln kann. Mathematisch formuliert heißt das, die Gleichung $s'(t) = v_0$ besitzt keine eindeutige Lösung.

Im Falle der geradlinigen gleichförmigen Bewegung kommt man also durch Integration der Geschwindigkeitsgleichung zum Weg-Zeit-Gesetz.

Für eine einfache algebraische Bestimmungsgleichung der Gestalt $py = q$ mit der unbekannten Größe y und gegebenen reellen Zahlen p und q erhält man, falls $p \neq 0$, eine eindeutige Lösung $y = \dfrac{q}{p}$. Sind $p(t)$, $q(t)$ und $y(t)$ in einem offenen Intervall $]a, b[$ definierte und stetige Funktionen einer unabhängigen Veränderlichen t, so spricht man von einer Gleichung bezüglich der unbekannten Funktion $y(t)$. Wie oben gilt, falls $p(t) \neq 0$ für alle $t \in]a,b[$, so ist $y(t) = \dfrac{q(t)}{p(t)}$ die eindeutige Lösung der Gleichung.

Wir betrachten nun den Fall, dass anstelle der Funktion $y(t)$ ihre Ableitung $y'(t)$ in die Gleichung eingeht. Dann ergibt sich eine einfache Differenzialgleichung. Unter der Voraussetzung $p(t) \neq 0$ für alle $t \in]a,b[$ erhält man zunächst $y'(t) = \dfrac{q(t)}{p(t)}$. Wir setzen $\dfrac{q(t)}{p(t)} =: f(t)$. Bekanntlich nennt man eine Funktion $y(t)$ mit der Eigenschaft

$$y'(t) = f(t) \tag{1.1}$$

Stammfunktion von $f(t)$. Offensichtlich ist $f(t)$ stetig in $]a,b[$ und besitzt folglich in $]a,b[$ eine Stammfunktion. Da die Ableitung einer Konstanten gleich null ist, gibt es stets unendlich viele Stammfunktionen, die sich voneinander durch eine Konstante unterscheiden. Die Gleichung (1.1) kann als eine einfache **gewöhnliche Differenzialgleichung** aufgefasst werden. Als Spezialfall ergibt sich für die geradlinige gleichförmige Bewegung $y'(t) = v_0$, wenn die Zeit t die unabhängige Variable ist. Folglich lässt sich das Auffinden aller Lösungen der Differenzialgleichung (1.1) zurückführen auf das Problem des Aufsuchens der Gesamtheit der Stammfunktionen oder des unbestimmten Integrals:

$$y(t) = \int_{t_0}^{t} f(z)\,\mathrm{d}z + C. \tag{1.2}$$

Dabei ist t_0 eine gewisse fixierte Zahl aus dem Intervall $]a,b[$ und C eine beliebige Konstante. Geometrisch stellt (1.2) eine vom Parameter C abhängige **Kurvenschar** dar, d. h., die Eindeutigkeit der Lösung ist nicht gegeben. Dies gilt generell für Differenzialgleichungen.

Die Eindeutigkeit lässt sich aber durch Vorgabe von zusätzlichen Bedingungen erzwingen. Für die Lösungsmenge (1.2) bedeutet dies: Die Konstante C lässt sich eindeutig festlegen, falls die **Lösung** in einem Punkt bekannt ist. Sei $y(t_0) = y_0$ bekannt. Dann ist

$$y(t) = \int_{t_0}^{t} f(z)\,\mathrm{d}z + y_0 \tag{1.3}$$

diejenige **Lösung**, deren Kurve durch den Punkt (t_0, y_0) hindurchgeht.

Es sei z. B. $y' = 2t$. Aus (1.3) erhält man die Lösung, deren Kurve durch den Punkt (t_0, y_0) hindurchgeht, in der Form

$$y(t) = \int_{t_0}^{t} 2z\,\mathrm{d}z + y_0 = \left[t^2\right]_{t_0}^{t} + y_0 = t^2 - t_0^2 + y_0.$$

Eine weitere einfache gewöhnliche Differenzialgleichung hat die Form

$$y'(t) = f(y), \qquad (1.4)$$

wobei die rechte Seite jetzt von der abhängigen Veränderlichen y abhängt. Um diese Gleichung auf eine solche vom Typ (1.1) zurückzuführen, fordern wir: Es sei $f(y)$ stetig in $]c,d[$ und $f(y) \neq 0$ für alle $y \in]c,d[$. Nach der Ableitungsregel für die Umkehrfunktion gilt: $y'(t) = \dfrac{1}{t'(y)}$. Dies gibt uns die Möglichkeit, anstelle von (1.4) die Differenzialgleichung

$$t'(y) = \frac{1}{f(y)} =: g(y)$$

zu betrachten, welche, wenn man die Rolle von t und y vertauscht, vom Typ (1.1) ist. Dann besitzt $g(y)$ in $]c,d[$ eine Stammfunktion, und die Gesamtheit der Stammfunktionen

$$t(y) = \int_{y_0}^{y} g(\tau)\, d\tau + C \qquad (1.5)$$

ist wieder eine **einparametrische Kurvenschar**. Wegen $f(y) \neq 0$ für alle $y \in]c,d[$ wechselt $g(y)$ in diesem Intervall das Vorzeichen nicht. Aus (1.5) folgt dann, dass $t(y)$ streng monoton ist, d.h., es existiert eine eindeutige Umkehrfunktion $y = \varphi(t)$.

Viele Naturgesetze und Vorgänge lassen sich durch gewöhnliche Differenzialgleichungen beschreiben, jedoch nicht alle. Beispielsweise ist durch $y''(t) = y(t-1)$ keine gewöhnliche Differenzialgleichung für $y = y(t)$ gegeben, weil die Gleichung nicht $y''(t)$ und $y(t)$ an der gleichen Stelle t, sondern an voneinander verschiedenen Stellen t und $t-1$ des Definitionsbereiches der Funktion $y = y(t)$ miteinander verknüpft. Es liegt eine Differenzialgleichung mit nacheilendem Argument vor, die zu den Differenzen-Differenzialgleichungen gehört. Diese beschreiben Verzögerungserscheinungen. Auch durch die Gleichung

$$y'(t) + \int_{a}^{b} y(z)\, dz = 0$$

ist keine gewöhnliche Differenzialgleichung für $y(t)$ gegeben, sondern eine so genannte **Integrodifferenzialgleichung**. Ferner unterscheidet man Differenzialgleichungen für Funktionen einer unabhängigen Veränderlichen (gewöhnliche Differenzialgleichungen) von solchen für Funktionen mit mehreren unabhängigen Veränderlichen (partielle Differenzialgleichungen). Als Beispiel betrachten wir eine Saite, die in einer Ebene schwingt. Die Auslenkung u jedes Saitenpunktes x zu einem beliebigen Zeitpunkt t kann durch eine Funktion $u = u(x,t)$ von zwei unabhängigen Variablen angegeben werden, die bei kleinen Amplituden die Gleichung $u_{tt} = a^2 u_{xx}$ (a^2 konstant) erfüllt. Dabei bezeichnen u_{tt} und u_{xx} die partiellen Ableitungen zweiter Ordnung der Funktion u nach t bzw. nach x.

1.2 Einteilung gewöhnlicher Differenzialgleichungen

Definition 1.1

Unter einer gewöhnlichen Differenzialgleichung n-ter Ordnung für eine Funktion $y = y(t)$ versteht man eine Gleichung, die die unabhängige Veränderliche t mit der abhängigen Veränderlichen y und deren Ableitungen $y', y'', \ldots y^{(n)}$ für jeden Wert des Definitionsbereiches der Funktion $y = y(t)$ miteinander verknüpft. Dabei wird vorausgesetzt, dass $y^{(n)}$ in der Gleichung tatsächlich vorkommt.

Die Ordnung der höchsten in die Differenzialgleichung eingehenden Ableitung legt also die Ordnung der Differenzialgleichung fest. Die Ableitungen niederer Ordnung müssen jedoch nicht alle in der Gleichung vorkommen.

Die gewöhnliche Differenzialgleichung

$$e^{-2\ln y''} - \frac{1}{(y'')^2} + (3 - t^2)y' = e^{3t} \qquad \text{ist wegen}$$

$$e^{-2\ln y''} = e^{\ln(y'')^{-2}} = (y'')^{-2} = \frac{1}{(y'')^2}$$

nicht von zweiter, sondern von erster Ordnung, da sich y'' heraushebt und somit nicht in der Gleichung vorkommt.

Lässt sich eine gewöhnliche Differenzialgleichung n-ter Ordnung in der Form

$$F(t, y, y', \ldots, y^{(n)}) = 0, \tag{1.6}$$

darstellen, wobei F eine vorgegebene Funktion von $n + 2$ Veränderlichen $t, y, y', \ldots, y^{(n)}$ ist, so spricht man von einer **implizit gegebenen Differenzialgleichung**.

Ein Beispiel einer implizit gegebenen Differenzialgleichung ist

$$F(t, y, y') = y - ty' + (y')^2 = 0.$$

Ist (1.6) eindeutig nach $y^{(n)}$ auflösbar, d. h., kann man

$$y^{(n)} = f(t, y, y', \ldots, y^{(n-1)}) \tag{1.7}$$

schreiben, wobei f eine vorgegebene Funktion von $n + 1$ Veränderlichen $t, y, y', \ldots, y^{(n-1)}$ ist, so spricht man von einer **explizit gegebenen Differenzialgleichung**.

Als Beispiel betrachten wir die Gleichung $y'' = 2yy'$.

Des Weiteren kann man die Menge aller gewöhnlichen Differenzialgleichungen in lineare und nichtlineare Gleichungen einteilen.

Definition 1.2

Wenn die Gleichung (1.6) die gesuchte Funktion y sowie ihre Ableitungen y', y'', $\ldots, y^{(n)}$ nur in der ersten Potenz enthält und keine Produkte der Funktionen y, $y', y'', \ldots, y^{(n)}$ in die Gleichung eingehen, so nennt man (1.6) linear. Anderenfalls heißt (1.6) nichtlinear.

Als Beispiel betrachten wir den Differenzialausdruck

$$y^{(n)} + a_{n-1}(t)y^{(n-1)} + \ldots + a_1(t)y' + a_0(t)y = g(t),$$

welcher lineare gewöhnliche Differenzialgleichung n-ter Ordnung genannt wird. Dabei heißt die Funktion $g(t)$, in welcher y und ihre Ableitungen nicht vorkommen, **Störglied** der **linearen Differenzialgleichung**.

Die Gleichung $y'' - \sin y = 0$ stellt ein Beispiel einer nichtlinearen gewöhnlichen Differenzialgleichung 2. Ordnung dar.

Für lineare Differenzialgleichungen gibt es allgemeine Lösungsmethoden, die im Weiteren behandelt werden. Im nichtlinearen Fall sind nur in Spezialfällen analytische Lösungsmethoden bekannt, die nicht Gegenstand dieses Buches sind.

1.3 Lösungen und ihre geometrische Interpretation

Definition 1.3

Wir bezeichnen mit $D(y)$ das Definitionsgebiet der Funktion $y(t)$. **Lösung** von (1.6) bzw. (1.7) heißt jede Funktion $y = y(t)$, $t \in D(y)$ mit folgenden Eigenschaften:

- Die Funktion $y = y(t)$ ist in ihrem Definitionsbereich $D(y)$ n-fach differenzierbar, d.h., die Funktionen $y(t), y'(t), \ldots, y^n(t)$ existieren für alle $t \in D(y)$ bis zur Ordnung n einschließlich.
- Nach Einsetzen von $y(t), y'(t), \ldots, y^{(n)}$ in die Differenzialgleichung (1.6) bzw. (1.7) sind diese Gleichungen für jedes $t \in D(y)$ erfüllt.

Die zu $y = y(t)$ gehörige Kurve in der t, y-Ebene heißt Lösungskurve.

Beispiel 1.1

     Lösen Sie die Differenzialgleichung vom Typ (1.4):

$$y'(t) = -ky. \tag{1.8}$$

Lösung:

Für $y \neq 0$ lässt sich (1.8) in der Form

$$t'(y) = -\frac{1}{k} \cdot \frac{1}{y} =: g(y)$$

mit $g(y) \neq 0$ schreiben. Integration gemäß Formel (1.5) liefert:

$$t(y) = -\frac{1}{k} \ln |y| + C_1.$$

Zur bequemen Bildung der Umkehrfunktion $y = y(t)$ ist es zweckmäßig, $C_1 = \frac{1}{k} \ln |C|$ zu setzen, wobei C ebenfalls eine beliebige Konstante ist. Dann ergibt sich

$$t(y) = \frac{1}{k} \ln \left| \frac{C}{y} \right|$$

oder

$$y(t) = C e^{-kt} \qquad D(y) =]-\infty, +\infty[. \qquad (1.9)$$

Da die Konstante C beliebig ist, können die Betragsstriche weggelassen werden.

Somit besitzt die Differenzialgleichung (1.8) unendlich viele Lösungen im Sinne der Definition 1.3, welche die Form (1.9) besitzen.

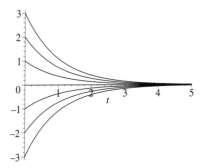

Bild 1.2

In *Bild 1.2* ist die Lösungskurvenschar für $C = \pm 1, \pm 2, \pm 3$ und $t \in]0, +\infty[$ dargestellt. Für $C = 0$ erhält man die Halbgerade $y = 0$ für $t > 0$. ∎

Für Anwendungen ist der Lösungsbegriff gemäß Definition 1.3 zu eng. Es ist oft erforderlich, lineare Differenzialgleichungen mit **unstetigem Störglied** zu lösen.

Beispiel 1.2

    Ermitteln Sie alle Lösungen der Differenzialgleichung 1. Ordnung

$$y'(t) = g(t) = \begin{cases} 1 & \text{für} \quad -\infty < t < 0 \\ 2t & \text{für} \quad 0 \leq t < +\infty. \end{cases} \qquad (1.10)$$

Lösung:

Das Störglied $g(t)$ der Differenzialgleichung (1.10) ist in *Bild 1.3* dargestellt. Im Intervall $-\infty < t < 0$ besitzt (1.10) unendlich viele Lösungen der Gestalt

$$y(t) = t + C_1 \qquad (-\infty < t < 0)$$

und im Intervall $0 \leq t < +\infty$ unendlich viele Lösungen der Form

$$y(t) = t^2 + C_2 \qquad (0 \leq t < +\infty).$$

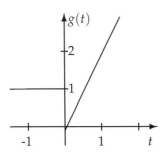

Bild 1.3: Störglied der Gleichung (1.10)

Es ist zu prüfen, ob die unendlich vielen Lösungen auf den Teilintervallen durch Zusammenfügen Lösungen von (1.10) auf dem Intervall $-\infty < t < +\infty$ liefern. Wenn

$$y(t) = \begin{cases} t + C_1 & \text{für} \quad -\infty < t < 0 \\ t^2 + C_2 & \text{für} \quad 0 \leq t < +\infty \end{cases} \tag{1.11}$$

(vgl. *Bild 1.4*) eine Lösung von (1.10) sein soll, so muss die durch (1.11) gegebene Funktion gemäß Definition 1.3 an der Stelle $x = 0$ differenzierbar und folglich dort stetig sein. Aus der Stetigkeitsforderung von (1.11) an der Stelle $t = 0$ erhält man $C_1 = C_2$. Es ergibt sich somit (siehe *Bild 1.5*)

$$y(t) = \begin{cases} t + C_1 & \text{für} \quad -\infty < t < 0 \\ t^2 + C_1 & \text{für} \quad 0 \leq t < +\infty. \end{cases} \tag{1.12}$$

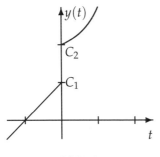

Bild 1.4

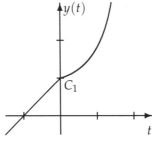

Bild 1.5

Allerdings ist die durch (1.12) gegebene Funktion keine Lösung von (1.10) auf dem Intervall $-\infty < t < +\infty$ im Sinne der Definition 1.3, da (1.12) an der Stelle $t = 0$ zwar stetig, aber nicht differenzierbar ist, denn dort ist die linksseitige Ableitung gleich eins und die rechtsseitige Ableitung gleich null. Somit besitzt (1.10) im Intervall $-\infty < t < +\infty$ keine Lösung im Sinne von Definition 1.3, jedoch gibt es in den Teilintervallen $-\infty < t < 0$ und $0 \leq t < +\infty$ jeweils unendlich viele Lösungen. ∎

Um auch in solchen Fällen eine Lösung zu erhalten, definieren wir einen allgemeineren Lösungsbegriff.

Definition 1.4

Lösung von (1.6) bzw. (1.7) **im erweiterten Sinne** heißt jede Funktion $y = y(t)$, $t \in D(y)$ mit folgenden Eigenschaften:

- Die Funktion $y = y(t)$ ist in ihrem Definitionsbereich $D(y)$ n-fach differenzierbar, bis auf gewisse Stellen von $D(y)$, in denen $y^{(n-1)}$ nicht differenzierbar ist. Es wird jedoch gefordert, dass dort die einseitigen Ableitungen von $y^{(n-1)}$ existieren und dass $y^{(n-1)}$ überall in $D(y)$ stetig ist.
- Nach Einsetzen von $y(t)$, $y'(t),\ldots,y^{(n)}$ in die Differenzialgleichung (1.6) bzw. (1.7) sind diese Gleichungen für alle Existenzstellen der Funktion $y = y^{(n)}(t)$, $x \in D(y)$, erfüllt.

Bei Verwendung dieses erweiterten Lösungsbegriffes liefert (1.12) im Intervall $-\infty < t < +\infty$ unendlich viele Lösungen der Differenzialgleichung (1.10), denn für $n = 1$ ist die $(n-1)$-te (also 0-te Ableitung) die Funktion $y(t)$ selbst.

Wir haben gesehen, dass die Lösung einer explizit gegebenen Differenzialgleichung 1. Ordnung von einer willkürlichen Konstanten abhängt. Es erweist sich, dass die Lösung einer explizit gegebenen Differenzialgleichung n-ter Ordnung der Form (1.7) von n willkürlichen Konstanten abhängt.

Definition 1.5

- Jede Lösung $y = y(t, C_1, \ldots, C_n)$ der Differenzialgleichung (1.7), die n willkürliche Konstanten (oder Parameter) $C_1, \ldots, C_n$ enthält und die Eigenschaft besitzt, dass sich jede beliebige Lösung von (1.7) durch spezielle Wahl dieser Konstanten ergibt, heißt **allgemeine Lösung** der Differenzialgleichung (1.7).
- Jede Lösung, die man aus der allgemeinen Lösung durch Einsetzen fixierter Werte für $C_1, \ldots, C_n$ erhält, heißt **spezielle Lösung** von (1.7).

In vielen Fällen erhält man die allgemeine Lösung von (1.7) in impliziter Form, d.h., in Form einer Gleichung, die nicht nach y aufgelöst ist. Deshalb führen wir den Begriff des **allgemeinen Integrals** ein.

Definition 1.6

Die Gleichung $\Phi(x, y, C_1, \ldots, C_n) = 0$ heißt **allgemeines Integral** der Differenzialgleichung (1.7), wenn sie die **allgemeine Lösung** von (1.7) als implizit gegebene Funktion definiert.

1.4 Anfangs- und Randwertprobleme

In den Anwendungen interessiert man sich weniger für die allgemeine Lösung. Vielmehr gibt man Zusatzbedingungen vor, die nur von einem Teil der Lösungsgesamtheit, oft sogar nur von einer einzigen Lösung der Differenzialgleichung erfüllt werden. Die Zusatzbedingungen ergeben sich in der Regel aus dem Anwendungsproblem. Die Fragestellung lautet: Wie viele und welche zusätzlichen Bedingungen sind zu stellen, um eine eindeutige, dem Anwendungsproblem entsprechende Lösung aus der allgemeinen Lösung herauszufiltern? Die Anzahl der für die Eindeutigkeit der Lösungen erforderlichen Zusatzbedingungen hängt eng mit der Anzahl der Integrationskonstanten zusammen. Da die allgemeine Lösung der Differenzialgleichung (1.7) von n willkürlichen Konstanten abhängt, erscheint es für die eindeutige Bestimmung einer speziellen Lösung zunächst sinnvoll, n zusätzliche Bedingungen an y und ihre Ableitungen vorzugeben. Doch so einfach ist der Zusammenhang nicht. Die Existenz und Eindeutigkeit einer speziellen Lösung hängt nicht nur von der Anzahl, sondern auch von der Art der zusätzlichen Bedingungen ab. Man unterscheidet folgende Arten von Zusatzbedingungen:

Definition 1.7

Werden bei einer Differenzialgleichung für die Lösung bzw. für deren Ableitungen

- an einer einzigen Stelle ihres Definitionsbereiches zusätzliche Bedingungen vorgegeben, so spricht man von **Anfangsbedingungen**,
- an mehreren Stellen ihres Definitionsbereiches zusätzliche Bedingungen vorgegeben, so spricht man von **Randbedingungen**.

Eine Differenzialgleichung zusammen mit

- Anfangsbedingungen nennt man ein **Anfangswertproblem**,
- Randbedingungen nennt man ein **Randwertproblem**.

Speziell formulieren wir das Anfangswertproblem für die Differenzialgleichung (1.7): Unter allen Lösungen von (1.7) ist diejenige Lösung $y(t)$ zu bestimmen, die zusammen mit ihren Ableitungen bis zur Ordnung $n-1$ einschließlich für einen vorgegebenen Wert t_0 der unabhängigen Variablen t die Werte

$$y(t_0) = y_0, \, y'(t_0) = y_0', \, \dots , y^{(n-1)}(t_0) = y_0^{(n-1)} \tag{1.13}$$

annimmt, wobei $t_0, y_0, y_0', \dots , y_0^{(n-1)}$ vorgegebene Zahlen sind, die **Anfangsdaten** heißen. Die Zahlen $y_0, y_0', \dots , y_0^{(n-1)}$ heißen **Anfangswerte** der Lösung $y = y(t)$, die Zahl t_0 **Anfangswert** der unabhängigen Variablen. Die Bedingungen (1.13) nennt man **Anfangsbedingungen** dieser Lösung.

Beispiel 1.3

Berechnen Sie die Lösung der linearen gewöhnlichen Differenzialgleichung 2. Ordnung $y''(t) = 0$ unter verschiedenen Zusatzbedingungen.

Lösung:

Man löst diese Gleichung durch zweimalige Integration und erhält $y'(t) = C_1$ und $y = y(t) = C_1 t + C_2$.

Geometrisch stellt die **allgemeine Lösung** der Gleichung $y''(t) = 0$ eine zweiparametrische Kurvenschar dar. **Lösung** ist jede Gerade in der t, y-Ebene mit Ausnahme der Geraden parallel zur y-Achse. Zur Festlegung der willkürlichen Konstanten C_1 und C_2 geben wir auf verschiedene Art und Weise jeweils zwei Zusatzbedingungen vor.

(1) Anfangsbedingungen

Nach dem oben Gesagten sind für $n = 2$ in einem Punkt t_0 Bedingungen der Form $y(t_0) = y_0$ und $y'(t_0) = y'_0$ vorzugeben. Für die betrachtete Differenzialgleichung heißt das geometrisch: Es ist die spezielle Gerade gesucht, die durch den Punkt (t_0, y_0) hindurchgeht und den Anstieg $y'(t_0) = y'_0$ besitzt.

Einsetzen der ersten sowie der zweiten Anfangsbedingung in die allgemeine Lösung liefert ein lineares algebraisches Gleichungssystem zur Bestimmung von C_1 und C_2:

$$\begin{aligned} y(t_0) &= C_1 t_0 + C_2 &= y_0 \\ y'(t_0) &= C_1 &= y'_0. \end{aligned}$$

Aus der zweiten Gleichung erhält man $C_1 = y'_0$ und aus der ersten $C_2 = y_0 - y'_0 t_0$. Das lineare algebraische Gleichungssystem ist eindeutig lösbar. Die gesuchte Gerade existiert also und ist durch die Funktion $y(t) = y'_0 t + y_0 - y'_0 t_0$ darstellbar, welche die Differenzialgleichung und die Anfangsbedingungen erfüllt.

(2) Randbedingungen

Es gibt verschiedene Möglichkeiten der Vorgabe von zwei Randbedingungen.

a) $y(t_1) = y_1, \quad y(t_2) = y_2, \quad t_1 \neq t_2$

Geometrisch bedeutet diese Vorgabe: Es ist die spezielle Gerade gesucht, die durch die Punkte (t_1, y_1) und (t_2, y_2) hindurchgeht. Klar ist, dass eine solche Gerade existiert, was sich auch rechnerisch nachweisen lässt. Setzt man nämlich die beiden Randbedingungen in die allgemeine Lösung ein, so erhält man das lineare algebraische Gleichungssystem

$$\begin{aligned} y(t_1) &= C_1 t_1 + C_2 &= y_1 \\ y(t_2) &= C_1 t_2 + C_2 &= y_2, \end{aligned}$$

welches eindeutig lösbar ist. Man erhält eine Gerade mit dem Anstieg $C_1 = \dfrac{y_1 - y_2}{t_1 - t_2}$ und dem Ordinatenabschnitt $C_2 = \dfrac{y_2 t_1 - y_1 t_2}{t_1 - t_2}$ und überprüft durch Einsetzen, dass die Lösung

$$y(t) = \frac{y_1 - y_2}{t_1 - t_2} t + y_1 - \frac{y_2 t_1 - y_1 t_2}{t_1 - t_2}$$

die Differenzialgleichung und die vorgegebenen Randbedingungen erfüllt, d. h., das vorgegebene Randwertproblem ist eindeutig lösbar.

b) $y'(t_1) = y'_1,\quad y'(t_2) = y'_2,\quad t_1 \neq t_2,\quad y'_1 \neq y'_2.$

Geometrisch bedeutet diese Vorgabe: Es ist die spezielle Gerade gesucht, die an der Stelle t_1 den Anstieg y'_1 und an der Stelle t_2 den Anstieg y'_2 besitzt. Offensichtlich gibt es für $y'_1 \neq y'_2$ keine solche Gerade. Durch Einsetzen der Randbedingungen in die Ableitung der allgemeinen Lösung ergibt sich ein widersprüchliches Gleichungssystem der Form $C_1 = y'_1$ und $C_1 = y'_2$, aus dem sich C_1 und C_2 nicht bestimmen lassen, d. h., das vorgegebene Randwertproblem ist nicht lösbar.

c) $y'(t_1) = y'_1,\quad y'(t_2) = y'_2,\quad t_1 \neq t_2,\quad y'_1 = y'_2.$

Geometrisch ist jetzt die spezielle Gerade gesucht, die an den Stellen t_1 und t_2 denselben Anstieg y'_1 besitzt. Es gibt unendlich viele solcher Geraden, die alle parallel zueinander sind. Aus dem linearen algebraischen Gleichungssystem lässt sich jetzt nur die Konstante $C_1 = y'_1$ ermitteln, die Konstante C_2 ist frei wählbar. Als Resultat erhält man die einparametrische Kurvenschar $y(t) = y'_1 t + C_2$. Das Randwertproblem besitzt in diesem Falle unendlich viele Lösungen.   ∎

Wie Beispiel 1.3 zeigt, ist auch für sehr einfache Randwertprobleme die Existenz einer Lösung bzw. die Eindeutigkeit der Lösung, falls eine solche existiert, nicht gewährleistet. Es erhebt sich also die Frage, unter welchen zusätzlichen Bedingungen lässt sich für möglichst umfangreiche Klassen von Differenzialgleichungen die eindeutige Lösbarkeit von Anfangs- bzw. Randwertproblemen nachweisen. Dazu gibt es viele Ergebnisse (vgl. z. B. [12],[15]).

1.5 Einige Beispiele zur Modellierung

Unter Modellierung eines Anwendungsproblems versteht man die mathematische Formulierung des gegebenen Sachverhaltes. Man erhält das so genannte mathematische Modell des Problems meist in Form von Gleichungen oder Ungleichungen. Beim Modellierungsprozess werden bekannte Gesetzmäßigkeiten aus den Naturwissenschaften, der Technik, der Ökonomie usw. herangezogen. In der Regel vernachlässigt man zunächst einige Effekte des Anwendungsproblems, um erst einmal ein einfaches mathematisches Modell zu erhalten, und überprüft, ob die Lösung des mathematischen Problems den modellierten Prozess vom Prinzip her ausreichend gut beschreibt. Wenn nicht, so ist die Modellierung nicht genau genug; z. B. kann ein für das Anwendungsproblem nicht zutreffendes Gesetz verwendet worden sein. In diesem Falle ist das Anwendungsproblem neu zu analysieren, um zu einer zutreffenden Beschreibung des Prozesses durch ein mathematisches Modell zu kommen. Es ist klar, dass die Modellierung von realen Prozessen sowohl solide mathematische Grundkenntnisse als auch solche aus dem jeweiligen Anwendungsgebiet erfordert. Falls das erhaltene mathematische Modell den Sachverhalt prinzipiell richtig beschreibt, so ist zu überlegen, ob die Beschreibung für den vorgesehenen Zweck genau genug ist oder ob das mathematische Modell verfeinert werden muss. Zur

Verfeinerung bringt man die zunächst vernachlässigten Effekte noch in das mathematische Modell ein. Dadurch wird dieses und natürlich auch seine Lösung komplizierter.

Die Zeitabhängigkeit vieler Prozesse führt sehr oft auf Differenzialgleichungen als mathematische Modelle. Dabei spielt die Zeit t die Rolle der unabhängigen Variablen. Die den Prozess beschreibende unbekannte Funktion setzen wir als differenzierbar voraus, damit durchzuführende Grenzübergänge zulässig sind. Diese Voraussetzung ist in vielen Anwendungsproblemen erfüllt.

Wir wollen den Modellierungsprozess an einigen Beispielen erläutern, deren Lösungen und damit zusammenhängende Fragestellungen im Anhang 1 zu finden sind.

Beispiel 1.4

> Stellen Sie eine Differenzialgleichung auf, die den Zerfall eines radioaktiven Stoffes beschreibt.

Modellierung:

Es sei $N(t)$ die zum Zeitpunkt t vorhandene Menge eines radioaktiven Stoffes und Δt ein kleines Zeitintervall. Für den zeitlichen Ablauf des Zerfalls einer radioaktiven Substanz wurde die Proportionalität

$$N(t + \Delta t) - N(t) \sim N(t)\Delta t$$

gefunden. Mit einem Proportionalitätsfaktor $k > 0$ erhält man also

$$N(t + \Delta t) - N(t) = -kN(t)\Delta t.$$

Bei positivem Proportionalitätsfaktor ist auf der rechten Seite ein negatives Vorzeichen zu schreiben, da die linke Seite der Gleichung negativ ist. Division der letzten Gleichung durch Δt ergibt auf der linken Seite einen Differenzenquotienten:

$$\frac{N(t + \Delta t) - N(t)}{\Delta t} = -kN(t).$$

Der Grenzübergang für $\Delta t \to 0$ liefert, da aufgrund unserer Voraussetzung $N(t)$ differenzierbar ist

$$\frac{dN}{dt} = -kN(t) \qquad \text{oder} \qquad N'(t) = -kN(t).$$

Die letzte Gleichung stellt ein mathematisches Modell für den zeitlichen Ablauf des radioaktiven Zerfalls mit der Zerfallskonstanten k dar. Die Zerfallsgeschwindigkeit $N'(t)$ ist negativ für alle betrachteten $t > 0$, also ist die Zerfallsfunktion $N(t)$ streng monoton fallend. Dies entspricht auch unserer Vorstellung über den Prozess. Falls die zum Zeitpunkt $t = 0$ vorhandene Menge eines radioaktiven Stoffes den Wert N_0 besitzt, so erhält man mit

$$N'(t) + kN(t) = 0, \qquad N(0) = N_0 \tag{1.14}$$

ein Anfangswertproblem für eine gewöhnliche Differenzialgleichung 1. Ordnung. Der Anfangswert N_0 wird aus Messungen ermittelt.   ∎

Beispiel 1.5

>   Stellen Sie eine Differenzialgleichung auf, die den Abkühlvorgang eines Körpers an der Luft beschreibt.

Modellierung:

Zur Vereinfachung nehmen wir an, dass die Außentemperatur T_u in der Umgebung des Körpers konstant sei und vernachlässigen die Maße sowie die spezifische Wärme des Körpers. Unter diesen Voraussetzungen gilt das NEWTONsche *Abkühlungsgesetz* in folgender Form:

$$T(t + \Delta t) - T(t) \sim (T(t) - T_u)\Delta t.$$

Mit einem Proportionalitätsfaktor $k > 0$ erhält man

$$T(t + \Delta t) - T(t) = -k(T(t) - T_u)\Delta t.$$

Wie in Beispiel 1.4 erhält man durch Grenzübergang und mit einer Anfangstemperatur $T(0) = T_0$ ein Anfangswertproblem der Form

$$T'(t) + kT(t) = -kT_u, \qquad T(0) = T_0. \tag{1.15}$$

Es ergibt sich eine einfache, in vielen Fällen brauchbare Beschreibung des vorliegenden Abkühlungsprozesses. Genauere Modellierung führt auf eine partielle Differenzialgleichung, die so genannte **Wärmeleitungsgleichung**.   ∎

Setzt man in (1.15) $T_u = 0$, so haben die Differenzialgleichungen (1.14) und (1.15) dieselbe Struktur, d. h., ihrer Natur nach völlig unterschiedliche Prozesse können auf Differenzialgleichungen desselben Typs führen. Diese Erscheinung tritt sehr oft auf und rechtfertigt die mathematische Untersuchung gewisser Klassen von Differenzialgleichungen auch ohne einen praktischen Hintergrund.

Beispiel 1.6

>   Ein Gefäß mit einem Volumen von 20 Litern (l) enthält ein Luftgemisch in der Zusammensetzung 80 % Stickstoff und 20 % Sauerstoff. In das Gefäß wird pro Sekunde 0,1 l Stickstoff eingelassen, der sich im gesamten Volumen des Gefäßes gleichmäßig vermischt. Pro Sekunde entweicht 0,1 l des Gemischs. Stellen Sie eine Differenzialgleichung dieses Vermischungsprozesses auf. Zusatzfrage: Nach wie viel Minuten sind 99 % Stickstoff im Gefäß?

Modellierung:

Es sei $y(t)$ die Stickstoffmenge im Gefäß zum Zeitpunkt t, gemessen in Litern. Wir berechnen die Änderung der Stickstoffmenge im Zeitintervall $[t, t + \Delta t]$. Dazu nehmen wir an, dass sich während der Zeitspanne Δt die Stickstoffmenge im Gefäß nicht ändere.

Nach Voraussetzung werden in einer Sekunde 0,1 l Stickstoff eingelassen, in Δt Sekunden beträgt die Zunahme der Stickstoffmenge im Gefäß demzufolge $0,1\Delta t$ l. Andererseits ist in dem pro Sekunde aus dem Gefäß mit einem Volumen von 20 l entweichenden Gemisch eine Stickstoffmenge von $\dfrac{0,1y(t)}{20}$ l enthalten und somit in Δt Sekunden ein Stickstoffanteil von $\dfrac{0,1y(t)}{20}\Delta t$ l.

Zum Zeitpunkt $t + \Delta t$ beträgt die Stickstoffmenge im Gefäß

$$y(t + \Delta t) = y(t) + 0,1\Delta t - \frac{0,1y(t)}{20}\Delta t.$$

Wir schreiben die Bilanzgleichung als Differenzenquotienten

$$\frac{\Delta y}{\Delta t} = \frac{y(t + \Delta t) - y(t)}{\Delta t} = 0,1 - \frac{0,1y(t)}{20}.$$

Der Übergang zum Grenzwert für $\Delta t \to 0$ liefert die Differenzialgleichung

$$y'(t) = -\frac{y(t)}{200} + 0,1. \tag{1.16}$$

Zum Zeitpunkt $t = 0$ beträgt die Stickstoffmenge 16 l (80 %). Daraus ergibt sich die Anfangsbedingung $y(0) = 16$. Die Zusatzfrage lässt sich beantworten, wenn die Lösung der Differenzialgleichungbekannt ist (siehe Anhang 1) ∎

Ein weiteres Anwendungsgebiet gewöhnlicher Differenzialgleichungen sind chemische Reaktionen (Stoffumwandlungen).

Beispiel 1.7

> Stellen Sie die Differenzialgleichung einer monomolekularen und einer bimolekularen Reaktion auf.

Modellierung:

Unter der Reaktionsgeschwindigkeit versteht man die erste Ableitung der Konzentration des Reaktionsproduktes nach der Zeit. Auf experimentiellem Wege lässt sich bestätigen, dass die Reaktionsgeschwindigkeit proportional dem Produkt der Konzentrationen der Ausgangsstoffe ist.

Bei einer monomolekularen Reaktion wird ein Stoff A in einen Stoff X umgewandelt:

$$A \longrightarrow X.$$

Sei $a(t)$ die Konzentration des Ausgangsstoffes A zum Zeitpunkt t und a die Konzentration von A für $t = 0$. Mit $x(t)$ bezeichnen wir die Konzentration des Reaktionsproduktes X zum Zeitpunkt t. Für jedes Molekül von X wird ein Molekül von A verbraucht, also gilt:

$$a(t) = a - x(t).$$

Bei einer **monomolekularen Reaktion** ist die Reaktionsgeschwindigkeit $x'(t)$ nur von der Konzentration des Ausgangsstoffes A abhängig, d. h. $x'(t) \sim a(t)$. Mit Einführung eines positiven Proportionalitätsfaktors k, welcher **Reaktionsgeschwindigkeitskonstante** genannt wird, erhält man

$$x'(t) = ka(t) = k(a - x(t)). \tag{1.17}$$

Bei einer **bimolekularen Reaktion** werden zwei Stoffe A und B in ein Reaktionsprodukt X umgewandelt:

$$A + B \longrightarrow X.$$

Sei $b(t)$ die Konzentration des Ausgangsstoffes B zum Zeitpunkt t und b die Konzentration von B für $t = 0$. Für jedes Molekül von X wird je ein Molekül von A bzw. B verbraucht, also gilt:

$$a(t) = a - x(t), \qquad b(t) = b - x(t).$$

Bei einer bimolekularen Reaktion hängt $x'(t)$ von den Konzentrationen $a(t)$ und $b(t)$ beider Ausgangsstoffe A und B ab, d. h. $x'(t) \sim a(t)\,b(t)$. Mit Einführung eines positiven Proportionalitätsfaktors k ergibt sich

$$x'(t) = ka(t)\,b(t) = k(a - x(t))(b - x(t)). \tag{1.18}$$

Liegt eine **äquimolekulare Reaktion** vor, d. h., alle Moleküle besitzen zu Beginn der Reaktion die gleiche Konzentration a, so vereinfacht sich (1.18) zu

$$x'(t) = ka^2(t) = k(a - x(t))^2. \tag{1.19}$$

Eine sinnvolle Anfangsbedingung für diese Gleichungen ist $x(0) = 0$, da zu Beginn der Reaktion noch kein Reaktionsprodukt vorhanden ist.

Wir vermerken noch, dass die Gleichung (1.17) linear ist, während die Gleichungen (1.18) und (1.19) nichtlinear sind. ∎

Beispiel 1.8

Stellen Sie eine Differenzialgleichung auf, die das Wachstum des Volkseinkommens beschreibt.

Modellierung:

Wir bezeichnen mit $y(t)$ das Volkseinkommen, mit $c(t)$ den Konsum sowie mit $i(t)$ die Investitionen einer Volkswirtschaft und treffen für $t \geq 0$ folgende Modellannahmen:

$$
\begin{aligned}
c(t) &= \alpha + \beta y(t) & (\alpha \geq 0, 0 < \beta < 1) \\
i(t) &= y(t) - c(t), \\
y'(t) &= \gamma i(t) & (\gamma > 0).
\end{aligned}
$$

Dabei beschreibt α den einkommensunabhängigen Konsumanteil, β den Proportionalitätsfaktor für den einkommensabhängigen Konsum und γ den Anteil der Investitionen, um den sich das Volkseinkommen ändert. Ferner sei $y(0) = y_0$ bekannt.

Setzt man die erste Gleichung in die zweite und diese dann in die dritte Gleichung ein, so erhält man das so genannte BOULDINGsche *Modell* für das Wachstum des Volkseinkommens in Form einer gewöhnlichen Differenzialgleichung 1. Ordnung:

$$y'(t) - \gamma(1 - \beta)\,y(t) = -\alpha\,\gamma \qquad t \geq 0. \tag{1.20}$$

Zusammen mit der Anfangsbedingung $y(0) = y_0$ ergibt sich ein Anfangswertproblem. ∎

1.6 Direkte und inverse Probleme

Bei den im Abschn. 1.5 betrachteten Beispielen sind wir stets nach demselben Schema vorgegangen: Ausgehend von einer Ursache versuchten wir, die Wirkung durch ein mathematisches Modell zu beschreiben. Schließt man von einer Ursache u auf eine Wirkung w, so spricht man von einem **direkten Problem**. Bezeichnet man mit $\mathbf{A}$ eine Abbildung aus der Menge der Ursachen in die Menge der Wirkungen, so kann man ein direktes Problem in der Form $\mathbf{A}\,u = w$ darstellen.

Direkte Probleme sind i. Allg. gut gestellt oder, wie man auch sagt, korrekt gestellt. Darunter versteht man, dass die Ursache u eine eindeutige Wirkung w erzeugt, d.h., das zugehörige mathematische Problem **besitzt eine eindeutige Lösung**. Außerdem bewirken kleine Änderungen in der Ursache auch kleine Änderungen in der Wirkung. Etwas mathematischer ausgedrückt heißt dies, dass die (eindeutige) Lösung des mathematischen Modells stetig von den Eingangsdaten (rechte Seite der Gleichung, Anfangsbedingungen) abhängt. Bei der stetigen Abhängigkeit wird vorausgesetzt, dass das mathematische Problem auf einem beschränkten Intervall $[a, b]$ definiert ist.

Wenn wir also die Eingangsdaten geringfügig ändern, so ändert sich auch die Lösung des Problems nur wenig. Diese Tatsache ist von grundlegender praktischer Bedeutung, da die Eingangsdaten in der Regel aus Messungen, die natürlich messfehlerbehaftet sind, gewonnen werden. Aus der Sicht des Anwenders sind gut gestellte Probleme solche, bei denen Schwankungen in den Daten, z. B. Messfehler, nicht das ganze Ergebnis verderben.

Schließt man umgekehrt von einer Wirkung w auf eine Ursache u, so spricht man von einem **inversen Problem**, welches in der Form $\mathbf{A}^{-1} w = u$ dargestellt werden kann, wobei $\mathbf{A}^{-1}$ die inverse Abbildung zu $\mathbf{A}$ bezeichnet.

Inverse Probleme sind oft schlecht gestellt oder, wie man auch sagt, inkorrekt gestellt, wenn wenigstens eine der drei Forderungen: Existenz einer Lösung, Eindeutigkeit der Lösung, falls sie existiert oder stetige Abhängigkeit der Lösung des mathematischen Problems verletzt ist. Wir erläutern dies anhand inverser Probleme aus der Medizin. Aus den Symptomen, die der Patient schildert, muss der Arzt auf die

Krankheitsursache schließen. Es ist klar, dass dies in vielen Fällen nicht eindeutig möglich ist, denn ein und dieselbe Wirkung kann die verschiedensten Ursachen haben. Mehr noch: Kleine Änderungen in der Wirkung können große Änderungen bei der Ursache nach sich ziehen. Die Lösung des inversen Problems ist dann weder eindeutig, noch hängt sie stetig von den Eingangsdaten ab.

Beispiel 1.9

Es sei ein direktes Problem in der Form $\mathbf{A}u = w$ gegeben. Die Ursache u sei als eine stetige Funktion $x = x(t)$ gegeben, die Wirkung w als eine differenzierbare Funktion $y = y(t)$. Beide Funktionen seien durch die Beziehung

$$\int_0^t x(\tau)\,d\tau = y(t), \qquad 0 \le t \le 1 \tag{1.21}$$

miteinander verknüpft. Das inverse Problem der Ermittlung der Ursache aus der Wirkung erhält man durch Differenziation von (1.21)

$$x(t) = y'(t). \tag{1.22}$$

Untersuchen Sie, ob direktes Problem (1.21) und inverses Problem (1.22) korrekt gestellt sind.

Lösung: Direktes Problem

Die Eingangsdaten, d. h. die Funktion $x(t)$, die die Ursache beschreibt, werden nun durch einen Term der Form $x_\delta(t) = \delta \sin\left(\dfrac{t}{\delta}\right)$ gestört. Offensichtlich gilt

$$|x_\delta(t)| = \delta \left|\sin\left(\frac{t}{\delta}\right)\right| \le \delta, \qquad \text{da} \quad \left|\sin\left(\frac{t}{\delta}\right)\right| \le 1$$

für alle t, also auch für alle $t \in [0,1]$ ist. Die kleine Störung in den Eingangsdaten pflanzt sich in der Wirkungsfunktion wie folgt fort:

$$\int_0^t (x(\tau) + x_\delta(\tau))\,d\tau = y_\delta(t).$$

Wir zeigen, dass sich die Funktionen $y_\delta(t)$ und $y(t)$ für $t \in [0,1]$ nur wenig voneinander unterscheiden. Es gilt:

$$
\begin{aligned}
|y_\delta(t) - y(t)| &= \left|\int_0^t (x(\tau) + x_\delta(\tau) - x(\tau))\,d\tau\right| = \left|\int_0^t x_\delta(\tau)\,d\tau\right| \\
&= \left|\int_0^t \delta \sin\left(\frac{\tau}{\delta}\right) d\tau\right| = \delta^2 \left|1 - \cos\left(\frac{t}{\delta}\right)\right| \le 2\delta^2.
\end{aligned}
$$

Dann ist auch die Ungleichung $|y_\delta(t) - y(t)| < 4\delta^2$ gültig. Wir setzen $4\delta^2 = \varepsilon$. Aus

$$|y_\delta(t) - y(t)| < \varepsilon \iff y(t) - \varepsilon < y_\delta(t) < y(t) + \varepsilon.$$

folgt: Der Graph der Funktion $y_\delta(t)$ liegt oberhalb des Graphen der Funktion $y(t) - \varepsilon$ und unterhalb des Graphen der Funktion $y(t) + \varepsilon$. Man sagt auch, der Graph der Funktion $y_\delta(t)$ befindet sich vollständig in einer Röhre mit der Mittelpunktsfunktion $y(t)$ und dem Radius ε. Diese Röhre heißt auch ε-Röhre. Für $t \in [0,1]$ verlässt der Graph von $y_\delta(t)$ die ε-Röhre nicht. In *Bild 1.6* ist $y_\delta(t)$ durch die gepunktete Kurve dargestellt, während $y(t) + \varepsilon$, $y(t)$ und $y(t) - \varepsilon$ mittels der oberen, mittleren und unteren durchgezogenen Kurve angegeben sind.

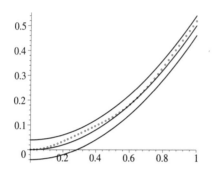

Bild 1.6: $x(t) = t, \delta = 0,1$

Kleine Änderungen in der Ursache ziehen kleine Änderungen in der Wirkung nach sich. Es liegt also stetige Abhängigkeit von den Eingangsdaten vor. Das direkte Problem (1.21) ist korrekt gestellt.

Lösung: Inverses Problem

Wir betrachten das inverse Problem (1.22). Jetzt wird die Funktion $y(t)$, die die Wirkung beschreibt, durch einen Term $y_\delta(t) = \delta \sin\left(\dfrac{t}{\delta}\right)$ gestört. Die kleine Störung in den Eingangsdaten pflanzt sich in der Ursachenfunktion wie folgt fort:

$$x_\delta(t) = y'(t) + y'_\delta(t) = y'(t) + \cos\left(\frac{t}{\delta}\right).$$

Dann gilt

$$
\begin{aligned}
|x_\delta(t) - x(t)| &= \left| y'(t) + \cos\left(\frac{t}{\delta}\right) - y'(t) \right| \\
&= \left| \cos\left(\frac{t}{\delta}\right) \right| \le 1
\end{aligned}
$$

oder

$$x(t) - 1 \le x_\delta(t) \le x(t) + 1.$$

Der Graph der Funktion $x_\delta(t)$ liegt jetzt in einer 1-Röhre mit der Mittelpunktsfunktion $x(t)$ und dem Radius 1, d. h., die Graphen der Funktionen $x(t)$ und $x_\delta(t)$ können sich wesentlich voneinander unterscheiden. Aus *Bild 1.7* ist ersichtlich, dass die Funktion $x_\delta(t) = 1 + \cos\left(\dfrac{t}{\delta}\right)$ um die Mittelpunktsfunktion $x(t) = 1$ der Röhre mit dem Radius 1 oszilliert.

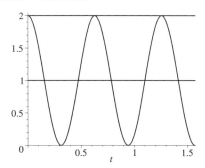

Bild 1.7: $y(t) = t$, $\delta = 0{,}1$

Kleine Änderungen in der Wirkung ziehen große Änderungen in der Ursache nach sich. Es liegt keine stetige Abhängigkeit von den Eingangsdaten vor. Das inverse Problem (1.22) ist inkorrekt gestellt.   ∎

Natürlich gibt es auch schlecht gestellte direkte und gut gestellte inverse Probleme (vgl. [11]). In der Theorie der Differenzialgleichungen treten inverse Probleme bei der Bestimmung von Koeffizienten bzw. rechten Seiten in den Gleichungen oder bei der Ermittlung von Größen in den Zusatzbedingungen auf. Oft sind die Proportionalitätskoeffizienten zu ermitteln. Die mathematische Berechnung solcher Koeffizienten ist von großer Bedeutung, da die experimentelle Ermittlung vielmals aus technischen oder finanziellen Gründen nicht möglich ist.

Beispiel 1.10

> In welcher Zeit kühlt sich ein Körper, der auf $100\,°C$ erhitzt wurde, bei einer Außentemperatur von $0\,°C$ auf $25\,°C$ ab, wenn er sich in 10 Minuten bis auf $50\,°C$ abkühlt? Dabei werde angenommen, dass die Abkühlgeschwindigkeit des Körpers proportional der Temperaturdifferenz von Körper und Außentemperatur sei.

Lösung: Direktes Problem

Zur Formulierung eines direkten Problems benötigen wir nur folgende Angaben:

- Es liegt ein Abkühlungsprozess vor.
- Für die Anfangstemperatur gilt: $T(0) = 100$.
- Für die Außentemperatur gilt: $T_u = 0$.

Wie in *Beispiel* 1.5 erhält man ein Anfangswertproblem der Form

$$T'(t) = -kT(t), \qquad T(0) = 100$$

(vgl. (1.15) mit $T_u = 0$ und $T(0) = 100$).

Die Berechnung der allgemeinen Lösung der Differenzialgleichung erfolgt wie in *Beispiel 1.1* (vgl. (1.8) und (1.9)). Es ergibt sich $T(t) = C\,\mathrm{e}^{-kt}$.

Durch Einsetzen der Anfangsbedingung $T(0) = 100$ in die allgemeine Lösung lässt sich die willkürliche Konstante C eindeutig bestimmen. Man erhält $C = 100$ und die spezielle Lösung

$$T(t) = 100\,\mathrm{e}^{-kt}, \tag{1.23}$$

die durch den Punkt $(0, 100)$ hindurchgeht. Damit ist das direkte Problem gelöst. Es ist korrekt gestellt, denn es existiert eine eindeutige Lösung $T(t)$, die stetig von den Eingangsdaten abhängt. Wir weisen die letzte Behauptung nach. Die Eingangsdaten entsprechen hier der Anfangsbedingung. Betrachtet man eine gestörte Anfangsbedingung der Form $T_\delta(0) = 100 \pm \delta$, so gilt

$$|T(0) - T_\delta(0)| \leq \delta \qquad \text{und}$$

$$|T(t) - T_\delta(t)| = |100\mathrm{e}^{-kt} - (100 \pm \delta)\mathrm{e}^{-kt}| \leq |\delta\mathrm{e}^{-kt}| \leq \delta,$$

d. h., kleine Änderungen in den Eingangsdaten ziehen kleine Änderungen in der Lösung nach sich.

Lösung: Inverses Problem

Die spezielle Lösung enthält noch den unbekannten Koeffizienten k, dessen Bestimmung ein inverses Problem ist. Zur Lösung eines inversen Problems benötigen wir noch zusätzliche Informationen über die Wirkung, d. h. über die den Abkühlvorgang beschreibende Funktion $T(t)$. Aus der Aufgabenstellung erhält man die Zusatzinformation $T(10) = 50$. Das inverse Problem lautet jetzt: Man bestimme k aus der Bedingung $T(10) = 50$.

Einsetzen dieser Bedingung in (1.23) liefert eine nichtlineare Bestimmungsgleichung für k in der Form: $50 = 100\,\mathrm{e}^{-k\cdot 10}$, woraus durch Logarithmieren $k = \dfrac{\ln 2}{10}$ folgt. Damit existiert für das inverse Problem ebenfalls eine eindeutige Lösung. Wir weisen die stetige Abhängigkeit des Proportionalitätsfaktors k von den Eigangsdaten nach. Für eine gestörte Wirkung $T_\delta(10) = 50 \pm \delta$ erhält man nach Einsetzen in (1.23) als gestörte Lösung des inversen Problems

$$k_\delta = -\frac{1}{10}\ln\left(\frac{1}{2} \pm \frac{\delta}{100}\right).$$

Für kleine δ ist $|T(10) - T_\delta(10)| = \delta$ klein und es gilt

$$
\begin{aligned}
|k - k_\delta| &= \left|\frac{\ln 2}{10} + \frac{1}{10}\ln\left(\frac{1}{2} \pm \frac{\delta}{100}\right)\right| = \left|\frac{1}{10}\ln\left(2\left(\frac{1}{2} \pm \frac{\delta}{100}\right)\right)\right| \\
&= \frac{1}{10}\left|\ln\left(1 \pm \frac{\delta}{50}\right)\right|.
\end{aligned}
$$

Aus der Beziehung $\ln(1 \pm z) \approx \pm z$ für $-1 < z < 1$ ist ersichtlich, dass $|k - k_\delta|$ von der Größenordnung $\dfrac{\delta}{500}$, also für kleine δ klein ist. Somit ist auch das oben formulierte inverse Problem korrekt gestellt.

Einsetzen des Wertes für k in (1.23) liefert

$$T(t) = 100\,\mathrm{e}^{-\frac{\ln 2}{10}t} = 100\left(\mathrm{e}^{\ln 2}\right)^{-\frac{t}{10}} = 100 \cdot 2^{-\frac{t}{10}}.\tag{1.24}$$

Der Temperaturverlauf ist aus *Bild 1.8* ersichtlich.

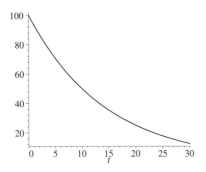

Bild 1.8

Lösung: Berechnung der Abkühlzeit

Die Frage in der Aufgabenstellung lautet: Wann hat sich der Körper auf $25\,^\circ C$ abgekühlt? Hier ist der Wert t gesucht, für den $T(t) = 25$ gilt. Einsetzen des Temperaturwertes in (1.24) ergibt $25 = 100 \cdot 2^{-\frac{t}{10}}$ oder $2^{-2} = 2^{-\frac{t}{10}}$. woraus $t = 20$ Minuten folgt.   ∎

1.7 Bis hierher alles klar?

Kontrollfragen

- Was ist eine Stammfunktion?
- Wie lässt sich die Gesamtheit der Stammfunktionen charakterisieren?
- Wodurch unterscheiden sich gewöhnliche Differenzialgleichungen von partiellen Differenzialgleichungen?
- Was versteht man unter der Ordnung einer gewöhnlichen Differenzialgleichung?
- Wann ist eine gewöhnliche Differenzialgleichung explizit gegeben?
- Wann ist eine gewöhnliche Differenzialgleichung implizit gegeben?
- Wann nennt man eine gewöhnliche Differenzialgleichung linear?
- Was ist das Störglied einer gewöhnlichen Differenzialgleichung?
- Was versteht man unter der Lösung einer Differenzialgleichung?
- Erläutern Sie den Begriff Lösung im erweiterten Sinne!
- Was versteht man unter der allgemeinen und einer speziellen Lösung einer gewöhnlichen Differenzialgleichung?
- Was versteht man unter einem Anfangswertproblem?

- Wodurch ist ein Randwertproblem charakterisiert?
- Was bedeutet es, wenn ein Randwertproblem keine Lösung besitzt?
- Charakterisieren Sie die Begriffe direktes und inverses Problem.
- Erläutern Sie die Begriffe korrekt und inkorrekt gestelltes Problem!
- Was bedeutet stetige Abhängigkeit von den Eingangsdaten?

Aufgaben

1.1 Bestimmen Sie alle Kurven, für die die Fläche des Dreiecks, das von der Tangente, der Ordinate des Berührungspunkts und der Abszissenachse gebildet wird, gleich einem konstanten Wert $a^2 > 0$ ist.

1.2 Bestimmen Sie alle Kurven, für die die Summe der Katheten des Dreiecks, das von der Tangente, der Ordinate des Berührungspunktes und der Abszissenachse gebildet wird, gleich einem konstanten Wert $b > 0$ ist.

1.3 Geben Sie die allgemeine Lösung der Differenzialgleichung $y'' = 1$ an. Untersuchen Sie das Anfangswertproblem mit den Anfangsbedingungen $y(0) = 1, y'(0) = 0$ sowie die Randwertprobleme mit den Randbedingungen Rb 1: $y(0) = 0, y(1) = 1$, Rb 2: $y'(1) = 1, y'(2) = 2$ und Rb 3: $y'(1) = 1, y'(2) = 1$.

1.4 Zum Zeitpunkt $t = 0$ sei die Menge N_0 einer radioaktiven Substanz vorhanden. Nach 30 Tagen sind 50 % der Ausgangsmenge N_0 zerfallen. Nach wie viel Tagen ist noch 1 % von N_0 vorhanden?

1.5 Ein Auto hat zum Zeitpunkt $t = 0$ eine Strecke von 1 km zurückgelegt und fährt mit einer Geschwindigkeit $v(t) = 130 - \dfrac{30}{3t^2 + 1}$. Welche Geschwindigkeit besitzt es nach 1 Stunde und wie viele Kilometer hat es während dieser Zeit zurückgelegt?

2 Differenzialgleichungen 1. Ordnung

2.1 Ein grafisches Lösungsverfahren

Aus (1.6) und (1.7) ergibt sich, dass eine implizit gegebene gewöhnliche Differenzialgleichung 1. Ordnung durch die Beziehung

$$F(t,y,y') = 0 \qquad (2.1)$$

und eine explizit gegebene gewöhnliche Differenzialgleichung 1. Ordnung durch

$$y' = f(t,y) \qquad (2.2)$$

gegeben ist. Die in Abschn. 1.3 eingeführten Lösungsbegriffe werden für den Fall $n = 1$ betrachtet.

Für explizit gegebene gewöhnliche Differenzialgleichungen 1. Ordnung lässt sich eine einfache geometrische Interpretation angeben, auf welcher ein grafisches Lösungsverfahren basiert.

Die Funktion $f(t,y)$ sei in einer Teilmenge E der Ebene definiert und eindeutig. Jedem Punkt $(t_0,y_0) \in E$ wird durch die Gleichung (2.2) eine eindeutig bestimmte Richtung $y'(t_0) = f(t_0,y_0)$ zugeordnet. Man trägt im Punkt (t_0,y_0) ein Geradenstück mit dem Anstieg $f(t_0,y_0)$ an und nennt den Punkt mit dem angehefteten Geradenstück **Richtungselement**.

Es sei jetzt $y(t) = \varphi(t)$ eine **Lösung** von (2.2), die durch (t_0,y_0) hindurchgeht. Dann ist $\varphi'(t_0) = f(t_0,\varphi(t_0))$. Daraus folgt: Der Anstieg der Tangente an die durch (t_0,y_0) hindurchgehende Lösungskurve $\varphi(t)$ hat den Wert $f(t_0,\varphi(t_0)) := \tan\alpha_0$, wobei α_0 der Winkel zwischen dieser Tangente und der positiven Richtung der t-Achse ist.

Definition 2.1

- Die Gesamtheit der durch (2.2) den Punkten aus E zugeordneten **Richtungselemente** heißt **Richtungsfeld** der Differenzialgleichung (2.2).
- Die Kurven, die alle Punkte mit gleich großem **Richtungselement** $y' = m$ miteinander verbinden, nennt man **Isoklinen (Neigungslinien)**. Sie bilden eine einparametrische Kurvenschar mit dem Parameter m.

Die Differenzialgleichung (2.2) lösen heißt also: Zu bestimmen sind alle diejenigen Kurven, bei denen die Tangente in jedem Punkt den Anstieg besitzt, den das Richtungsfeld in diesem Punkt vorschreibt.

Das grafische Verfahren zur näherungsweisen Lösung einer Differenzialgleichung der Form (2.2) besteht nun darin, dass man zunächst das Richtungsfeld in E mit Hilfe der Isoklinen skizziert. Dann wählt man einen Startpunkt (t_0, y_0) und zeichnet den Graphen einer Funktion $y = y(t)$ derart, dass die Tangente an den Graphen dieser Funktion an der Stelle (t, y) mit der in diesem Punkt vorliegenden Richtung des Richtungsfeldes zusammenfällt. Man erhält eine Lösungskurve, die durch den Punkt (t_0, y_0) hindurchgeht.

Ergeben sich bei Auflösung einer Differenzialgleichung vom Typ (2.1) nach y' mehrere Differenzialgleichungen vom Typ (2.2), so sind die Richtungsfelder für jede dieser Gleichungen einzeln zu betrachten.

Beispiel 2.1

Skizzieren Sie für die Differenzialgleichung $y' = -\dfrac{t}{y}$ $(t, y) = (0, 0) \notin E$

das Richtungsfeld und die Lösungskurve mit dem Startpunkt $(1, 0)$.

Lösung:

Das Richtungsfeld ist in $(0, 0)$ nicht definiert. Zur Ermittlung der Isoklinen setzen wir $y' = m$. Es ist also $m = -\dfrac{t}{y}$. Auflösen dieser Gleichung nach y liefert die Isoklinenschar, welche hier mit der Schar von Halbgeraden $y = -\dfrac{1}{m} t$, $t \in\,]-\infty, 0[\, \cup\,]0, +\infty[$, die die Anstiege $-\dfrac{1}{m}$ besitzen, übereinstimmt. Die Tangente an die Lösungskurve hat jedoch den Anstieg m. Bekanntlich sind zwei Geraden zueinander senkrecht, wenn das Produkt ihrer Anstiege gleich -1 ist. Dann steht wegen $m \left(-\dfrac{1}{m} \right) = -1$ die Tangente an die Lösungskurve in jedem Punkt senkrecht auf der Isokline, d.h., die Lösungskurven sind Kreise mit dem Mittelpunkt in $(0, 0)$. *Bild 2.1* zeigt das Richtungsfeld, einige Isoklinen sowie die Lösungskurve durch den Punkt $(1, 0)$. ∎

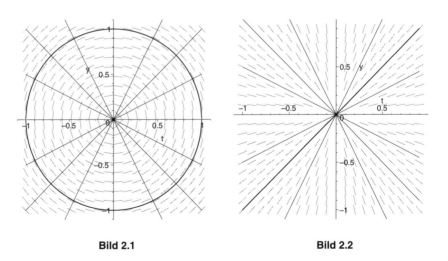

Bild 2.1   **Bild 2.2**

Beispiel 2.2

> Skizzieren Sie für die Differenzialgleichung $y' = \dfrac{y}{t}$ $(t,y) = (0,0) \notin E$
> das Richtungsfeld und die Lösungskurve, die durch den Punkt $(1,1)$ hindurchgeht.

Lösung:

Das Richtungsfeld ist in $(0,0)$ ebenfalls nicht definiert. Für die Differenzialgleichung
$y' = \dfrac{y}{t}$ erhält man als Isoklinenschar die Schar von Halbgeraden $y = mt$. Sowohl der
Anstieg der Isokline als auch der Anstieg der Lösungskurve hat den Wert m. Folglich
sind die Lösungskurven Halbgeraden, die sämtlich im Punkt $(0,0)$ münden und die
mit den Isoklinen zusammenfallen (siehe *Bild 2.2*). ∎

2.2 Existenz und Eindeutigkeit von Lösungen

Mit $\mathbb{R}$ bezeichnen wir die Menge der reellen Zahlen. Die Funktion $f(t,y)$ sei jetzt in
einem Rechteck

$$P := \{(t,y) \mid |t - t_0| \leq a,\ |y - y_0| \leq b,\ a,b \in \mathbb{R}\},$$

mit den Seitenlängen $2a$ und $2b$ sowie dem Mittelpunkt (t_0, y_0) definiert. Wir wollen
nun die Frage erörtern, ob es möglich ist, für das Anfangswertproblem

$$y'(t) = f(t,y), \quad y(t_0) = y_0, \tag{2.3}$$

bei vorgegebenen Anfangsdaten (t_0, y_0) und vorgegebener Funktion f, stets eine Lösung zu finden (Existenzproblem) und ob diese Lösung eindeutig ist (Eindeutigkeitsproblem). Weiter interessiert uns, für welche t eine Lösung $y = y(t)$ existiert.

Beispiel 2.3

> Zeigen Sie, dass die Lösung der Differenzialgleichung $y'(t) = f(t,y) =$
> $1 + y^2$, die durch den Punkt $(0,0)$ hindurchgeht, nur im Intervall $\left]-\dfrac{\pi}{2}, \dfrac{\pi}{2}\right[$
> existiert.

Lösung:

Die Differenzialgleichung $y'(t) = 1 + y^2$ lässt sich in die Form $t'(y) = \dfrac{1}{1 + y^2}$ überführen (vgl. Beispiel 1.1). Integration liefert $t(y) = \arctan y + C$. Da der Term $1 + y^2$
für kein reelles y verschwindet, existiert eine eindeutige Umkehrfunktion der Form
$y(t) = \tan(t - C)$, welche die allgemeine Lösung darstellt. Mit der Anfangsbedingung $y(0) = 0$ ergibt sich $\tan(-C) = 0$, d.h. $C = -k\pi$, $k \in \mathbb{Z}$. Wegen der π-Periodizität der Tangensfunktion ist $\tan(t - k\pi) = \tan t$ für alle $k \in \mathbb{Z}$, wobei $\mathbb{Z}$ die
Menge der ganzen Zahlen bezeichnet. Also ist $y = \tan t$ die spezielle Lösung durch
den Punkt $(t_0, y_0) = (0,0)$. Sie existiert nur im Intervall $\left]-\dfrac{\pi}{2}, \dfrac{\pi}{2}\right[$. ∎

Dieses Beispiel zeigt, dass Existenzaussagen i. Allg. nur lokal, d. h. in einer genügend kleinen Umgebung des Anfangswertes t_0 gelten. Die Größe dieser Umgebung hängt von der Funktion f und von der Lage des Punktes t_0 ab.

Beispiel 2.4

Lösen Sie das Anfangswertproblem $y'(t) = +2\sqrt{|y|}$, $y(t_0) = 0$.

Lösung:

Man erkennt sofort, dass $y(t) = 0$ für alle $t \in \mathbb{R}$ eine Lösung ist. Wie in Beispiel 1.1 überführen wir die Differenzialgleichung für $y \neq 0$ in die Differenzialgleichung

$$t'(y) = \frac{1}{2\sqrt{|y|}}$$

und integrieren diese für $y > 0$ und $y < 0$. Es ergibt sich

$$t(y) = \begin{cases} \sqrt{y} + C & \text{für} \quad y > 0 \\ -\sqrt{-y} + C & \text{für} \quad y < 0 \end{cases} \quad \text{oder}$$

$$\sqrt{y} = t - C \quad \text{für} \quad y > 0$$
$$-\sqrt{-y} = t - C \quad \text{für} \quad y < 0.$$

Aus den letzten beiden Formeln folgt, dass für $y > 0$ die Ungleichung $t \geq C$ und für $y < 0$ die Ungleichung $t \leq C$ gelten muss. Auflösung nach y liefert

$$y(t) = \begin{cases} (t - C)^2 & \text{für} \quad y > 0 \quad \text{und} \quad t \geq C \\ -(t - C)^2 & \text{für} \quad y < 0 \quad \text{und} \quad t \leq C. \end{cases}$$

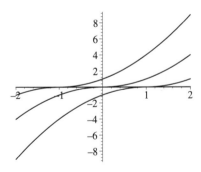

Bild 2.3

In *Bild 2.3* sind die Lösungskurven für $C = 0, \pm 1$ dargestellt. Für $y > 0$ sind wegen $t \geq C$ nur die rechten Parabeläste und für $y < 0$ wegen $t \leq C$ nur die linken Parabeläste Lösungen. Ist $(t_0, 0)$ irgendein Punkt der t-Achse, so gehen durch diesen Punkt wenigstens zwei Lösungskurven hindurch: Einmal die durch $y(t) = 0$ gegebene Lösungskurve, zum anderen die durch

$$y(t) = \begin{cases} (t - t_0)^2 & \text{für} \quad y > 0 \quad \text{und} \quad t \geq t_0 \\ -(t - t_0)^2 & \text{für} \quad y < 0 \quad \text{und} \quad t \leq t_0 \end{cases}$$

definierte Kurve, d.h., das gegebene Anfangswertproblem ist für keinen Punkt der
Geraden $y = 0$ eindeutig lösbar.   ■

Definition 2.2

Lösungen, in deren jedem Punkt die Eindeutigkeit der Lösung des Anfangswertproblems gestört ist, nennt man **singuläre Lösungen**.

Eine singuläre Lösung ist für keinen Zahlenwert der willkürlichen Konstanten C in
der Formel für die allgemeine Lösung enthalten. Wir werden uns im Weiteren nicht
genauer mit singulären Lösungen beschäftigen.

Das Beispiel 2.4 zeigt, dass nicht jedes Anfangswertproblem eindeutig lösbar ist. Es
erhebt sich nun die Frage, unter welchen Bedingungen an die Funktion f und den
Anfangspunkt (t_0, y_0) kann man eine eindeutige Lösung des Anfangswertproblems
(2.3) garantieren und für welche t ist sie definiert? Diese Frage ist von Bedeutung,
da längst nicht alle Differenzialgleichungen der Gestalt $y'(t) = f(t, y)$ im Bereich der
elementaren Funktionen lösbar sind. Ist eine Differenzialgleichung im Bereich der
elementaren Funktionen lösbar, so ist die Lösung in Form einer Formel darstellbar.
Ist dies nicht der Fall, so muss man versuchen, eine Näherungslösung in Form von
endlich vielen Gliedern einer unendlichen Reihe zu erhalten. Um aber eine Näherungslösung, beispielsweise mit Hilfe eines numerischen Vefahrens zu berechnen,
muss wenigstens das Existenzproblem geklärt sein.

Es gibt verschiedene Formulierungen von Existenz- und Eindeutigkeitssätzen für
das Anfangswertproblem (2.3) (vgl. [6], [7], [16]). Wir beschränken uns auf eine Va-
riante, in der die Voraussetzungen für den Anwender leicht nachprüfbar sind und
gleichzeitig eine Aussage über die Größe des Lösungsintervalls gemacht wird.

Satz 2.1 (PICARD-LINDELÖF)

- Die Funktion $f(t, y)$ sei im Rechteck P stetig als Funktion von zwei unabhängigen Variablen t und y.
- Die partielle Ableitung $f_y(t, y)$ der Funktion $f(t, y)$ nach y sei ebenfalls stetig
  in P.

Wir setzen:

$$M := \max_{(t,y) \in R} |f(t, y)| \quad \text{und} \quad h := \min\left(a, \frac{b}{M}\right),$$

wobei a und b die halben Seitenlängen des Rechtecks P sind. Dann gibt genau eine
Lösung $y = y(t)$ des Anfangswertproblems (2.3) für alle $t \in]t_0 - h, t_0 + h[$.

Der vollständige Beweis des Satzes, den wir hier nicht ausführen wollen, ist in [6]
Bd. 3, Abschnitt 1.2 oder [7] Bd. 3, Abschnitt I.2.1. zu finden. Wir geben jedoch einige
Erläuterungen zum Satz.

Die erste Voraussetzung des Satzes garantiert, dass durch den Punkt (t_0, y_0) **wenigstens eine** Lösungskurve der Differenzialgleichung hindurchgeht. Beide Voraussetzungen zusammen liefern die **Eindeutigkeit** der Lösung. Wir bemerken, dass im

Beispiel 2.4 die zweite Voraussetzung nicht erfüllt ist, denn die partielle Ableitung der Funktion $f(t,y) = 2\sqrt{|y|}$ ist für $y = 0$ nicht stetig.

Die Lösung des Anfangswertproblems (2.3) ist i. Allg. nicht auf dem gesamten Intervall $[t_0 - a, t_0 + a]$ erklärt.

Aus der ersten Voraussetzung des Satzes folgt nämlich $|y'(t)| = |f(t,y)| \leq M$, d.h. für den Anstieg der Tangente an die Lösungskurve, die durch die Funktion $y = y(t)$ beschrieben wird, gilt: $-M \leq y'(t) \leq M$. Wir legen durch (t_0, y_0) Geraden mit dem Anstieg M. Sie genügen den Gleichungen $y = y_0 \pm M(t - t_0)$.

Die Begrenzungslinien des Rechtecks sind durch die Gleichungen $t = t_0 \pm a$ (Parallelen zur y-Achse) und $y = y_0 \pm b$ (Parallelen zur t-Achse) darstellbar.

Fall 1: Die Lösungskurve verlässt das Rechteck durch die linke und rechte Begrenzungslinie.

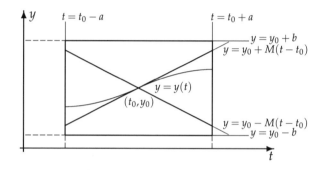

Bild 2.4

Dann sind Schnittpunkte der Geraden $y = y_0 \pm M(t - t_0)$ und $t = t_0 \pm a$ durch die Punkte $(t_0 - a, y_0 - Ma)$, $(t_0 - a, y_0 + Ma)$, $(t_0 + a, y_0 - Ma)$, $(t_0 + a, y_0 + Ma)$ gegeben. Die Lösungskurve liegt innerhalb der gleichschenkligen Dreiecke mit den Eckpunkten (t_0, y_0), $(t_0 - a, y_0 - Ma)$, $(t_0 - a, y_0 + Ma)$ und (t_0, y_0), $(t_0 + a, y_0 - Ma)$, $(t_0 + a, y_0 + Ma)$. Die Abszissenwerte der Schnittpunkte sind $t_0 - a$ und $t_0 + a$. Also ist die Lösungskurve auf dem gesamten Intervall $[t_0 - a, t_0 + a]$ definiert wie in *Bild 2.4* dargestellt.

Fall 2: Die Lösungskurve verlässt das Rechteck durch die untere und obere Begrenzungslinie.

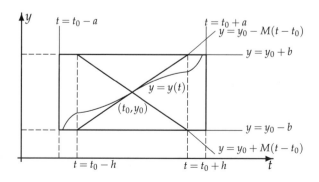

Bild 2.5

Die Schnittpunkte der Geraden $y = y_0 \pm M(t - t_0)$ und $y = y_0 \pm b$ sind $(t_0 - h, y_0 - b)$, $(t_0 - h, y_0 + b)$, $(t_0 + h, y_0 - b)$, $(t_0 + h, y_0 + b)$, mit $h = \dfrac{b}{M}$. Die Lösungskurve liegt nun innerhalb der gleichschenkligen Dreiecke mit den Eckpunkten (t_0, y_0), $(t_0 - h, y_0 - b)$, $(t_0 + h, y_0 - b)$ und (t_0, y_0), $(t_0 - h, y_0 + b)$, $(t_0 + h, y_0 + b)$. Die Abszissenwerte der Schnittpunkte sind $t_0 - h$ und $t_0 + h$. Also ist die Lösungskurve nur im Intervall $[t_0 - h, t_0 + h]$ definiert wie aus *Bild 2.5* ersichtlich.

Der Beweis des Satzes ist konstruktiv, d.h., er liefert gleichzeitig ein Verfahren zur Berechnung einer Näherungslösung, welches unter dem Namen *Methode der sukzessiven Approximationen* bekannt ist. Sie basiert auf folgender Idee: Man kann zeigen, dass das Anfangswertproblem (2.3) im Intervall $[t_0 - h, t_0 + h]$ der Integralgleichung

$$y(t) = y_0 + \int_{t_0}^{t} f(z, y(z)) \, \mathrm{d}z \tag{2.4}$$

in folgendem Sinne äquivalent ist: Jede Lösung von (2.3) erfüllt die Gleichung (2.4). Umgekehrt genügt jede stetige Lösung der Integralgleichung (2.4) dem Anfangswertproblem (2.3). Man kann also zur Konstruktion einer Näherungslösung die Integralgleichung (2.4) nutzen.

Als Startwert verwenden wir den Anfangswert y_0. Wir setzen

$$y_0(t) = y_0 \qquad t \in [t_0 - h, t_0 + h].$$

Einsetzen des Startwertes in (2.4) liefert die nächste Näherung

$$y_1(t) = y_0 + \int_{t_0}^{t} f(z, y_0(z)) \, \mathrm{d}z \qquad t \in [t_0 - h, t_0 + h].$$

Im nächsten Schritt wird $y_1(t)$ in (2.4) eingesetzt:

$$y_2(t) = y_0 + \int_{t_0}^{t} f(z, y_1(z)) \, \mathrm{d}z.$$

Man erhält eine Folge $(y_n(t))$, $(n = 0, 1, 2, \ldots)$ von Näherungslösungen gemäß

$$y_n(t) = y_0 + \int_{t_0}^{t} f(z, y_{n-1}(z)) \, \mathrm{d}z.$$

Dabei gilt $y_i(t_0) = y_0$ für alle $i = 0, \ldots, n$. Natürlich ist nachzuweisen, dass man bei der Konstruktion der Folge nicht den Definitionsbereich der Funktion f verlässt. Man kann zeigen: Je größer der Index n in $y_n(t)$, desto genauer ist die Näherungslösung ([7], Bd. 3).

Beispiel 2.5

Geben Sie mit Hilfe der Methode der sukzessiven Approximationen die Näherung $y_3(t)$ für das folgende Anfangswertproblem an:

$$y'(t) = t^2 + y^2 \qquad y(0) = 0. \tag{2.5}$$

Lösung:

Die Differenzialgleichung in (2.5) ist eine Differenzialgleichung vom RICCATIschen Typ und im Bereich der elementaren Funktionen nicht lösbar. Wir überprüfen, ob die Voraussetzungen von Satz 2.1 erfüllt sind.

Das Rechteck P besitzt den Mittelpunkt $(t_0, y_0) = (0, 0)$. Es ist

$$P := \{(t, y) \,|\, |t| \le a, \, |y| \le b, a, b \in \mathbb{R}\}.$$

Die Funktion $f(t, y) = t^2 + y^2$ ist stetig in P für beliebige $a, b \in \mathbb{R}$. Die partielle Ableitung $f_y(t, y) = 2y$ ist ebenfalls stetig in R. Ferner ist $M = a^2 + b^2$, $h = \min\left(a, \dfrac{b}{a^2 + b^2}\right)$. Man sieht, dass h von der Wahl der Zahlen a und b abhängt. Wählt man speziell $a = b = 1$, so ist $h = \min\left(1, \dfrac{1}{2}\right) = \dfrac{1}{2}$. Das Anfangswertproblem (2.5) besitzt folglich nach Satz 2.1 eine eindeutige Lösung im Intervall $\left[-\dfrac{1}{2}, \dfrac{1}{2}\right]$.

Nach der Methode der sukzessiven Approximationen erhält man in diesem Intervall die Näherungslösungen

$$y_0(t) = 0, \qquad y_1(t) = \int_0^t z^2 \, dz = \frac{t^3}{3}, \qquad y_2(t) = \frac{t^3}{3} + \frac{t^7}{63},$$

$$y_3(t) = \frac{t^3}{3} + \frac{t^7}{63} + \frac{2t^{11}}{2079} + \frac{t^{15}}{59535}.$$

Die Terme in den rechten Seiten von $y_i(t)$, $(i = 1, 2, 3)$ sind die ersten Glieder einer (unendlichen) Potenzreihe.

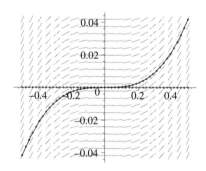

Bild 2.6

Das *Bild 2.6* zeigt das Richtungsfeld der Differenzialgleichung. Die durchgezogene Linie stellt die Lösungskurve gemäß dem Richtungsfeld dar, die gepunkteten Linien sind die Graphen der Näherungslösungen $y_0(t), y_1(t), y_2(t), y_3(t)$. Dabei liefert $y_1(t)$ schon eine gute Näherung für die Lösung des Anfangswertproblems, denn die Terme mit Potenzen größer als 3 nehmen im Intervall $\left[-\dfrac{1}{2}, \dfrac{1}{2}\right]$ verschwindend kleine Werte an. $\blacksquare$

2

Neben den Differenzialgleichungen vom Typ (1.1) und (1.4), deren Lösungen unter den angegebenen Voraussetzungen explizit durch elementare Funktionen darstellbar sind, gibt es noch weitere Klassen von Differenzialgleichungen 1. Ordnung, die ebenfalls in elementaren Funktionen lösbar sind. Zwei für die Anwendungen wichtige Klassen werden wir jetzt behandeln.

2.3 Differenzialgleichungen mit trennbaren Variablen

Eine **gewöhnliche Differenzialgleichung mit trennbaren Variablen** hat die Gestalt:

$$y' = f_1(t)f_2(y) \qquad (f(t,y) = f_1(t)f_2(y)). \tag{2.6}$$

Die Voraussetzungen des Satzes 2.1 an $f(t,y)$ waren hinreichend für die Existenz und Eindeutigkeit einer Lösung von (2.3). Falls sie erfüllt sind, gilt Satz 2.1 auch für Differenzialgleichungen mit speziellen rechten Seiten in der Form (2.6). Man kann aber auch die Voraussetzungen, die wir für die Gleichungen (1.1) und (1.4) getroffen hatten (vgl. Abschn. 1.1) miteinander verknüpfen und erhält ebenfalls eine Existenz- und Eindeutigkeitsaussage.

Satz 2.2

Es sei $f_1(t)$ stetig in $]a,b[$, $f_2(y)$ stetig und $f_2(y) \neq 0$ in $]c,d[$. Dann geht durch jeden Punkt (t_0, y_0) des Rechtecks $Q = \{(t,y) \mid a < t < b \wedge c < y < d\}$ genau eine Lösungskurve der Differenzialgleichung (2.6) hindurch, d.h., das Anfangswertproblem ist für rechte Seiten der Form (2.6) stets eindeutig lösbar.

Der Beweis kann in [7] Bd. 3, Abschn. I. 2.2. nachgelesen werden.

Die *Methode der Variablentrennung* besteht darin, dass alle Terme, die die Variable t enthalten, auf eine Seite und alle Terme, die y enthalten, auf die andere Seite gebracht werden. Dazu stellen wir y' als Differenzialquotienten, den man als Quotienten zweier Differenziale betrachten kann, dar: $y' = \dfrac{dy}{dt}$. Dann ist

$$\frac{dy}{dt} = f_1(t)f_2(y).$$

Nach Trennung der Variablen

$$\frac{dy}{f_2(y)} = f_1(t)dt$$

und Integration auf beiden Seiten ergibt sich

$$\int_{y_0}^{y} \frac{d\tau}{f_2(\tau)} = \int_{t_0}^{t} f_1(z)\,dz + C. \tag{2.7}$$

Die letzte Formel liefert das **allgemeine Integral** mit der Integrationskonstanten C. Diese ist beliebig, d. h., die durch Einsetzen der unteren Integrationsgrenze entstehenden konstanten Terme können mit C zu einer neuen Integrationskonstante zusammengefasst werden. Wegen der Beliebigkeit der Integrationskonstante braucht man also die unteren Integrationsgrenzen in (2.7) nicht einzusetzen. Falls eine eindeutige Auflösung nach y möglich ist, erhält man die **allgemeine Lösung**.

Wir lösen zunächst die Differenzialgleichungen aus den Beispielen 2.1 und 2.2 nach dieser Methode.

In Beispiel 2.1 ergibt sich nach Ausführung der obigen Schritte

$$\frac{dy}{dt} = -\frac{t}{y} \implies \int_{y_0}^{y} \tau\,d\tau = -\int_{t_0}^{t} z\,dz + C$$

$$\frac{y^2}{2} - \frac{y_0^2}{2} = -\left(\frac{t^2}{2} - \frac{t_0^2}{2}\right) + C \implies t^2 + y^2 = t_0^2 + y_0^2 + 2C =: r^2$$

das **allgemeine Integral** in der Form

$$\Phi(t,y,r^2) = t^2 + y^2 - r^2 = 0.$$

Bekanntlich stellt $t^2 + y^2 = r^2$ die Gleichung eines Kreises mit dem Mittelpunkt im Koordinatenursprung und dem Radius r dar. Die Integrationskonstante ist beliebig und wird im Hinblick auf weitere Umformungen zweckmäßig gewählt, also in unserem Falle gleich r^2. Eine eindeutige Auflösung des allgemeinen Integrals nach y ist nicht möglich, jedoch kann man zwei Funktionen $y_1(t) = +\sqrt{r^2 - t^2}$ und $y_2(t) = -\sqrt{r^2 - t^2}$, die den oberen bzw. unteren Halbkreisbogen beschreiben, angeben.

In Beispiel 2.2 ergibt sich analog

$$\frac{dy}{dt} = \frac{y}{t} \implies \frac{dy}{y} = \frac{dt}{t} \implies \ln|y| = \ln|t| + \ln|C|.$$

Die Integrationskonstante wurde hier in der Form $\ln|C|$ gewählt, um das Entlogarithmieren, welches zur Auflösung nach y erforderlich ist, einfacher zu gestalten. Man erhält zunächst $|y| = |Ct|$. Aufgrund der Beliebigkeit von C kann man die Betragsstriche weglassen. Die **allgemeine Lösung** hat die Form $y = Ct$.

Die Ergebnisse stimmen mit denen in den Beispielen 2.1 und 2.2 überein.

Beispiel 2.6

Der Übergang eines Stoffes von einem Aggregatzustand zum anderen lässt sich durch die CLAUSIUS-CLAPEYRONsche Differenzialgleichung beschreiben:

$$\frac{dp}{dT} = \frac{\lambda}{T(V_e - V_a)}.$$

Dabei bezeichnet λ die spezifische Umwandlungswärme des Phasenüberganges, V_e bzw. V_a das Molvolumen des End- bzw. Anfangszustandes, p den Druck und T die (absolute) Temperatur. Beim Übergang eines Stoffes aus dem flüssigen Aggregatzustand in den gasförmigen liegt ein Gleichgewichtszustand an der Oberfläche der Flüssigkeit vor. Es sind gewisse Vereinfachungen zulässig. Der Dampf kann näherungsweise als ideales Gas betrachtet werden, d.h., nach der Zustandsgleichung für ideale Gase gilt: $V_e = \dfrac{RT}{p}$. Das Flüssigkeitsvolumen darf gegenüber dem Gasvolumen vernachlässigt werden: $V_a = 0$. Die spezifische Verdampfungswärme hängt nicht von der Temperatur ab: $\lambda = konstant$. Mit diesen Vereinfachungen erhält man die Differenzialgleichung

$$\frac{dp}{dT} = \frac{\lambda\, p}{R\, T^2}.$$

Lösen Sie für die vereinfachte Differenzialgleichung ein Anfangswertproblem mit der Anfangsbedingung $p(T_0) = p_0$.

Lösung:

Die Methode der Variablentrennung liefert wie in Beispiel 2.2

$$\frac{dp}{p} = \frac{\lambda}{R}\frac{dT}{T^2} \implies \ln|p| = -\frac{\lambda}{R}\frac{1}{T} + \ln|C|$$

$$\implies \ln\left|\frac{p}{C}\right| = -\frac{\lambda}{R}\frac{1}{T}.$$

Entlogarithmieren liefert die **allgemeine Lösung** $p(T) = C\,e^{-\frac{\lambda}{RT}}$. Einsetzen der Anfangsbedingung in die **allgemeine Lösung** liefert die **spezielle Lösung**

$$p(T) = p_0\,e^{-\frac{\lambda}{R}\left(\frac{1}{T} - \frac{1}{T_0}\right)}.$$

Der Dampfdruck einer Flüssigkeit ist also unter den obigen Vereinfachungen exponentiell von der Temperatur abhängig. Berücksichtigt man die Abhängigkeit der spezifischen Wärme von der Temperatur, so erhält man eine genauere Beschreibung des Prozesses, aber auch eine kompliziertere Differenzialgleichung. ∎

Bei geometrischen Problemen sind oft Kurvenscharen gegeben, die von mehreren Parametern abhängig sind. Gesucht ist eine Differenzialgleichung, deren allgemeines Integral diese Kurvenschar liefert.

Beispiel 2.7

Ermitteln Sie für die Kurvenschar aller Kreise mit dem Mittelpunkt auf der y-Achse die zugehörige Differenzialgleichung.

Lösung:

Die Kurvenschar hat die Gleichung

$$t^2 + (y - C_1)^2 = C_2^2.$$

Sie hängt von den beiden Parametern C_1 (y-Koordinate des Mittelpunktes) und C_2 (Radius des Kreises) ab.

Die gesuchte Differenzialgleichung gewinnt man durch zweifache implizite Differenziation (vgl. z. B. [7], Bd.2, Abschn. IV. 20.3.) der Kreisgleichung. Man erhält nach der ersten impliziten Differenziation

$$2t + 2(y - C_1)y' = 0, \quad \text{also} \quad t + (y - C_1)y' = 0 \tag{2.8}$$

und nach nochmaliger impliziter Differenziation

$$1 + y'^2 + (y - C_1)y'' = 0 \quad \text{oder} \quad y - C_1 = -\frac{1 + y'^2}{y''}.$$

Einsetzen der letzten Beziehung in (2.8) liefert

$$t - \frac{1 + y'^2}{y''}y' = 0 \quad \text{bzw.} \quad y'' = \frac{(1 + y'^2)y'}{t}.$$

Dies ist eine nichtlineare Differenzialgleichung 2. Ordnung. Wir lösen sie zur Kontrolle unserer Herleitung. Man kann sie, indem man eine Substitution der abhängigen Variablen in der Form $y'(t) = u(t)$ ausführt, auf eine Differenzialgleichung 1. Ordnung mit trennbaren Variablen zurückführen und erhält

$$u' = \frac{(1 + u^2)u}{t} \quad \text{oder} \quad \frac{du}{(1 + u^2)u} = \frac{dt}{t}.$$

Mittels einer Partialbruchzerlegung (vgl. [4]) ergibt sich

$$\frac{1}{(1 + u^2)u} = \frac{1}{u} - \frac{u}{1 + u^2}$$

und nach Integration

$$\ln\left|\frac{u}{\sqrt{u^2 + 1}}\right| = \ln\left|\frac{t}{C_1}\right| \quad \text{bzw.} \quad \frac{u}{\sqrt{u^2 + 1}} = \frac{t}{C_1}.$$

Auflösung nach u und Rücksubstitution liefert zwei Differenzialgleichungen

$$u_1 = y_1' = + \frac{t}{\sqrt{C_1^2 - t^2}} \quad \text{und} \quad u_2 = y_2' = - \frac{t}{\sqrt{C_1^2 - t^2}}$$

mit den Lösungen

$$y_1(t) = -\sqrt{C_1^2 - t^2} + C_2 \qquad y_2(t) = +\sqrt{C_1^2 - t^2} + C_2,$$

deren Graphen den unteren bzw. oberen Halbkreisbogen darstellen. Durch Quadrieren erhält man die Ausgangsgleichung. ∎

2.4 Lineare Differenzialgleichungen 1. Ordnung

Eine **lineare gewöhnliche Differenzialgleichung 1. Ordnung** hat gemäß Definition 1.2 die Gestalt:

$$y' + a_0(t)y = g(t) \qquad (f(t,y) = g(t) - a_0(t)y). \tag{2.9}$$

Ist für Differenzialgleichungen vom Typ (2.9) die erste Voraussetzung des Satzes 2.1 im Rechteck P erfüllt, so folgt wegen $f_y(t,y) = -a_0(t)$ die zweite Voraussetzung dieses Satzes automatisch. Jedoch gibt es auch für diesen Gleichungstyp einen speziellen Existenz- und Eindeutigkeitssatz:

Satz 2.3

Die Funktionen $a_0(t)$ und $g(t)$ seien stetig in $]a,b[$, $t_0 \in]a,b[$ sei ein fixierter Wert und y_0 eine vorgegebene reelle Zahl. Dann geht durch jeden Punkt $(t_0,y_0) \in E = \{(t,y)\,|\,a < t < b \wedge -\infty < y < +\infty\}$ genau eine für alle $t \in]a,b[$ definierte Lösungskurve der Differenzialgleichung (2.9) hindurch, d.h., das Anfangswertproblem ist unter den getroffenen Voraussetzungen für Differenzialgleichungen der Form (2.9) stets eindeutig lösbar.

Definition 2.3

Gilt für das Störglied in (2.9) $g(t) = 0$ für alle $t \in]a,b[$, d.h. ist

$$y' + a_0(t)y = 0, \tag{2.10}$$

so nennt man die Differenzialgleichung **homogen**. Ist jedoch $g(t) \neq 0$ für wenigstens ein $t \in]a,b[$, dann heißt (2.9) **inhomogen**. Die Funktion $a_0(t)$ heißt Koeffizient der Differenzialgleichung (2.9) bzw. (2.10).

Die allgemeine Lösung y_a^{inh} von (2.9) lässt sich stets als Summe einer speziellen Lösung y_s^{inh} von (2.9) und der allgemeinen Lösung y_a^h von (2.10) darstellen. Diese Eigenschaft gilt bekanntlich auch für lineare algebraische Gleichungssysteme.

Berechnung von y_a^h der Gleichung (2.10):

Diese ist stets eine spezielle Gleichung mit trennbaren Variablen, denn in Formel (2.6) ist hier $f_1(t) = -a_0(t)$ und $f_2(y) = y$. Analog zu Beispiel 2.6 erhält man durch Variablentrennung das **allgemeine Integral** in der Form

$$\frac{\mathrm{d}y}{y} = -a_0(t)\mathrm{d}t \Longrightarrow \ln\left|\frac{y}{C}\right| = -\int_{t_0}^{t} a_0(z)\,\mathrm{d}z$$

Dieses kann im vorliegenden Falle durch Entlogarithmieren stets nach y aufgelöst werden und man erhält die **allgemeine Lösung** der **homogenen Differenzialgleichung** (2.10)

$$y_a^h(t) = C y_s^h(t) \quad \text{mit} \quad y_s^h(t) := \mathrm{e}^{-\int_{t_0}^{t} a_0(z)\,\mathrm{d}z}. \tag{2.11}$$

Dabei ist $y_s^h(t)$ eine **spezielle Lösung** von (2.10).

Berechnung von y_s^{inh} der Gleichung (2.9):

Wir verwenden einen Lösungsansatz der Form (2.11), wobei $C = C(t)$ gesetzt wird

$$y_s^{inh} = C(t)y_s^h \qquad (y_s^{inh})' = C'(t)y_s^h + C(t)(y_s^h)'. \tag{2.12}$$

Dabei wird $C(t)$ derart bestimmt, dass $y_s^{inh}(t)$ die Gleichung (2.9) löst. Dieses Verfahren heißt *Variation der Konstanten*.

Einsetzen von (2.12) in (2.9) liefert

$$
\begin{aligned}
C'(t)y_s^h + C(t)(y_s^h)' + a_0(t)C(t)y_s^h &= g(t) \quad \text{oder nach Umordnung} \\
C'(t)y_s^h + C(t)\left[(y_s^h)' + a_0(t)y_s^h\right] &= g(t).
\end{aligned}
$$

Da $y_s^h(t)$ eine **spezielle Lösung** von (2.10) ist, gilt: $(y_s^h)' + a_0(t)y_s^h = 0$ und man erhält zur Bestimmung von $C(t)$ eine Differenzialgleichung, die sich auf Typ (1.1) zurückführen lässt:

$$C'(t)y_s^h(t) = g(t).$$

Wegen $y_s^h(t) \neq 0$ ergibt sich nach Integration mit der Integrationskonstanten 0

$$C(t) = \int_{t_0}^{t} \frac{g(z)}{y_s^h(z)}\,\mathrm{d}z. \tag{2.13}$$

Einsetzen von (2.13) in die erste Formel in (2.12) ergibt eine **spezielle Lösung** von (2.9) in der Form

$$y_s^{inh}(t) = y_s^h(t)\int_{t_0}^{t} \frac{g(z)}{y_s^h(z)}\,\mathrm{d}z. \tag{2.14}$$

Addition von $y_s^{inh}(t)$ und $y_a^h(t)$ liefert die allgemeine Lösung $y_a^{inh}(t)$ von (2.9)

$$y_a^{inh} = y_s^{inh} + y_a^h = e^{-\int_{t_0}^{t} a_0(z)\,dz} \int_{t_0}^{t} g(z)\,e^{\int_{t_0}^{z} a_0(s)\,ds}\,dz + C\,e^{-\int_{t_0}^{t} a_0(z)\,dz}. \qquad (2.15)$$

Beispiel 2.8

An eine Spule mit einem konstanten ohmschen Widerstand R und einer konstanten Selbstinduktivität L werde zur Zeit $t_0 = 0$ eine Spannung $U = U(t)$ angelegt (siehe *Bild 2.7*). Zu ermitteln ist die in der anfangs stromlosen Spule durch den Einschaltvorgang bestimmte Stromstärke $I(t)$.

Lösung:

Gemäß dem 2. KIRCHHOFFschen *Gesetz* gilt: $L\,I' + R\,I = U$. Nach Division durch L erhält man eine Gleichung vom Typ (2.9) mit $a_0(t) = \dfrac{R}{L}$ und $g(t) = \dfrac{U}{L}$.

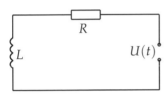

Bild 2.7

Lösung der homogenen Gleichung: $I' + \dfrac{R}{L}\,I = 0$

Aus (2.11) folgt: $I_a^h(t) = C\,e^{-\frac{R}{L}t}$.

Lösung der inhomogenen Gleichung: $I' + \dfrac{R}{L}\,I = \dfrac{U(t)}{L}$

Wir betrachten zwei Fälle:

Fall 1: Es liege eine konstante Spannung der Form $U = U_0$ an. Gemäß Formel (2.15) ergibt sich für $g(t) = \dfrac{U_0}{L}$

$$I_a^{inh}(t) = I_s^{inh}(t) + I_a^h(t) = \dfrac{U_0}{R} + C\,e^{-\frac{R}{L}t}.$$

Als Lösung des Anfangswertproblems (Berechnung von C) mit der Anfangsbedingung $I(0) = 0$ erhält man die **spezielle Lösung**, die durch den Punkt $(0, I(0)) = (0, 0)$ hindurchgeht:

$$I(t) = \dfrac{U_0}{R}\left(1 - e^{-\frac{R}{L}t}\right).$$

Die Stromstärke nähert sich asymptotisch ihrer durch den ohmschen Widerstand bedingten Größe.

Fall 2: Es liege eine Wechselspannung der Form

$$U = U_0 \sin \omega t$$

an. Die Formel (2.15) liefert jetzt mit $g(t) = \dfrac{U_0}{L}\sin\omega t$

$$I_a^{inh}(t) = I_s^{inh}(t) + I_a^h(t) = e^{-\frac{R}{L}t}\int_{t_0}^{t}\frac{U_0}{L}\sin\omega z\, e^{\frac{R}{L}z}\,dz + C I_s^h(t).$$

Nach zweimaliger partieller Integration erhält man die **allgemeine Lösung**

$$I_a^{inh}(t) = U_0\frac{(R\sin\omega t - L\omega\cos\omega t)}{R^2 + (L\omega)^2} + Ce^{-\frac{R}{L}t}.$$

Als Lösung des Anfangswertproblems ergibt sich

$$I(t) = U_0\frac{(R\sin\omega t - L\omega\cos\omega t) + L\omega e^{-\frac{R}{L}t}}{R^2 + (L\omega)^2}.$$

Dabei stellt der Term $L\omega e^{-\frac{R}{L}t}$ einen Stromanteil dar, der für große t verschwindend klein wird.   ∎

2.5 Wiederholung ist die Mutter der Weisheit

Kontrollfragen

- Erläutern Sie die Begriffe Richtungsfeld und Isoklinen!
- Welcher Zusammenhang besteht zwischen dem Richtungsfeld und den Lösungskurven einer Differenzialgleichung?
- Formulieren Sie den Satz von Picard-Lindelöf!
- Erläutern Sie die Methode der sukzessiven Approximationen!
- Woran erkennt man eine gewöhnliche Differenzialgleichung mit trennbaren Variablen?
- Erläutern Sie für lineare Differenzialgleichungen 1. Ordnung die Begriffe homogene und inhomogene Gleichung sowie Störglied!
- Was versteht man unter dem Verfahren der Variation der Konstanten?

Aufgaben

2.1 Die Funktion $y(t)$ sei zweifach differenzierbar. Bestimmen Sie die Gleichung des geometrischen Ortes der Punkte (t, y), die relative Maxima bzw. relative Minima der Lösungskurven der Differenzialgleichung $y' = f(t, y)$ sind. Wie unterscheidet man die Minima von den Maxima?

2.2 Bestimmen Sie die Gleichung des geometrischen Ortes der Wendepunkte der Lösungskurven der Differenzialgleichung $y' = f(t,y)$.

2.3 Bestimmen Sie die Gleichungen des geometrischen Ortes der relativen Extremwerte und der Wendepunkte der Lösungskurven für die Differenzialgleichung $y' = y - t^2$.

2.4 Geben Sie für die folgenden Differenzialgleichung die Isoklinenschar an:

a) $y' = t$ b) $y' = y$.

2.5 Zeichnen Sie mit Hilfe der Isoklinen näherungsweise die Lösungskurvenschar der Differenzialgleichung $y' = -\dfrac{y}{t}$ $(t,y) \neq (0,0)$.

2.6 Zeichnen Sie mit Hilfe der Isoklinen näherungsweise die Lösungskurvenschar der Differenzialgleichung $y' = \dfrac{t}{y}$ $(t,y) \neq (0,0)$.

2.7 Berechnen Sie nach der Methode der sukzessiven Approximationen für das Anfangswertproblem $y'(t) = y^2 + 3t^2 - 1$ $y(1) = 1$ die Näherungslösungen $y_0(t), y_1(t), y_2(t)$.

2.8 Ermitteln Sie für die Kurvenschar $(t - C_1)^2 + (y - C_2)^2 = 1$ aller Einheitskreise der Ebene die zugehörige Differenzialgleichung.

2.9 Bestimmen Sie alle Kurven, bei denen der Schnittpunkt einer beliebigen Tangente mit der Abszissenachse gleich der Hälfte der Abszisse des Berührungspunktes der Tangente an die Kurve ist.

2.10 Bestimmen Sie alle Kurven mit der Eigenschaft, dass der Flächeninhalt A eines Trapezes, welches von den Koordinatenachsen, der Tangente im Berührungspunkt und der Ordinate des Berührungspunktes gebildet wird, den konstanten Wert $A = 3d^2$ besitzt.

3 Lineare Differenzialgleichungen n-ter Ordnung

3.1 Homogene und inhomogene Differenzialgleichungen

Definition 3.1

Gemäß Definition 1.2 heißt ein Differenzialausdruck der Gestalt

$$y^{(n)} + a_{n-1}(t)\,y^{(n-1)} + \cdots + a_1(t)\,y' + a_0(t)\,y = g(t) \tag{3.1}$$

lineare Differenzialgleichung n-ter Ordnung ($n > 1$). Analog zu **linearen** Differenzialgleichungen 1. Ordnung heißt ein Differenzialausdruck der Form (3.1) **inhomogene** lineare Differenzialgleichung n-ter Ordnung und ein Differenzialausdruck der Form

$$y^{(n)} + a_{n-1}(t)\,y^{(n-1)} + \cdots + a_1(t)\,y' + a_0(t)\,y = 0 \tag{3.2}$$

die zu (3.1) **homogene** lineare Differenzialgleichung n-ter Ordnung. Die Funktionen $a_0(t), \cdots, a_{n-1}(t)$ nennt man die Koeffizienten der linearen Differenzialgleichung, während $g(t)$ Störglied heißt.

Auch für diesen Gleichungstyp gibt es einen speziellen Existenz- und Eindeutigkeitssatz. Um ihn zu formulieren, betrachten wir für die Differenzialgleichungen (3.1) bzw. (3.2) das Anfangswertproblem, d.h., (3.1) bzw. (3.2) zusammen mit den Anfangsbedingungen (1.13).

Satz 3.1

Die Funktionen $a_0(t), a_1(t), \ldots, a_{n-1}(t)$ und $g(t)$ seien stetig in $]a, b[$, $t_0 \in\,]a, b[$ sei ein fixierter Wert und $y_0, y_0', \ldots, y_0^{(n-1)}$ seien vorgegebene reelle Zahlen. Dann geht durch jeden Punkt $(t_0, y_0) \in E = \{(t, y)\,|\,a < t < b \wedge -\infty < y < +\infty\}$ genau eine für alle $t \in\,]a, b[$ definierte Lösungskurve der Differenzialgleichung (3.1) bzw. (3.2) hindurch, für deren Ableitungen gilt: $y'(t_0) = y_0', \ldots, y^{(n-1)}(t_0) = y_0^{(n-1)}$, d.h., das Anfangswertproblem ist unter den getroffenen Voraussetzungen für Differenzialgleichungen der Form (3.1) bzw. (3.2) stets eindeutig lösbar.

Wie für lineare Differenzialgleichungen 1. Ordnung setzt sich die **allgemeine Lösung** $y_a^{inh}(t)$ der **inhomogenen** Gleichung (3.1) aus der **allgemeinen Lösung** $y_a^h(t)$ der zugehörigen **homogenen** Gleichung (3.2) und einer speziellen Lösung $y_s^{inh}(t)$ der **inhomogenen** Gleichung (3.1) zusammen. Kennt man $y_a^h(t)$, so kann man $y_s^{inh}(t)$ mit der Methode der Konstantenvariation berechnen.

Jedoch lässt sich die Methode der Variablentrennung, mit der wir die **allgemeine Lösung** der **homogenen** linearen Differenzialgleichung 1. Ordnung (2.10) bestimmt hatten, nicht zur Ermittlung von $y_a^h(t)$ der Gleichung (3.2) verwenden. Unser nächstes Ziel ist deshalb die Bestimmung von $y_a^h(t)$.

3.2 Lösungsstruktur linearer Gleichungen

3

Definition 3.2

Ein System von n **speziellen Lösungen** $y_1, y_2, \cdots, y_n$ einer **homogenen** linearen Differenzialgleichung n-ter Ordnung der Form (3.2) heißt ein **Fundamentalsystem** von (3.2) genau dann, wenn die Determinante

$$W_G(t) := \begin{vmatrix} y_1(t) & y_2(t) & \cdots & y_n(t) \\ y_1'(t) & y_2'(t) & \cdots & y_n'(t) \\ \cdots\cdots\cdots\cdots\cdots \\ y_1^{(n-1)}(t) & y_2^{(n-1)}(t) & \cdots & y_n^{(n-1)}(t) \end{vmatrix}$$

gebildet aus den n Lösungen und ihren Ableitungen bis zur Ordnung $n-1$ einschließlich für alle Werte von t aus dem gemeinsamen Definitionsbereich der Lösungsfunktionen von null verschieden ist. Die Determinante $W_G(t)$ heißt WRONSKIsche *Determinante* der Differenzialgleichung (3.2).

Beispiel 3.1

Zeigen Sie, dass die Funktionen $y_1(t) = e^t$ und $y_2(t) = e^{-t}$ ein Fundamentalsystem der homogenen Differenzialgleichung $y''(t) - y(t) = 0$ bilden, während die Funktionen $\tilde{y}_1(t) = 2e^t$ und $\tilde{y}_2(t) = 3e^t$ kein Fundamentalsystem für diese Differenzialgleichung darstellen.

Lösung:

Wie man durch durch Einsetzen überprüft, sind $y_1(t)$ und $y_2(t)$ spezielle Lösungen der gegebenen Differenzialgleichung. Die WRONSKIsche *Determinante* hat für alle $t \in \mathbb{R}$ den Wert

$$W_G(t) = \begin{vmatrix} e^t & e^{-t} \\ e^t & -e^{-t} \end{vmatrix} = -e^t e^{-t} - e^t e^{-t} = -2 \neq 0$$

Somit bilden $y_1(t)$ und $y_2(t)$ ein Fundamentalsystem der Differenzialgleichung.

Die Funktionen $\tilde{y}_1(t)$ und $\tilde{y}_2(t)$ sind ebenfalls spezielle Lösungen der Differenzialgleichung, bilden aber kein Fundamentalsystem, denn für alle $t \in \mathbb{R}$ gilt:

$$W_G(t) = \begin{vmatrix} 2e^t & 3e^t \\ 2e^t & 3e^t \end{vmatrix} = 6e^t - 6e^t = 0.$$

■

Satz 3.2

Es sei $y_1(t), y_2(t), \ldots, y_n(t)$ ein **Fundamentalsystem** spezieller Lösungen der **homogenen** linearen Differenzialgleichung (3.2) und y_s^{inh} eine spezielle Lösung der **inhomogenen** linearen Differenzialgleichung (3.1). Dann hat die **allgemeine Lösung** von (3.2) die Form

$$y_a^h(t) = C_1 y_1(t) + C_2 y_2(t) + \ldots + C_n y_n(t), \qquad (3.3)$$

während die **allgemeine Lösung** von (3.1) die Gestalt

$$y_a^{inh}(t) = y_a^h(t) + y_s^{inh}(t) \qquad (3.4)$$

besitzt. Dabei sind $C_1, C_2, \ldots, C_n$ beliebige Konstanten.

Sind Anfangsbedingungen gemäß (1.13) gegeben, so sind nach Satz 3.1 die Konstanten $C_1, C_2, \ldots, C_n$ eindeutig bestimmbar.

Ist ein Fundamentalsystem bekannt, so lässt sich die Methode der **Variation der Konstanten** zur Bestimmung einer speziellen Lösung $y_s^{inh}(t)$ der **inhomogenen** Differenzialgleichung, die wir für **lineare Differenzialgleichungen 1. Ordnung** kennen gelernt hatten (vgl. Abschn. 2.4), übertragen.

3.3 Variation der Konstanten

Ausgangspunkt ist die Lösungsdarstellung (3.3) für die **homogene** Differenzialgleichung (3.2). Wie bei linearen Differenzialgleichungen 1. Ordnung ersetzen wir die Konstanten C_i ($i = 1, 2, \ldots, n$) in (3.3) durch Funktionen $C_i(t)$ ($i = 1, 2, \ldots, n$) und versuchen, diese so zu bestimmen, dass sich eine spezielle Lösung $y_s^{inh}(t)$ von (3.1) ergibt:

$$y_s^{inh}(t) = C_1(t)y_1 + C_2(t)y_2 + \ldots + C_n(t)y_n. \qquad (3.5)$$

Einsetzen von (3.5) in die inhomogene Differenzialgleichung (3.1) liefert nur eine einzige Gleichung zur Bestimmung von n unbekannten Funktionen $C_i(t)$ ($i = 1, \ldots, n$), wobei sich sehr umfangreiche Ausdrücke ergeben würden. Um dies zu vermeiden, suchen wir $n - 1$ weitere Gleichungen aus der Forderung, dass in den Ableitungen des Lösungsansatzes (3.5) bis zur Ordnung $n - 1$ keine Ableitungen der Funktionen $C_1(t), C_2(t), \ldots, C_n(t)$ mehr auftreten. Den Ansatz (3.5) differenziert man nach der Produktregel:

$$(y_s^{inh})' = \sum_{i=1}^{n} C_i(t)y_i'(t) + \sum_{i=1}^{n} C_i'(t)y_i(t). \qquad (3.6)$$

Gemäß unserer Forderung setzen wir

$$C_1'(t)y_1 + C_2'(t)y_2 + \ldots + C_n'(t)y_n = 0. \qquad (3.7)$$

Die Gleichung (3.6) hat nun die Form

$$(y_s^{inh})' = \sum_{i=1}^{n} C_i(t)y_i'(t).$$

Nochmalige Differenziation des letzten Ausdrucks liefert

$$(y_s^{inh})'' = \sum_{i=1}^{n} C_i(t)y_i''(t) + \sum_{i=1}^{n} C_i'(t)y_i'(t). \tag{3.8}$$

Gemäß unserer Forderung setzen wir wieder

$$C_1'(t)y_1' + C_2'(t)y_2' + \ldots + C_n'(t)y_n' = 0 \tag{3.9}$$

und erhalten

$$(y_s^{inh})'' = \sum_{i=1}^{n} C_i(t)y_i''(t)$$

Auf diese Weise berechnen wir die Ableitungen der gesuchten Funktion $y_s^{inh}(t)$ bis zur $(n-1)$-ten Ordnung einschließlich. Es ergibt sich

$$(y_s^{inh})^{(k)} = \sum_{i=1}^{n} C_i(t)y_i^{(k)}(t) \quad (k=0,\ldots,n-1), \tag{3.10}$$

$$(y_s^{inh})^{(n)} = \sum_{i=1}^{n} C_i'(t)y_i^{(n-1)}(t) + \sum_{i=1}^{n} C_i(t)y_i^{(n)}(t). \tag{3.11}$$

In der Ableitung n-ter Ordnung bleibt die erste Summe erhalten. Setzt man die Ableitungen aus (3.10) und (3.11) in die **inhomogene** Differenzialgleichung (3.1) ein, so folgt

$$\sum_{i=1}^{n} C_i'(t)y_i^{(n-1)}(t) + \sum_{i=1}^{n} C_i(t)y_i^{(n)}(t) + a_{n-1}(t)\sum_{i=1}^{n} C_i(t)y_i^{(n-1)}(t)$$
$$+ \ldots + a_0(t)\sum_{i=1}^{n} C_i(t)y_i(t) = g(t)$$

oder nach Umordnung

$$\sum_{i=1}^{n} C_i(t)[y_i^{(n)}(t) + a_{n-1}(t)y_i^{(n-1)}(t) + \ldots + a_0(t)y_i(t)]$$
$$+ \sum_{i=1}^{n} C_i'(t)y_i^{(n-1)}(t) = g(t). \tag{3.12}$$

Die erste Summe in (3.12) verschwindet, weil die Funktionen $y_i(t)$ $(i=1,\ldots,n)$ sämtlich Lösungen der **homogenen** Differenzialgleichung (3.2) sind. Aus (3.7), (3.9) und der zweiten Zeile in (3.12) erhält man ein lineares Gleichungssystem bezüglich der

Unbekannten $C_i'(t)$ $(i = 1, \dots, n)$ in der Form

$$
\begin{array}{rcll}
C_1'y_1 & + & C_2'y_2 & +\dots+ \quad C_n'y_n & = & 0 \\
C_1'y_1' & + & C_2'y_2' & +\dots+ \quad C_n'y_n' & = & 0 \\
& & \dots\dots\dots\dots\dots\dots\dots\dots \\
C_1'y_1^{(n-1)} & + & C_2'y_2^{(n-1)} & +\dots+ \quad C_n'y_n^{(n-1)} & = & g.
\end{array}
\tag{3.13}
$$

Die Koeffizientendeterminante des Gleichungssystems ist gerade die WRONSKIsche *Determinante* der Differenzialgleichung (3.2), welche nirgends verschwindet, da $y_1(t), y_2(t), \dots, y_n(t)$ ein **Fundamentalsystem** von (3.2) ist. Folglich ist das lineare Gleichungssystem bezüglich der Unbekannten $C_i'(t)$ $(i = 1, \dots, n)$ eindeutig lösbar. Integriert man die gefundenen Ausdrücke für $C_i'(t)$ nach t und setzt die Integrationskonstanten gleich null, so erhält man die gesuchten Funktionen $C_i(t)$ $(i = 1, \dots, n)$. Einsetzen der $C_i(t)$ in den Lösungsansatz (3.5) liefert die gesuchte spezielle Lösung $y_s^{inh}(t)$. Addiert man dazu $y_a^h(t)$, so ergibt sich die **allgemeine Lösung** von (3.1) in der Form (3.4).

Beispiel 3.2

Berechnen Sie die **allgemeine Lösung** der Differenzialgleichung

$$
y''(t) - y(t) = \sin t.
$$

Lösung:

Aus Beispiel 3.1 ist ein **Fundamentalsystem** der zugehörigen **homogenen** Differenzialgleichung $y''(t) - y(t) = 0$ der Form $y_1(t) = e^t$ und $y_2(t) = e^{-t}$ bekannt. Der Lösungsansatz gemäß (3.5) zur speziellen Lösung $y_s^{inh}(t)$ der **inhomogenen** Differenzialgleichung lautet

$$
y_s^{inh}(t) = C_1(t)e^t + C_2(t)e^{-t}.
\tag{3.14}
$$

Das lineare Gleichungssystem (3.13) hat für $n = 2$ die Form

$$
\begin{array}{rcl}
C_1'(t)e^t + C_2'(t)e^{-t} & = & 0 \\
C_1'(t)e^t - C_2'(t)e^{-t} & = & \sin t.
\end{array}
$$

Es besitzt die Lösungen

$$
C_1'(t) = \frac{e^{-t}\sin t}{2} \quad \text{und} \quad C_2'(t) = -\frac{e^t \sin t}{2}.
$$

Mittels partieller Integration erhält man

$$
\begin{array}{rcl}
C_1(t) & = & -\dfrac{1}{4}e^{-t}(\sin t + \cos t) \\[2mm]
C_2(t) & = & \dfrac{1}{4}e^t(-\sin t + \cos t)
\end{array}
$$

mit Integrationskonstanten 0. Einsetzen dieser Ausdrücke in (3.14) liefert $y_s^{inh}(t) = -\dfrac{1}{2}\sin t$. Aus Formel (3.4) ergibt sich schließlich

$$y_a^{inh}(t) = C_1 e^t + C_2 e^{-t} - \frac{1}{2}\sin t.$$

wobei C_1 und C_2 wieder beliebige Integrationskonstanten sind. ■

3.4 Ein algebraisches Lösungsverfahren

Die Konstruktion eines Fundamentalsystems, bestehend aus elementaren Funktionen, ist i. Allg. nicht möglich. In den Anwendungen können jedoch die Koeffizienten sehr oft in erster Näherung als konstant angesehen werden. Deshalb untersuchen wir im Weiteren den wichtigen Spezialfall der Gleichungen (3.1) und (3.2) mit konstanten Koeffizienten, d.h. es gilt $a_k(t) = a_k$ für $k = 0, 1, \ldots, n$, wobei die a_k reelle Zahlen sind. Wir betrachten also jetzt das Paar von Differenzialgleichungen

$$
\begin{aligned}
y^{(n)} + a_{n-1}y^{(n-1)} + \cdots + a_1 y' + a_0 y &= g(t) && (3.15)\\
y^{(n)} + a_{n-1}y^{(n-1)} + \cdots + a_1 y' + a_0 y &= 0. && (3.16)
\end{aligned}
$$

Für Gleichungen der Form (3.16) lässt sich stets ein Fundamentalsystem in elementaren Funktionen angeben und zwar ohne Integration durch rein algebraische Operationen.

Konstruktion eines Fundamentalsystems für (3.16)

Wir suchen eine Lösung der **homogenen** linearen Differenzialgleichung (3.16) in der Form $y(t) = e^{\lambda t}$, wobei λ ein noch zu bestimmender i. Allg. komplexer Parameter ist. Setzt man den Lösungsansatz und seine Ableitungen $y^{(k)}(t) = \lambda^k e^{\lambda t}$ für $k = 1, 2, \ldots, n$ in die Gleichung (3.16) ein, so erhält man nach Ausklammern des für alle t von Null verschiedenen Faktors $e^{\lambda t}$

$$(\lambda^n + a_{n-1}\lambda^{n-1} + \ldots + a_1\lambda + a_0)e^{\lambda t} = 0.$$

Somit ist die letzte Gleichung (und auch (3.16)) genau dann erfüllt, wenn

$$\lambda^n + a_{n-1}\lambda^{n-1} + \ldots + a_1\lambda + a_0 = 0$$

gilt. Wir setzen

$$P(\lambda) := \lambda^n + a_{n-1}\lambda^{n-1} + \ldots + a_1\lambda + a_0 \qquad (3.17)$$

und nennen $P(\lambda)$ das **charakteristische Polynom** der Differenzialgleichung (3.16). Die Gleichung $P(\lambda) = 0$ heißt **charakteristische Gleichung**. Der Grad von $P(t)$ stimmt mit der Ordnung der Differenzialgleichung (3.16) überein. Damit ist die Lösung von (3.16) auf die Bestimmung der Nullstellen des charakteristischen Polynoms $P(\lambda)$, also auf die Lösung einer algebraischen Gleichung, zurückgeführt.

Nach dem Fundamentalsatz der Algebra kann ein Polynom n-ten Grades höchstens n voneinander verschiedene reelle oder komplexe Nullstellen besitzen. Die Nullstellen können einfach (mit der Vielfachheit $s = 1$) oder auch mehrfach (mit einer Vielfachheit $s > 1$) auftreten. Es sei $\mathbb{N}$ die Menge der natürlichen Zahlen. Die Zahl $s \in \mathbb{N}$ nennt man Vielfachheit der Nullstelle λ_i von $P(\lambda)$, wenn sie die größte natürliche Zahl ist, für die $(\lambda - \lambda_i)^s$ ein Teiler von $P(\lambda)$ ist. Wir unterscheiden vier Fälle:

Fall 1: Es sei λ eine reelle Nullstelle der Vielfachheit 1. Dann ist $y_1(t) = e^{\lambda t}$ die zum Fundamentalsystem gehörende spezielle Lösung, die dieser Nullstelle entspricht.

Fall 2: Es sei λ eine reelle Nullstelle der Vielfachheit $s > 1$. Dann sind $y_1(t) = e^{\lambda t}$, $y_2(t) = t\,e^{\lambda t}$, ..., $y_k(t) = t^{s-1}e^{\lambda t}$ die zum Fundamentalsystem gehörenden speziellen Lösungen, die dieser Nullstelle entsprechen.

Fall 3: Es sei $\lambda = \alpha + i\beta$ eine komplexe Nullstelle der Vielfachheit 1. Da $P(\lambda)$ reelle Koeffizienten besitzt, ist auch $\overline{\lambda} = \alpha - i\beta$ Nullstelle des charakteristischen Polynoms mit der Vielfachheit 1. Dann sind $y_1(t) = e^{\alpha t}\cos\beta t$, $y_2(t) = e^{\alpha t}\sin\beta t$ die zum Fundamentalsystem gehörenden speziellen Lösungen, die einem Paar zueinander konjugiert komplexer Nullstellen der Vielfachheit 1 entsprechen.

Fall 4: Es sei $\lambda = \alpha + i\beta$ eine komplexe Nullstelle der Vielfachheit $s > 1$. Dann sind

$$
\begin{aligned}
y_1(t) &= e^{\alpha t}\cos\beta t, & y_2(t) &= e^{\alpha t}\sin\beta t, \\
y_3(t) &= t\,e^{\alpha t}\cos\beta t, & y_4(t) &= t\,e^{\alpha t}\sin\beta t, \\
&\quad\dotfill \\
y_{2s-1}(t) &= t^{s-1}e^{\alpha t}\cos\beta t, & y_{2s}(t) &= t^{s-1}e^{\alpha t}\sin\beta t
\end{aligned}
$$

die zum Fundamentalsystem gehörenden speziellen Lösungen, die einem Paar zueinander konjugiert komplexer Nullstellen der Vielfachheit $s > 1$ entsprechen.

Die Summe der Vielfachheiten aller Nullstellen ist gleich dem Grad n des charakteristischen Polynoms. Deshalb lässt sich die **allgemeine Lösung** der **homogenen** Gleichung (3.16) als Linearkombination von n **speziellen Lösungen** gemäß Fall 1 bis 4 mit n beliebigen Konstanten darstellen. Man kann zeigen, dass dabei für alle $t \in\,]a, b[$ stets $W_G(t) \neq 0$ gilt.

Speziell sind für $n = 2$ nur die ersten drei Fälle möglich:

Fall 1: Besitzt $P_2(\lambda)$ zwei voneinander verschiedene reelle Nullstellen $\lambda_1 \neq \lambda_2$, so bilden die Funktionen $y_1(t) = e^{\lambda_1 t}$ und $y_2(t) = e^{\lambda_2 t}$ ein Fundamentalsystem, denn die WRONSKIsche *Determinante*

$$
W_G(t) = \begin{vmatrix} e^{\lambda_1 t} & e^{\lambda_2 t} \\ \lambda_1 e^{\lambda_1 t} & \lambda_2 e^{\lambda_2 t} \end{vmatrix} = (\lambda_2 - \lambda_1)e^{(\lambda_1 + \lambda_2)t}
$$

ist wegen $\lambda_1 \neq \lambda_2$ für alle $t \in \mathbb{R}$ verschieden von null. Dann hat die **allgemeine Lösung** die Gestalt

$$
y_a^h(t) = C_1 e^{\lambda_1 t} + C_2 e^{\lambda_2 t}.
$$

Fall 2: Besitzt $P_2(\lambda)$ eine reelle Nullstelle λ_1 der Vielfachheit $s = 2$, so bilden die Funktionen $y_1(t) = e^{\lambda_1 t}$ und $y_2(t) = t e^{\lambda_1 t}$ ein Fundamentalsystem, denn die WRONSKIsche *Determinante*

$$W_G(t) = \begin{vmatrix} e^{\lambda_1 t} & t e^{\lambda_1 t} \\ \lambda_1 e^{\lambda_1 t} & (1 + \lambda_1 t) e^{\lambda_1 t} \end{vmatrix} = e^{2\lambda_1 t}$$

verschwindet für kein $t \in \mathbb{R}$. Die **allgemeine Lösung** hat nun die Gestalt

$$y_a^h(t) = C_1 e^{\lambda_1 t} + C_2 t e^{\lambda_1 t},$$

Fall 3: Besitzt $P_2(\lambda)$ ein Paar zueinander konjugiert komplexe Zahlen $\lambda_1 = \alpha + i\beta$ und $\lambda_2 = \overline{\lambda_1} = \alpha - i\beta$, ($\alpha, \beta$ reell und $\beta \neq 0$) als Nullstellen, so bilden die Funktionen $y_1(t) = e^{\alpha t} \cos(\beta t)$ und $y_2(t) = e^{\alpha t} \sin(\beta t)$ ein Fundamentalsystem, denn die WRONSKIsche *Determinante*

$$W_G(t) = \begin{vmatrix} \cos(\beta t) e^{\alpha t} & \sin(\beta t) e^{\alpha t} \\ (\alpha \cos \beta t - \beta \sin \beta t) e^{\alpha t} & (\alpha \sin \beta t + \beta \cos \beta t) e^{\alpha t} \end{vmatrix} = \beta e^{2\alpha t}$$

verschwindet nirgends. Die **allgemeine Lösung** ist von der Form

$$y_a^h(t) = C_1 e^{\alpha t} \cos(\beta t) + C_2 e^{\alpha t} \sin(\beta t).$$

Beispiel 3.3

Bestimmen Sie die allgemeine Lösung der Differenzialgleichung

$$y^{(6)} + y^{(4)} - y'' - y = 0.$$

Lösung:

Die charakteristische Gleichung lautet

$$P(\lambda) = \lambda^6 + \lambda^4 - \lambda^2 - 1 = 0.$$

Nach elementaren Umformungen erhält man

$$\begin{aligned} P(\lambda) &= \lambda^6 + \lambda^4 - \lambda^2 - 1 = \lambda^4(\lambda^2 + 1) - (\lambda^2 + 1) \\ &= (\lambda^2 + 1)(\lambda^4 - 1) = (\lambda^2 + 1)(\lambda^2 + 1)(\lambda^2 - 1) \\ &= (\lambda^2 + 1)^2 (\lambda^2 - 1) = 0. \end{aligned}$$

Aus $\lambda^2 - 1 = 0$ folgt $\lambda_1 = 1$, $\lambda_2 = -1$ sind Nullstellen der Vielfachheit 1 und aus $\lambda^2 + 1 = 0$ erhält man ein Paar zueinander konjugiert komplexer Nullstellen $\lambda_3 = i$, $\lambda_4 = -i$. Da aber der Faktor $(\lambda^2 + 1)^2$ in die charakteristische Gleichung eingeht, besitzen die letzten beiden Nullstellen jeweils die Vielfachheit 2, also $\lambda_5 = i$ und $\lambda_6 = -i$. Demzufolge lautet die allgemeine Lösung

$$\begin{aligned} y_a^h(t) &= C_1 e^t + C_2 e^{-t} + C_3 \cos t + C_4 \sin t \\ &+ C_5 t \cos t + C_6 t \sin t. \end{aligned}$$

Methode der Störgliedansätze für (3.15)

Die Methode der Variation der Konstanten aus Abschn. 3.3 ist natürlich auch für **inhomogene** Differenzialgleichungen der Form (3.15) anwendbar. Jedoch für gewisse Störglieder, z. B. $g(t) = e^{2t}(t+1)\cos 3t$, lässt sich eine spezielle Lösung $y_s^{inh}(t)$ der **inhomogenen Differenzialgleichung mit konstanten Koeffizienten** durch Lösungsansätze, die unbestimmte Koeffizienten enthalten, angeben. Die unbestimmten Koeffizienten kann man durch Koeffizientenvergleich eindeutig ermitteln. Somit gewinnt man auch die **allgemeine Lösung** von (3.15) durch ein rein algebraisches Verfahren. Es ist für folgende Formen von Störgliedern anwendbar.

Fall 1: Das Störglied habe die Gestalt:

$$g(t) = e^{\gamma t} q_m(t), \tag{3.18}$$

wobei $q_m(t) = q_m t^m + q_{m-1} t^{m-1} + \ldots + q_1 t + q_0$ ein Polynom m-ten Grades mit bekannten Koeffizienten und $\gamma \in \mathbb{R}$. Der zugehörige Lösungsansatz lautet

$$y_s^{inh}(t) = e^{\gamma t} t^k Q_m(t).$$

Dabei bezeichnet $Q_m(t) = Q_m t^m + Q_{m-1} t^{m-1} + \ldots + Q_1 t + Q_0$ ein Polynom m-ten Grades mit noch zu bestimmenden Koeffizienten. Ist γ keine Nullstelle des charakteristischen Polynoms (3.17) der **homogenen** Differenzialgleichung (3.16), so setzen wir $k = 0$. Ist jedoch γ eine Nullstelle von (3.17), so wird die Zahl k gleich der Vielfachheit s dieser Nullstelle gesetzt.

Um die unbekannten Koeffizienten in den Lösungsansätzen zu ermitteln, setzt man diese in die Differenzialgleichung (3.15) ein und vergleicht die Koeffizienten bei gleichen Potenzen von t. Es lässt sich zeigen, dass das entstehende lineare algebraische Gleichungssystem stets eindeutig lösbar ist.

Fall 2: Das Störglied habe die Gestalt:

$$g(t) = e^{\alpha t} \left(q_{m_1}(t) \cos \beta t + r_{m_2}(t) \sin \beta t \right), \tag{3.19}$$

wobei $q_{m_1}(t)$ bzw. $r_{m_2}(t)$ Polynome vom Grade m_1 bzw. m_2 bezeichnen und die Zahlen α, β reell sind. Der zugehörige Lösungsansatz lautet

$$y_s^{inh}(t) = e^{\alpha t} t^k \left(Q_{m_0}(t) \cos \beta t + R_{m_0}(t) \sin \beta t \right).$$

Dabei sind $Q_{m_0}(t)$ und $R_{m_0}(t)$ Polynome vom Grade $m_0 = \max(m_1, m_2)$ mit noch zu bestimmenden Koeffizienten. Ist $\alpha + i\beta$ keine Nullstelle des charakteristischen Polynoms (3.17) der **homogenen** Differenzialgleichung (3.16), so setzen wir $k = 0$. Ist jedoch $\alpha + i\beta$ eine Nullstelle von (3.17), so wird die Zahl k gleich der Vielfachheit s dieser Nullstelle gesetzt.

Die unbekannten Koeffizienten in den Polynomen $Q_{m_0}(t)$ und $R_{m_0}(t)$ berechnet man wieder durch Einsetzen des Lösungsansatzes in die Differenzialgleichung (3.15) und Koeffizientenvergleich analog zum **Fall 1**.

Fall 3: Das Störglied habe die Gestalt:

$$g(t) = g_1(t) + g_2(t) + \ldots + g_l(t), \tag{3.20}$$

wobei die Funktionen $g_i(t)$ $(i = 1,\ldots,l)$ die Form (3.18) bzw. (3.19) besitzen. Der zugehörige Lösungsansatz lautet

$$y_s^{inh}(t) = y_{s1}^{inh}(t) + y_{s2}^{inh}(t) + \ldots + y_{sl}^{inh}(t),$$

wobei die Funktionen $y_{si}^{inh}(t)$ $(i = 1,\ldots,l)$ spezielle Lösungen der **inhomogenen** Differenzialgleichungen

$$y^{(n)} + a_{n-1}y^{(n-1)} + \cdots + a_1 y' + a_0 y = g_i(t) \quad (i = 1,\ldots,l).$$

sind. Die **allgemeine Lösung** der Gleichung (3.15) mit dem Störglied (3.20) lautet

$$y_a^{inh}(t) = y_a^h(t) + \sum_{i=1}^{l} y_{si}^{inh}(t).$$

3

Beispiel 3.4

Berechnen Sie die **allgemeine Lösung** der Differenzialgleichung

$$y''' - 6y'' + 9y' = e^{3t} t + e^{3t} \cos 2t. \tag{3.21}$$

Lösung:

Das **charakteristische Polynom**

$$\lambda^3 - 6\lambda^2 + 9\lambda = 0$$

besitzt die Nullstellen $\lambda = 3$ der Vielfachheit $s = 2$ und $\lambda = 0$ der Vielfachheit $s = 1$. Deshalb hat die **allgemeine Lösung** der **homogenen Gleichung** die Form

$$y_a^h(t) = C_1 e^{3t} + C_1 t e^{3t} + C_3. \tag{3.22}$$

Das Störglied in (3.21) besteht aus zwei Summanden: $g_1(t) = e^{3t} t$ der Gestalt (3.18) und $g_2(t) = e^{3t} \cos \beta t$ der Gestalt (3.19). Wir betrachten zwei Gleichungen

$$y_1''' - 6y_1'' + 9y_1' = g_1(t) = e^{3t} t \tag{3.23}$$
$$y_2''' - 6y_2'' + 9y_2' = g_2(t) = e^{3t} \cos 2t. \tag{3.24}$$

Zunächst bestimmen wir eine spezielle Lösung von (3.23). Die Zahl $\gamma = 3$ ist Nullstelle der Vielfachheit 2 des charakteristischen Polynoms. Außerdem geht in $g_1(t)$ noch das Polynom $q_1(t) = t$ ein. Deshalb lautet der Lösungsansatz

$$y_{s1}^{inh}(t) = t^2 (Q_1 t + Q_0) e^{3t} = e^{3t}(Q_1 t^3 + Q_0 t^2).$$

Wir vermerken, dass im Lösungsansatz alle unbekannten Koeffizienten Q_m, Q_{m-1}, $\ldots, Q_0$ des Polynoms $Q_m(t)$ vom Grade m mitzuführen sind, auch dann, wenn im Störglied einige der bekannten Koeffizienten $q_m, q_{m-1}, \ldots, q_0$ gleich null sind.

Einsetzen des letzten Ausdrucks in die Gleichung (3.23), Division durch den nicht verschwindenden Faktor e^{3t} und Ordnen nach gleichen Potenzen von t liefert

$$6(Q_1 + Q_0) + 18Q_1 t = t,$$

woraus $Q_1 = \dfrac{1}{18}$ und $Q_0 = -\dfrac{1}{18}$ folgt. Dann ist

$$y_{s1}^{inh}(t) = \frac{1}{18}(t^3 - t^2)\,e^{3t}. \tag{3.25}$$

Nun bestimmen wir eine spezielle Lösung von (3.24). Die Zahl $\alpha + i\beta = 3 + 2i$ ist keine Nullstelle des charakteristischen Polynoms. Für die Polynome $q_{m_1}(t)$ und $r_{m_2}(t)$ gilt jetzt $m_1 = m_2 = 0$, also ist auch $m_0 = 0$. Deshalb lautet der Lösungsansatz

$$y_{s2}^{inh}(t) = e^{3t}(Q_0 \cos 2t + R_0 \sin 2t).$$

Auch hier sind im Lösungsansatz die beiden trigonometrischen Funktionen mitzuführen, selbst, wenn im Störglied nur eine der beiden Funktionen auftritt.

Einsetzen des letzten Ausdrucks in die Gleichung (3.24), Division durch den nicht verschwindenden Faktor e^{3t} und Ordnen nach Sinus- und Kosinusfunktionen liefert

$$(-12Q_0 - 8R_0)\cos 2t + (8Q_0 - 12R_0)\sin 2t = \cos 2t.$$

Das lineare algebraische Gleichungssystem zur Ermittlung von Q_0 und R_0

$$
\begin{aligned}
-12 \;\; Q_0 \;\; -8 \;\; R_0 &= 1 \\
8 \;\; Q_0 \;\; -12 \;\; R_0 &= 0
\end{aligned}
$$

besitzt die Lösungen $Q_0 = -\dfrac{3}{52}$ und $R_0 = -\dfrac{1}{26}$. Dann ist

$$y_{s2}^{inh}(t) = -e^{3t}\left(\frac{3}{52}\cos 2t + \frac{1}{26}\sin 2t\right). \tag{3.26}$$

Für die **allgemeine Lösung** der Gleichung (3.24) erhält man nun

$$y_s^{inh}(t) = y_a^h(t) + y_{s1}^{inh}(t) + y_{s2}^{inh}(t),$$

wobei die Terme in der rechten Seite durch (3.22), (3.25), (3.26) gegeben sind.   ∎

3.5 Die Schwingungsgleichung

Mechanische und elektrische Schwingungen werden im einfachsten Fall durch eine lineare gewöhnliche Differenzialgleichung 2. Ordnung mit konstanten Koeffizienten beschrieben. Bezeichnet t die Zeit, so schreibt man mit $a_2 > 0$, $a_1 \geq 0$ und $a_0 > 0$

$$a_2 y''(t) + a_1 y'(t) + a_0 y(t) = g(t). \tag{3.27}$$

Dabei bedeuten $a_2 y''(t)$ eine Trägheitskraft, $a_1 y'(t)$ eine Reibungs- oder Dämpfungskraft, $a_0 y(t)$ eine Rückstellkraft und $g(t)$ eine äußere Kraft.

Ist $g(t) = 0$ für alle $t \geq 0$, so ist die Differenzialgleichung **homogen** und man spricht von einer **Eigenschwingung**.

Ist $g(t) \neq 0$ für wenigstens ein $t \geq 0$, so ist die Differenzialgleichung **inhomogen** und man spricht von einer **erzwungenen Schwingung**, die durch eine äußere Kraft aufgeprägt wird.

Ist $a_1 = 0$, d.h., der Prozess verläuft **ohne Reibung** bzw. **ohne Dämpfung**, so spricht man von einer **ungedämpften Schwingung**.

Ist $a_1 > 0$, d.h., der Prozess verläuft **mit Reibung** bzw. **mit Dämpfung**, so spricht man von einer **gedämpften Schwingung**.

Es sei y_0 die Anfangsauslenkung und v_0 die Anfangsgeschwindigkeit des Schwingungsprozesses zum Zeitpunkt $t_0 = 0$. Folgende Anfangsbedingungen sind von praktischer Bedeutung:

$$
\begin{array}{llllll}
(1) & y(0) & = & 0, & y'(0) & = & 0 & \text{Gleichgewichtslage,} \\
(2) & y(0) & = & y_0, & y'(0) & = & 0 & \text{Auslenkung ohne Anstoß,} \\
(3) & y(0) & = & 0, & y'(0) & = & v_0 & \text{Anstoß ohne Auslenkung,} \\
(4) & y(0) & = & y_0, & y'(0) & = & v_0 & \text{Auslenkung mit Anstoß.}
\end{array}
$$

Die zu (3.27) homogene Differenzialgleichung mit den (homogenen) Anfangsbedingungen (1) liefert die triviale Lösung $y(t) = 0$ für alle t, d.h., ohne Anfangsauslenkung und Anfangsimpuls sowie ohne Einwirkung äußerer Kräfte verbleibt das System in der Gleichgewichts- oder Ruhelage. Jedoch ergibt die inhomogene Differenzialgleichung (3.27) mit den Anfangsbedingungen (1) eine nichttriviale Lösung, da das System durch die äußere Kraft aus der Ruhelage gebracht wird.

Beispiel 3.5 (Mechanisches Schwingungssystem)

Eine Reihenschaltung aus einer Masse, einem Dämpfungselement und einer Feder ist ein in der Technik häufig auftretendes Bauelement. Ein Massenpunkt der Masse m bewege sich unter dem Einfluss einer Dämpfungskraft F_r sowie einer Federkraft F_k längs der x-Achse. Das System wird durch eine vorgegebene äußere Kraft $F(t)$ in Bewegung gesetzt (siehe *Bild 3.1*). Bestimmen Sie die Differenzialgleichung, die das Bewegungsgesetz $x(t)$ des Massenpunktes längs der x-Achse beschreibt.

Lösung:

Für die Kraft F_m, die die Beschleunigung der Masse m bewirkt, gilt nach dem NEWTONschen *Grundgesetz*: $F_m(t) = m x''(t)$.

Die Dämpfungskraft F_r ist proportional der Geschwindigkeit des Massenpunktes. Mit einem Proportionalitätsfaktor $r > 0$, der Dämpfungskonstanten, ist $F_r(t) = rx'(t)$.

Für die Federkraft F_k gilt nach dem HOOKEschen Gesetz $F_k(t) = kx(t)$ mit einer Federkonstanten $k > 0$.

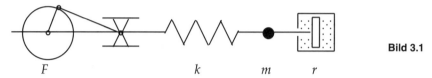

$$F \qquad\qquad\qquad\qquad k \qquad m \qquad r$$

Bild 3.1

Offensichtlich wirken die Kräfte $F_m(t), F_r(t)$ und $F_k(t)$ entgegengesetzt zur äußeren Kraft $F(t)$, es gilt also $F_m(t) + F_r(t) + F_k(t) = F(t)$. Nach Einsetzen der Beziehungen für die Kräfte erhält man eine lineare gewöhnliche Differenzialgleichung 2. Ordnung der Form

$$mx''(t) + rx'(t) + kx(t) = F(t) \tag{3.28}$$

mit dem Störglied $F(t)$. Vergleich mit (3.27) ergibt $a_2 = m$, $a_1 = r$, $a_0 = k$, $g(t) = F(t)$.

Wir ordnen (3.28) für $t_0 = 0$ die Anfangsbedingungen $x(0) = 0$ und $x'(0) = v_0$ zu. Dies bedeutet, die Masse wird in der Ruhelage kurz angestoßen. Dies entspricht einem Anstoß (Impuls) ohne Auslenkung. ∎

Beispiel 3.6 (Elektrischer Schwingkreis)

> Eine Reihenschaltung aus einer Spule der Induktivität L, einem ohmschen Widerstand der Größe R und einem Kondensator der Kapazität C ist ein Modell für einen elektrischen Schwingkreis. Außerdem werde eine zeitabhängige Klemmenspannung $U(t)$ angelegt (siehe *Bild 3.2*). Leiten Sie eine Differenzialgleichung für die Ermittlung der Ladung $Q(t)$ des Kondensators her.

Lösung:

Mit der Stromstärke $I(t)$ gilt für die Selbstinduktionsspannung $U_L(t) = LI'(t)$.

Nach dem ohmschen Gesetz gilt für den Spannungsabfall $U_R(t)$ am ohmschen Widerstand: $U_R(t) = RI(t)$.

Der Spannungsverlauf $U_C(t)$ am Kondensator ist durch $U_C(t) = \dfrac{1}{C}Q(t)$ gegeben.

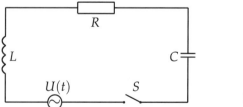

Bild 3.2

Nach dem 2. KIRCHHOFFschen *Gesetz* gilt für Spannungsverläufe in Reihenschaltungen $U_L(t) + U_R(t) + U_C(t) = U(t)$. Unter Verwendung der Beziehungen $I(t) = Q'(t)$

und $I'(t) = Q''(t)$ ergibt sich nach Einsetzen der Beziehungen für die Teilspannungen eine lineare gewöhnliche Differenzialgleichung 2. Ordnung

$$LQ''(t) + RQ'(t) + \frac{1}{C}Q(t) = U(t) \qquad (3.29)$$

mit dem Störglied $U(t)$. Vergleich mit (3.27) ergibt $a_2 = L$, $a_1 = R$, $a_0 = \frac{1}{C}$, $g(t) = U(t)$.

Nach Hinzufügen der Anfangsbedingungen $Q(0) = Q_0$ und $Q'(0) = I_0$ erhält man ein Anfangswertproblem. Dabei charakterisiert Q_0 die Anfangsladung und $I_0 = I(0) = Q'(0)$ die Stromstärke zum Zeitpunkt $t = 0$. ∎

Es erweist sich also, dass Schwingungen ganz verschiedener Natur auf eine Differenzialgleichung der Gestalt (3.27) führen. Nur die physikalische Bedeutung der Koeffizienten unterscheidet sich. In der *Tabelle 3.1* sind die einander entsprechenden Größen bei mechanischen und elektrischen Schwingungen zusammengestellt.

Tabelle 3.1: Vergleich mechanischer und elektrischer Schwingungen

Mechanische Schwingungen		Elektrische Schwingungen	
$mx'' + rx' + kx = F$		$LQ'' + RQ' + \frac{1}{C}Q = U$	
m	Masse	L	Selbstinduktivität
r	Reibungskonstante	R	ohmscher Widerstand
k	Federkonstante	$\frac{1}{C}$	reziproke Kapazität
x	Auslenkung	Q	Ladung des Kondensators
x'	Geschwindigkeit	Q'	Stromstärke
F	äußere Kraft	U	Klemmenspannung

Es genügt also, die Differenzialgleichung (3.27) zu betrachten. Division durch a_2 liefert

$$y''(t) + \frac{a_1}{a_2}y'(t) + \frac{a_0}{a_2}y(t) = \frac{g(t)}{a_2}.$$

Mit Einführung der Bezeichnungen

$$\frac{a_1}{a_2} = 2\delta \quad \frac{a_0}{a_2} = \omega_0^2 \quad \frac{g(t)}{a_2} = u(t)$$

ergibt sich die Differenzialgleichung

$$y'' + 2\delta y' + \omega_0^2 y = u(t). \tag{3.30}$$

1. Ungedämpfte Eigenschwingungen ($\delta = 0$ und $u(t) = 0$ für alle $t \geq 0$)

Wir lösen das Anfangswertproblem

$$y'' + \omega_0^2 y = 0, \; y(0) = 0, \; y'(0) = v_0 \quad \text{(Anstoß ohne Auslenkung)}.$$

Die charakteristische Gleichung lautet $\lambda^2 + \omega_0^2 = 0$. Sie besitzt die Nullstellen $\lambda_{1/2} = \pm i\omega_0$. Die allgemeine Lösung und ihre 1. Ableitung lauten

$$\begin{aligned} y_a^h(t) &= C_1 \cos\omega_0 t &+& C_2 \sin\omega_0 t \\ (y_a^h(t))' &= -C_1\omega_0 \sin\omega_0 t &+& C_2\omega_0 \cos\omega_0 t. \end{aligned} \tag{3.31}$$

Einsetzen der Anfangsbedingungen in (3.31) liefert das lineare Gleichungssystem

$$\begin{aligned} y(0) &= C_1 \cdot 1 &= 0 \\ y'(0) &= C_2 \cdot \omega_0 \cdot 1 &= v_0, \end{aligned}$$

aus dem man $C_1 = 0$ und $C_2 = \dfrac{v_0}{\omega_0}$ erhält.

Somit ist $y(t) = \dfrac{v_0}{\omega_0} \sin\omega_0 t$ die Lösung des Anfangswertproblems. Sie stellt einen Schwingungsvorgang mit der Eigenfrequenz ω_0 dar. Das Geschwindigkeitsgesetz lautet $y'(t) = v_0 \cos\omega_0 t$ (siehe *Bild 3.3*). Ungedämpfte Eigenschwingungen sind Idealisierungen, die in der Praxis nur näherungsweise realisierbar sind.

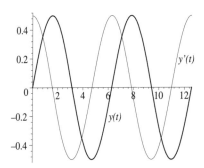

Bild 3.3: $\omega_0 = 1, v_0 = 0{,}5$

2. Gedämpfte Eigenschwingungen ($\delta > 0$ und $u(t) = 0$ für alle $t \geq 0$)

Wir lösen wieder das Anfangswertproblem

$$y'' + 2\delta y' + \omega_0^2 y = 0, \; y(0) = 0, \; y'(0) = v_0 \quad \text{(Anstoß ohne Auslenkung)}.$$

Die charakteristische Gleichung lautet $\lambda^2 + 2\delta\lambda + \omega_0^2 = 0$. Sie besitzt die Lösungen $\lambda_{1/2} = -\delta \pm \sqrt{\delta^2 - \omega_0^2}$. Es sind drei Fälle zu unterscheiden.

Fall 1: Starke Dämpfung für $\delta > \omega_0$ (**Kriechfall**)

Wir setzen $\Omega = \sqrt{\delta^2 - \omega_0^2}$. Offensichtlich gilt $\Omega < \delta$. Für $\delta > \omega_0$ gibt es zwei voneinander verschiedene reelle Lösungen der charakteristischen Gleichung: $\lambda_1 = -\delta + \Omega < 0$ und $\lambda_2 = -\delta - \Omega < 0$, wobei $\lambda_1 - \lambda_2 = 2\Omega$ gilt. Die allgemeine Lösung und ihre 1. Ableitung lauten

$$\begin{aligned}
y_a^h(t) &= C_1 e^{\lambda_1 t} + C_2 e^{\lambda_2 t} \\
(y_a^h(t))' &= \lambda_1 C_1 e^{\lambda_1 t} + \lambda_2 C_2 e^{\lambda_2 t}.
\end{aligned} \tag{3.32}$$

Einsetzen der Anfangsbedingungen in (3.32) liefert das lineare Gleichungssystem

$$\begin{aligned}
y(0) &= C_1 \cdot 1 + C_2 \cdot 1 = 0 \\
y'(0) &= C_1 \cdot \lambda_1 \cdot 1 + C_2 \cdot \lambda_2 \cdot 1 = v_0,
\end{aligned}$$

aus dem man $C_1 = \dfrac{v_0}{2\Omega}$ und $C_2 = -\dfrac{v_0}{2\Omega}$ erhält.

Somit stellt $y(t) = \dfrac{v_0}{2\Omega}(e^{\lambda_1 t} - e^{\lambda_2 t})$ das Bewegungsgesetz bei den vorgegebenen Anfangsbedingungen dar. Infolge der starken Dämpfung ($\delta > \omega_0$) kommt kein Schwingungsvorgang zustande. Als Geschwindigkeitsgesetz erhält man $y'(t) = \dfrac{v_0}{2\Omega}(\lambda_1 e^{\lambda_1 t} - \lambda_2 e^{\lambda_2 t})$ (siehe *Bild 3.4*).

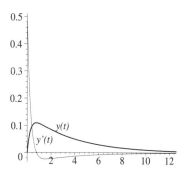

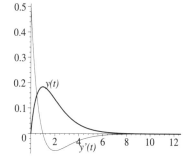

Bild 3.4: $\omega_0 = 1, v_0 = 0,5, \delta = 2$ **Bild 3.5:** $\omega_0 = 1, v_0 = 0,5, \delta = 1$

Fall 2: Mittlere Dämpfung für $\delta = \omega_0$ (**aperiodischer Grenzfall**)

Für $\delta = \omega_0$ gibt es eine reelle Lösung der Vielfachheit 2 der charakteristischen Gleichung: $\lambda_1 = -\delta < 0$. Die allgemeine Lösung und ihre 1. Ableitung lauten nun

$$\begin{aligned}
y_a^h(t) &= (C_1 + C_2 t)e^{-\delta t} \\
(y_a^h(t))' &= C_2 e^{-\delta t} - \delta(C_1 + C_2 t)e^{-\delta t}.
\end{aligned} \tag{3.33}$$

Einsetzen der Anfangsbedingungen in (3.33) liefert das lineare Gleichungssystem

$$\begin{aligned}
y(0) &= C_1 \cdot 1 = 0 \\
y'(0) &= C_1 \cdot (-\delta) \cdot 1 + C_2 \cdot 1 = v_0,
\end{aligned}$$

aus dem man $C_1 = 0$ und $C_2 = v_0$ erhält.

Somit ist $y(t) = v_0 t e^{-\delta t}$ die Lösung des Anfangswertproblems. Auch im Grenzfall $\delta = \omega_0$ tritt noch kein Schwingungsvorgang auf. Als Geschwindigkeitsgesetz ergibt sich $y'(t) = v_0(1 - \delta t)e^{-\delta t}$ (siehe *Bild 3.5*).

Fall 3: Schwache Dämpfung für $\delta < \omega_0$ (**Schwingfall**)

Wir setzen $\omega = \sqrt{\omega_0^2 - \delta^2}$. Für $\delta < \omega_0$ gibt es ein Paar zueinander konjugiert komplexer Lösungen der **charakteristischen Gleichung**: $\lambda_1 = -\delta + i\omega$ und $\lambda_2 = -\delta - i\omega$. Die allgemeine Lösung und ihre 1. Ableitung lauten jetzt

$$
\begin{aligned}
y_a^h(t) &= e^{-\delta t}(C_1 \cos\omega t + C_2 \sin\omega t) \\
(y_a^h(t))' &= -\delta e^{-\delta t}(C_1 \cos\omega t + C_2 \sin\omega t) \\
&\quad + e^{-\delta t}(-\omega C_1 \sin\omega t + \omega C_2 \cos\omega t).
\end{aligned}
\tag{3.34}
$$

Einsetzen der Anfangsbedingungen in (3.34) liefert das lineare Gleichungssystem

$$
\begin{aligned}
y(0) &= C_1 \cdot 1 &&= 0 \\
y'(0) &= C_1 \cdot (-\delta) \cdot 1 &+ C_2 \cdot \omega \cdot 1 &= v_0,
\end{aligned}
$$

aus dem man $C_1 = 0$ und $C_2 = \dfrac{v_0}{\omega}$ erhält.

Somit ist $y(t) = \dfrac{v_0}{\omega}e^{-\delta t}\sin\omega t$ die Lösung des Anfangswertproblems. Für $\delta < \omega_0$ kommt das System zum Schwingen. Dies gilt auch für das Geschwindigkeitsgesetz $y'(t) = \dfrac{v_0}{\omega}(\omega\cos\omega t - \delta\sin\omega t)e^{-\delta t}$. Die Amplituden der Schwingungen nehmen exponentiell ab. Sie sind nach oben durch die Funktion $z(t) = \dfrac{v_0}{\omega}e^{-\delta t}$ und nach unten durch die Funktion $-z(t)$ beschränkt (siehe *Bild 3.6*).

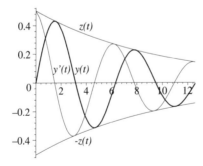

Bild 3.6: $\omega_0 = 1$, $v_0 = 0,5$, $\delta = 0,1$

3. Ungedämpfte erzwungene Schwingungen ($\delta = 0$ und $u(t) \neq 0$)

Wir betrachten den Fall einer periodischen äußeren Kraft der Form $u(t) = a\sin\omega_1 t$ und lösen das Anfangswertproblem

$$
y'' + \omega_0^2 y = u(t),\ y(0) = 0,\ y'(0) = 0 \quad \text{(Ruhelage)}
$$

Die äußere Kraft zwingt dem mit der Eigenfrequenz ω_0 schwingenden System ihre Frequenz ω_1 auf. Zunächst bestimmen wir eine spezielle Lösung y_s^{inh} der inhomogenen Differenzialgleichung

$$y'' + \omega_0^2 y = a \sin \omega_1 t$$

nach der Methode der Störgliedansätze. In Formel (3.19) ist dann $q_{m1} = 0$ und $r_{m2} = a$ für alle $t \geq 0$, $\alpha = 0$ und $\beta = \omega_1$. Der Lösungsansatz lautet deshalb

$$y_s^{inh}(t) = t^k(A \cos \omega_1 t + B \sin \omega_1 t),$$

wobei die Koeffizienten A und B noch zu ermitteln sind und der Exponent k davon abhängt, ob $i\omega_1$ Lösung der charakteristischen Gleichung ist oder nicht. Wir betrachten zwei Fälle.

Fall 1: $\omega_1 \neq \omega_0$

Dann ist $i\omega_1$ keine Lösung der charakteristischen Gleichung, also $k = 0$ und der Lösungsansatz vereinfacht sich zu

$$y_s^{inh}(t) = A \cos \omega_1 t + B \sin \omega_1 t.$$

Einsetzen von $y_s^{inh}(t)$ und der zweiten Ableitung

$$(y_s^{inh}(t))'' = -\omega_1^2(A \cos \omega_1 t + B \sin \omega_1 t)$$

in die inhomogene Differenzialgleichung liefert eine Gleichung zur Bestimmung von A und B:

$$A(\omega_0^2 - \omega_1^2) \cos \omega_1 t + B(\omega_0^2 - \omega_1^2) \sin \omega_1 t = a \sin \omega_1 t.$$

Daraus folgt $A = 0$, $B = \dfrac{a}{\omega_0^2 - \omega_1^2}$ und

$$y_s^{inh}(t) = \frac{a}{\omega_0^2 - \omega_1^2} \sin \omega_1 t.$$

Diese Funktion ist beschränkt für alle $t \geq 0$.

Fall 2: $\omega_1 = \omega_0$

Dann ist $i\omega_1$ eine Nullstelle der charakteristischen Gleichung der Vielfachheit $s = 1$, also ist $k = 1$ und der Lösungsansatz lautet

$$y_s^{inh}(t) = t(A \cos \omega_1 t + B \sin \omega_1 t).$$

Wie im Fall 1 berechnet man mit $\omega_1 = \omega_0$ die Koeffizienten $A = -\dfrac{a}{2\omega_0}$, $B = 0$ und

$$y_s^{inh}(t) = -\frac{a}{2\omega_0} t \cos \omega_0 t.$$

Diese Funktion wächst für $t \to \infty$ über alle Grenzen.

Die allgemeine Lösung im Falle erzwungener Schwingungen ohne Dämpfung ergibt sich mit $y_a^h(t) = C_1 \cos \omega_0 t + C_2 \sin \omega_0 t$ zu

$$y_a^{inh}(t) = \begin{cases} y_a^h(t) + \dfrac{a}{\omega_0^2 - \omega_1^2} \sin \omega_1 t & \text{für} \quad \omega_1 \neq \omega_0 \\[2ex] y_a^h(t) - \dfrac{a}{2\omega_0} t \cos \omega_0 t & \text{für} \quad \omega_1 = \omega_0. \end{cases} \tag{3.35}$$

Einsetzen der allgemeinen Lösung in die Anfangsbedingungen liefert wieder ein lineares Gleichungssystem zur Bestimmung von C_1 und C_2. Für $\omega_1 \neq \omega_0$ erhält man $C_1 = 0$, $C_2 = -\dfrac{\omega_1}{\omega_0} \dfrac{a}{\omega_0^2 - \omega_1^2}$ und für $\omega_1 = \omega_0$ ergibt sich $C_1 = 0$, $C_2 = \dfrac{a}{2\omega^2}$. Der Leser vollziehe die Details selbst nach. Die Lösung des Anfangswertproblems lautet

$$y(t) = \begin{cases} \dfrac{a}{\omega_0^2 - \omega_1^2} \left(\sin(\omega_1 t) - \dfrac{\omega_1}{\omega_0} \sin \omega_0 t \right) & \text{für} \quad \omega_1 \neq \omega_0 \\[2ex] \dfrac{a}{2\omega_0} \left(\dfrac{\sin \omega_0 t}{\omega_0} - t \cos \omega_0 t \right) & \text{für} \quad \omega_1 = \omega_0. \end{cases}$$

Im Falle $\omega_1 \neq \omega_0$ kommt es zur Überlagerung der Schwingung mit der Eigenfrequenz ω_0 und der Schwingung mit der Frequenz ω_1, hervorgerufen durch die äußere Kraft. Wir betrachten nur den Spezialfall, dass ω_0 und ω_1 nahezu gleich sind. Die Überlagerung führt dann auf eine Schwingung mit periodisch schwankender Amplitude, die als **Schwebung** bezeichnet wird. Dieses Phänomen tritt z.B. auf, wenn zwei Stimmgabeln von annähernd gleicher Frequenz gleichzeitig angestimmt werden. Eine Schwebung ist für $a = 1$, $\omega_0 = 1$, $\omega_1 = 0.8$ in *Bild 3.7* dargestellt.

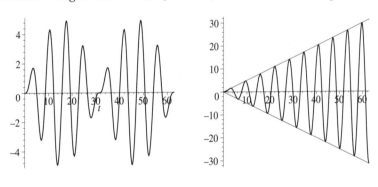

Bild 3.7   **Bild 3.8**

Im Falle $\omega_1 = \omega_0$ fällt die Freqenz der periodischen äußeren Kraft mit der Eigenfrequenz des Systems zusammen. Die Amplitude der Schwingung wird aufgrund des Terms $t \cos(\omega_0 t)$ in der Lösung mit wachsendem t immer größer. Diese Erscheinung wird als **Resonanz** bezeichnet. In *Bild 3.8* ist die Resonanzkurve für $a = 1$ und $\omega_0 = 1$ dargestellt. Durch das Aufschaukeln der Amplitude werden Instabilitäten erzeugt, die zur Zerstörung des Systems führen können. Dies hat weitreichende praktische Konsequenzen. Bei der Konstruktion von Fahrzeugen und Maschinen spielen Schwingungen mit Resonanzcharakter eine wesentliche Rolle. So entstehen bei Autos durch die rotierenden Teile des Motors zeitlich periodische Kräfte, die andere Teile des Fahrzeugs zu erzwungenen Schwingungen anregen. Wenn Resonanz eintritt, wenn also die Eigenfrequenz eines schwingungsfähigen Systems gleich der Motorfrequenz ist, ergeben sich sehr große Schwingungsamplituden, die Teile des Fahrzeugs zerstören können. Es ist deshalb darauf zu achten, dass die Eigenfrequenzen aller schwingungsfähigen Teile des Fahrzeugs sich wesentlich von den Betriebsfrequenzen des Motors unterscheiden.

3

3.6 Die Methode der Laplace-Transformation

3.6.1 Definition und Existenz der Laplace-Transformation

Die **Laplace-Transformation** erweist sich als wichtiges Hilfsmittel zur Lösung von gewöhnlichen Differenzialgleichungen.

Definition 3.3

Ordnet man der Funktion $f(t)$, $D(f) = [0, \infty[$ das Integral

$$L(p) = \int_0^\infty e^{-pt} f(t)\, dt, \quad p = \sigma + i\omega \tag{3.36}$$

zu, so heißt diese Abbildung **Laplace-Transformation**. Sie wird bezeichnet durch

$$L(p) = L[f(t)].$$

Dabei ist der Parameter $p = \sigma + i\omega$ eine komplexe Variable. Da über t integriert wird, der Integrand aber eine Funktion von p und t ist, erhält man als Resultat der Integration eine Funktion des Parameters p oder ein Parameterintegral. Da das Integrationsgebiet aus der gesamten reellen Halbachse besteht, spricht man von einem uneigentlichen Parameterintegral. Eine Funktion $f(t)$, für die das uneigentliche Parameterintegral (3.36) existiert, heißt **Laplace-transformierbar**, $f(t)$ heißt **Originalfunktion** und $L(p)$ die zugehörige **Bildfunktion**.

Die Schreibweise $L[f(t)]$ weist darauf hin, dass die Laplace-Transformation der Originalfunktion $f(t)$ betrachtet wird, während $L(p)$ die Bildfunktion als Funktion der komplexen Variablen p bezeichnet. Aus (3.36) folgt, dass die Werte von $f(t)$ nur für $t \geq 0$ von Interesse sind. Für $t < 0$ kann $f(t)$ beliebig sein. Wir setzen deshalb immer $f(t) = 0$ für $t < 0$. Das uneigentliche Parameterintegral (3.36) wird als Grenzwert von eigentlichen Integralen, d.h. von Integralen über ein endliches Intervall, berechnet:

$$L(p) = \int_0^\infty f(t)\, e^{-pt}\, dt = \lim_{A \to \infty} \int_0^A f(t)\, e^{-pt}\, dt.$$

Dabei ist A eine hinreichend große positive Zahl. Besitzt es für gewisse p einen endlichen Wert, so sagt man die Laplace-Transformation $L(p)$ existiert für diese Parameterwerte p.

Beispiel 3.7

Ermitteln Sie, für welche p die Laplace-Transformation der **Heaviside-Funktion**

$$h(t) = \begin{cases} 1 & \text{für} \quad t \geq 0 \\ 0 & \text{für} \quad t < 0. \end{cases} \tag{3.37}$$

existiert und berechnen Sie $L(p)$.

Lösung:

Gemäß (3.36) ergibt sich

$$L(p) = \int\limits_0^\infty h(t)\,\mathrm{e}^{-pt}\,\mathrm{d}t = \lim\limits_{A\to\infty}\int\limits_0^A h(t)\,\mathrm{e}^{-pt}\,\mathrm{d}t = \lim\limits_{A\to\infty}\int\limits_0^A \mathrm{e}^{-pt}\,\mathrm{d}t$$

$$= \lim\limits_{A\to\infty}\left[-\frac{\mathrm{e}^{-pt}}{p}\right]_0^A = \lim\limits_{A\to\infty}\left[-\frac{\mathrm{e}^{-pA}}{p}\right] + \frac{1}{p} = -\frac{1}{p}\lim\limits_{A\to\infty}\mathrm{e}^{-pA} + \frac{1}{p}.$$

Es ist zu untersuchen, für welche $p = \sigma + \mathrm{i}\omega$ der Grenzwert endlich ist. Nach den EULERschen Formeln $\mathrm{e}^{(\alpha\pm\mathrm{i}\beta)t} = \mathrm{e}^{\alpha t}\mathrm{e}^{\pm\mathrm{i}\beta t} = \mathrm{e}^{\alpha t}(\cos\beta t \pm \mathrm{i}\sin\beta t)$ gilt mit $\alpha = -\sigma$, $\beta = \omega$ und $t = A$:

$$\mathrm{e}^{-pA} = \mathrm{e}^{-(\sigma+\mathrm{i}\omega)A} = \mathrm{e}^{-\sigma A}\mathrm{e}^{-\mathrm{i}\omega A} = \mathrm{e}^{-\sigma A}(\cos\omega A - \mathrm{i}\sin\omega A).$$

Wegen $A > 0$ gilt für $\sigma > 0$ $\lim\limits_{A\to\infty}\mathrm{e}^{-\sigma A}\cos\omega A = 0$ sowie $\lim\limits_{A\to\infty}\mathrm{e}^{-\sigma A}\sin\omega A = 0$. Folglich ist auch

$$\lim\limits_{A\to\infty}\mathrm{e}^{-pA} = \lim\limits_{A\to\infty}(\mathrm{e}^{-\sigma A}\cos\omega A - \mathrm{i}\mathrm{e}^{-\sigma A}\sin\omega A)$$

$$= \lim\limits_{A\to\infty}\mathrm{e}^{-\sigma A}\cos\omega A - \mathrm{i}\lim\limits_{A\to\infty}\mathrm{e}^{-\sigma A}\sin\omega A = 0 \quad \text{für} \quad \sigma > 0.$$

Die Laplace-Transformation von $h(t)$ existiert also für $\mathrm{Re}\,p = \sigma > 0$ und es ist

$$L[h(t)] = L(p) = \frac{1}{p} \quad \text{für} \quad \mathrm{Re}\,p = \sigma > 0.$$

Der Definitionsbereich der Funktion $L(p)$ besteht also aus allen Punkten p der komplexen Ebene, die einen positiven Realteil besitzen.

Die Heaviside-Funktion beschreibt Einschaltvorgänge.   ∎

Die Frage der Existenz der Laplace-Transformation einer umfangreichen Klasse wichtiger Funktionen aus den Anwendungen wird durch folgenden Satz geklärt:

Satz 3.3

Es gelte
1. $f(t) = 0$ für $t < 0$,
2. $f(t)$ sei stückweise stetig in jedem endlichen Intervall $]0, A[$,
3. es mögen reelle Konstanten $c \geq 0$ und $M > 0$ existieren, sodass für alle $t \geq 0$ gilt: $|f(t)| \leq g(t) = Me^{ct}$.

Dann existiert die Laplace-Transformation

$$L[f(t)] = L(p) = \int_0^\infty e^{-pt} f(t)\,dt \tag{3.38}$$

für alle komplexen Zahlen $p = \sigma + i\omega$ mit Re $p > c$, d.h. $\sigma > c$.

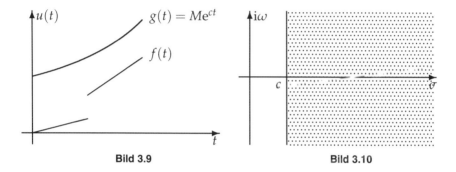

Bild 3.9   **Bild 3.10**

Bild 3.9 illustriert die Voraussetzungen des Satzes für eine stückweise stetige Funktion $f(t)$. Die Halbebene Re $p > c$ in der komplexen p-Ebene heißt **Konvergenzhalbebene** der Transformation. Sie ist in *Bild 3.10* schematisch dargestellt und gibt den Gültigkeitsbereich für die Formel (3.38), mit anderen Worten, den Definitionsbereich der Funktion $L(p)$ in der komplexen Zahlenebene, unter den getroffenen Voraussetzungen an. Speziell erhält man für $c = 0$ (die Funktion $f(t)$ ist dann durch eine Konstante beschränkt) die gesamte positive reelle Halbebene. Die Laplace-Transformation einer solchen Funktion existiert folglich in der positiven reellen Halbebene.

Der Satz besagt, das für alle auf der positiven Halbachse definierten stückweise stetigen Funktionen, die durch eine Exponentialfunktion beschränkt sind, die Laplace-Transformation in der Konvergenzhalbebene existiert.

Die Tabelle im Anhang 4 dient zur praktischen Berechnung von Laplace-Transformationen (Bestimmung der Bildfunktion aus der Originalfunktion) und ihrer Umkehrtransformationen (Bestimmung der Originalfunktion aus der Bildfunktion). **Im Weiteren verweisen wir mit T_i auf die entsprechende Nummer in der Tabelle.** Die folgenden Eigenschaften und Regeln für die Rücktransformation sind nützlich, falls $f(t)$ bzw. $L(p)$ nicht unmittelbar in der Tabelle enthalten sind.

3.6.2 Eigenschaften der Laplace-Transformation

Für die Funktionen $f(t)$ und $f_k(t)$ $k = 1,2$ seien die Voraussetzungen von Satz 3.3 erfüllt, d.h. die Laplace-Transformation $L[f(t)] = L(p)$ existiert für alle Re $p > c$ und die Laplace-Transformationen $L[f_k(t)] = L_k(p)$ existieren für alle Re $p > c_k$ $k = 1,2$.

1. **Additionssatz:** Sind a_1, a_2 komplexe Zahlen, so gilt für Re $p > \max(c_1, c_2)$

$$L[a_1 f_1(t) + a_2 f_2(t)] = a_1 L_1(p) + a_2 L_2(p) = a_1 L[f_1(t)] + a_2 L[f_2(t)].$$

2. **Ähnlichkeitssatz:** Ist $a > 0$, so gilt für Re $p > ac$

$$L[f(at)] = \frac{1}{a} L\left(\frac{p}{a}\right).$$

3. **Erster Verschiebungssatz:** Für $b > 0$ ist $f(t - b)$ eine Verschiebung von $f(t)$ nach rechts. Mit $f(t) = 0$ für $t < 0$ gilt $f(t - b) = 0$ für $t < b$. Es gilt für Re $p > c$

$$L[f(t - b)] = e^{-pb} L(p) = e^{-pb} L[f(t)].$$

4. **Zweiter Verschiebungssatz:** Für $b > 0$ ist $f(t + b)$ eine Verschiebung von $f(t)$ nach links. Mit $f(t) = 0$ für $t < 0$ gilt $f(t + b) = 0$ für $t < -b$. Dies ist die Ursache für die unterschiedlichen Regeln zur Bildung der Laplace-Transformation einer nach rechts bzw. links verschobenen Funktion. Es gilt für Re $p > c$

$$L[f(t + b)] = e^{pb} \left(L(p) - \int_0^b e^{-pt} f(t)\, dt \right).$$

5. **Dämpfungssatz:** Ist a eine komplexe Zahl, so gilt für Re $p > c - \operatorname{Re} a$

$$L[e^{-at} f(t)] = L(p + a).$$

    Ist speziell a reell und positiv, so werden die Funktionswerte von $f(t)$ durch Multiplikation mit dem Dämpfungsfaktor e^{-at} bei wachsendem t verkleinert, ähnlich wie im Schwingfall der gedämpften Schwingung.

6. **Multiplikationssatz:** Es gilt für Re $p > c$

$$L[(-t)^n f(t)] = L^{(n)}(p).$$

    Der Multiplikation der Originalfunktion $f(t)$ mit einer Potenzfunktion mit natürlichem Exponenten n entspricht die Differenziation der Bildfunktion $L(p)$.

7. **Divisionssatz:** Falls die Laplace-Transformation der Funktion $\frac{1}{t} f(t)$ existiert, so gilt für Re $p > c$

$$L\left[\frac{1}{t} f(t)\right] = \int_p^\infty L(q)\, dq.$$

    Der Division der Originalfunktion $f(t)$ durch t entspricht die Integration der Bildfunktion $L(p)$.

8. **Differenziationssatz:** Ist $f(t)$ für $t \geq 0$ n-fach differenzierbar und existiert $L[f^{(n)}(t)]$, so gilt für Re $p > c$

$$L[f^{(n)}(t)] = p^n L(p) - f(0)p^{n-1} - f'(0)p^{n-2} - \ldots - f^{(n-1)}(0).$$

Der Ableitung n-ter Ordnung der Originalfunktion $f(t)$ entspricht die Multiplikation der Bildfunktion $L(p)$ mit p^n, ergänzt um ein Polynom $(n-1)$-ten Grades. Dabei sind die Koeffizienten $f(0), f'(0), \cdots, f^{(n-1)}(0)$ des Polynoms die Werte der entsprechenden Ableitungen an der Stelle 0. Da diese Werte bei Anfangswertproblemen bekannt sind, spielt der Differenziationssatz eine grundlegende Rolle bei der Lösung solcher Probleme für lineare Differenzialgleichungen.
Wichtige Spezialfälle:

$$n = 1 \qquad L[f'(t)] = pL(p) - f(0),$$
$$n = 2 \qquad L[f''(t)] = p^2 L(p) - f(0)p - f'(0).$$

9. **Integrationssatz:** Es gilt für Re $p > c$

$$L\left[\int_0^t f(\tau)\, d\tau\right] = \frac{1}{p} L(p).$$

Der Integration der Originalfunktion $f(t)$ entspricht die Division der Bildfunktion $L(p)$ durch p.

10. **Transformationsregel für periodische Funktionen:** Ist $f(t) = f(t+T)$ für alle $t \in D(f)$, so gilt, falls $f(t)$ und $f(t+T)$ integrierbar sind, für Re $p > 0$

$$L[f(t)] = \frac{1}{1 - e^{-pT}} \int_0^T e^{-pt} f(t)\, dt.$$

11. **Faltungssatz:** Das Integral

$$f_1(t) * f_2(t) = \int_0^t f_1(\tau) f_2(t - \tau)\, d\tau \qquad t \geq 0$$

heißt Faltung der Funktionen $f_1(t)$ und $f_2(t)$ (gelesen: $f_1(t)$ gefaltet mit $f_2(t)$). Wegen $f_k(t) = 0$ für $t < 0$ $(k = 1,2)$ ist auch $f_1(t) * f_2(t) = 0$ für $t < 0$. Die Faltung besitzt ähnliche Eigenschaften wie die gewöhnliche Multiplikation zweier Funktionen, beispielsweise gilt die Kommutativität, d.h., es ist $f_1(t) * f_2(t) = f_2(t) * f_1(t)$.
Es gilt für Re $p > \max(c_1, c_2)$

$$L[f_1(t) * f_2(t)] = L_1(p) \cdot L_2(p).$$

Die Laplace-Transformation der Faltung zweier Funktionen ist gleich dem Produkt ihrer Laplace-Transformationen.

In *Bild 3.11* sind die Funktion $f_1(\tau)$ und die um den Wert t verschobene Funktion $f_2(\tau - t)$ dargestellt. Zur Bildung des Faltungsintegrals wird $f_2(t - \tau)$ benötigt.

Dazu wird die Funktion $f_2(\tau - t)$ an der Stelle $\tau = t$ zurückgeklappt (gefaltet). Geometrisch stellt die Faltung den Fächeninhalt der in *Bild 3.12* skizzierten Punktmenge dar. Der Flächeninhalt ist dabei eine Funktion des Verschiebungsparameters t.

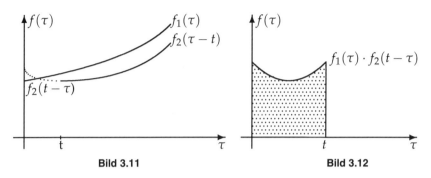

Bild 3.11   **Bild 3.12**

Die Kenntnis und Beachtung des Gültigkeitsbereichs der Formeln ist bei den von uns betrachteten Anwendungen nicht erforderlich. Deshalb ist er im Weiteren und in der Tabelle im Anhang 4 nicht angegeben.

Beispiel 3.8

> Berechnen Sie die Laplace-Transformation der Funktionen $f_1(t) = \sin t$ und $f_2(t) = t^2 \sin t$.

Lösung:

Die Funktion $f_1(t)$ ist 2π-periodisch. Folglich lautet die Transformationsregel für periodische Funktionen

$$L[\sin t] = \frac{1}{1 - e^{-p2\pi}} \int_0^{2\pi} e^{-pt} \sin t \, dt.$$

Nach zweimaliger partieller Integration und Einsetzen der Integrationsgrenzen erhält man

$$L[f_1(t)] = L[\sin t] = \frac{1}{1 - e^{-p2\pi}} \frac{1 - e^{-p2\pi}}{p^2 + 1} = \frac{1}{p^2 + 1} = L(p).$$

Zur Berechnung der Laplace-Transformation von $f_2(t)$ verwenden wir den Multiplikationssatz für $n = 2$:

$$L[t^2 \sin t] = L[(-t)^2 \sin t] = L''(p)$$

mit $L(p) = \dfrac{1}{p^2 + 1} = L[\sin t]$. Nach zweimaliger Differenziation von L(p) nach p ergibt sich

$$L[f_1(t)] = L[t^2 \sin t] = \frac{8p^2}{(p^2 + 1)^3} - \frac{2}{(p^2 + 1)^2}.$$

∎

3.6.3 Regeln für die Rücktransformation

Unter Voraussetzungen, die in den Anwendungen in der Regel erfüllt sind, erhält man einen Existenz- und Eindeutigkeitssatz für die Umkehrtransformation.

Satz 3.4

1. Die Funktion $f(t)$ erfülle die Voraussetzungen von Satz 3.3. Dann existiert in jedem Stetigkeitspunkt von f die Umkehrtransformation, d.h. aus $L(p)$ erhält man wieder $f(t)$.

2. Für die Funktionen $f(t)$ und $g(t)$ seien die Voraussetzungen von Satz 3.3 erfüllt und es gelte $L[f(t)] = L[g(t)]$ in der Konvergenzhalbebene. Dann folgt $f(t) = g(t)$ in jedem Stetigkeitspunkt t von $f(t)$ und $g(t)$.

1. Die Rücktransformation ist unter Verwendung des Faltungssatzes möglich. Die Bildfunktion $L[f(t)] = L(p)$ besitze eine Darstellung der Form $L(p) = L_1(p) \cdot L_2(p)$ mit $L_1(p) = L[f_1(t)]$ und $L_2(p) = L[f_2(t)]$. Dann gilt nach dem Faltungssatz:

$$\begin{aligned} L[f(t)] &= L(p) = L_1(p) \cdot L_2(p) = L[f_1(t) * f_2(t)] \implies \\ f(t) &= f_1(t) * f_2(t), \end{aligned} \tag{3.39}$$

Die Originalfunktion $f(t)$ erhält man durch die Berechnung der Faltung.

2. Besitzt der Nenner $N(p)$ einer rationalen Bildfunktion $L(p) = \dfrac{Z(p)}{N(p)}$ n einfache i. Allg. komplexe Nullstellen $p_k, \ (k = 1, \ldots, n)$, so hat die Partialbruchzerlegung die Gestalt

$$L[f(t)] = L(p) = \frac{Z(p)}{N(p)} = \sum_{k=1}^{n} \frac{A_k}{p - p_k},$$

wobei sich im Falle **einfacher Nullstellen** die Koeffizienten A_k in der Form $A_k = \dfrac{Z(p_k)}{N'(p_k)} \ (k = 1, \ldots, n)$ ermitteln lassen. Wegen

$$L_k(p) = \frac{1}{p - p_k} \overset{\mathbf{T_4}}{=} L[e^{p_k t}] = L[f_k(t)], \ (k = 1, \ldots, n)$$

und dem Additionssatz gilt

$$\begin{aligned} L[f(t)] &= L(p) = \sum_{k=1}^{n} \frac{A_k}{p - p_k} \\ &= \sum_{k=1}^{n} A_k L[e^{p_k t}] = L\left[\sum_{k=1}^{n} A_k e^{p_k t}\right] \implies \\ f(t) &= \sum_{k=1}^{n} A_k e^{p_k t} = \sum_{k=1}^{n} \frac{Z(p_k)}{N'(p_k)} e^{p_k t}. \end{aligned} \tag{3.40}$$

3. Besitzt der Nenner $N(p)$ einer rationalen Bildfunktion $L(p) = \dfrac{Z(p)}{N(p)}$ nur eine i. Allg. komplexe Nullstelle a der Vielfachheit s $(\text{Grad}\, N(p) = s)$, so ergibt sich für die Bildfunktionen die Partialbruchzerlegung (siehe z. B. [4])

$$
\begin{aligned}
L[f(t)] \;=\; L(p) &= \left(\frac{A_1}{p-a} + \frac{A_2}{(p-a)^2} + \ldots + \frac{A_s}{(p-a)^s} \right) \qquad (3.41) \\
&= \sum_{r=1}^{s} \left(\frac{A_r}{(p-a)^r} \right).
\end{aligned}
$$

Verfahren zur Ermittlung der unbekannten Koeffizienten A_r, $(r = 1, \ldots, s)$ sind ebenfalls in [4] zu finden. Für jeden Summanden in (3.41) lässt sich mit Hilfe der Tabelle im Anhang 4 die zugehörige Originalfunktion berechnen:

$$
\begin{aligned}
L_1(p) &= \frac{1}{p-a} \stackrel{\mathbf{T4}}{=} L[e^{at}] = L[f_1(t)], \\[1mm]
L_2(p) &= \frac{1}{(p-a)^2} \stackrel{\mathbf{T5}}{=} L[te^{at}] = L[f_2(t)], \ldots \\[1mm]
L_s(p) &= \frac{1}{(p-a)^s} \stackrel{\mathbf{T6}}{=} L\left[\frac{t^{s-1}}{(s-1)!} e^{at} \right] = L[f_s(t)].
\end{aligned}
$$

Mit diesen Beziehungen und dem Additionssatz erhält man aus (3.41)

$$
\begin{aligned}
L[f(t)] \;=\; L(p) &= \sum_{r=1}^{s} A_r L_r(p) \\[1mm]
&= \sum_{r=1}^{s} A_r L[f_r(t)] = L\left[\sum_{r=1}^{s} A_r f_r(t) \right] \\[1mm]
&= L\left[\left(A_1 + A_2 t + \ldots + A_s \frac{t^{s-1}}{(s-1)!} \right) e^{at} \right] \implies \\[1mm]
f(t) &= \left(A_1 + A_2 t + \ldots + A_s \frac{t^{s-1}}{(s-1)!} \right) e^{at}. \qquad (3.42)
\end{aligned}
$$

Beispiel 3.9

Berechnen Sie aus der Bildfunktion $L(p) = \dfrac{1}{(p-a)(p-b)}$ mit a, b i. Allg. komplex und $a \neq b$ die Originalfunktion $f(t)$.

Lösung:

1. Lösungsweg: Wir verwenden $\mathbf{T_4}$ aus Anhang 4 und den Faltungssatz.

Mit $L_1(p) = \dfrac{1}{p-a} \stackrel{\mathbf{T4}}{=} L[e^{at}] = L[f_1(t)]$ und $L_2(p) = \dfrac{1}{p-b} \stackrel{\mathbf{T4}}{=} L[e^{bt}] = L[f_2(t)]$ erhält man gemäß (3.39)

$$
f(t) = f_1(t) * f_2(t) = \int_0^t f_1(\tau) f_2(t-\tau)\,d\tau = \int_0^t e^{a\tau} e^{b(t-\tau)}\,d\tau = \frac{e^{at} - e^{bt}}{a-b}.
$$

2. Lösungsweg: Das Nennerpolynom $N(p)$ der rationalen Funktion

$$L(p) = \frac{Z(p)}{N(p)} = \frac{1}{(p-a)(p-b)}$$

besitzt nur die einfachen Nullstellen $p_1 = a$ und $b_2 = b$. Der Ansatz für die Partialbruchzerlegung lautet

$$\frac{1}{(p-a)(p-b)} = \frac{A_1}{p-a} + \frac{A_2}{p-b}.$$

Weiter ist $Z(p) = 1$, $N(p) = p^2 - (a+b)p + ab$ und $N'(p) = 2p - (a+b)$. Man erhält für die Koeffizienten $A_1 = \dfrac{Z(a)}{N'(a)} = \dfrac{1}{a-b}$, $A_2 = \dfrac{Z(b)}{N'(b)} = -\dfrac{1}{a-b}$. Dann ergibt sich gemäß (3.40) unter Berücksichtigung von $\mathbf{T_4}$ aus Anhang 4

$$f(t) = \frac{1}{a-b}e^{at} - \frac{1}{a-b}e^{bt} = \frac{e^{at} - e^{bt}}{a-b}.$$

Die Ergebnisse, erhalten nach beiden Lösungswegen, stimmen überein. ∎

3.6.4 Anwendung zur Lösung von gewöhnlichen Differenzialgleichungen

Die **Laplace-Transformation** ist für Anfangswertprobleme sehr gut gut geeignet, da die Anfangsbedingungen mit Hilfe des Differenziationssatzes sofort verarbeitet werden. Wir nennen die Menge aller Originalfunktionen den Originalbereich, die Menge aller Bildfunktionen den Bildbereich und gehen nach folgendem Schema vor:

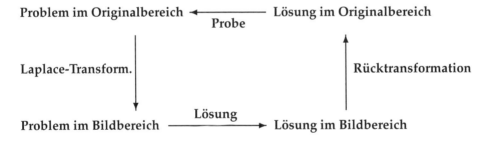

Beispiel 3.10

Lösen Sie das Anfangswertproblem

$$y''(t) + y(t) = \sin t \qquad y(0) = 0 \qquad y'(0) = 1.$$

Lösung:

Wir setzen $L[y(t)] = Y(p)$ und wenden die Laplace-Transformation auf die Differenzialgleichung an:

$$L[y''(t) + y(t)] = L[\sin t].$$

Gemäß Differenziationssatz und T_7 für $a = 1$ (Anhang 4) erhält man

$$L[y''(t) + y(t)] = p^2 Y(p) - y(0)p - y'(0) + Y(p)$$
$$L[\sin t] = L(p) = \frac{1}{p^2 + 1}.$$

Nach Einsetzen der Anfangsbedingungen vereinfacht sich die Laplace-Transformation der linken Seite der Differenzialgleichung zu

$$L[y''(t) + y(t)] = (p^2 + 1)Y(p) - 1$$

und das Anfangswertproblem im Originalbereich geht in die folgende Gleichung im Bildbereich über

$$(p^2 + 1)Y(p) - 1 = \frac{1}{p^2 + 1}.$$

Als Lösung im Bildbereich erhält man

$$Y(p) = \frac{1}{p^2 + 1}\left(1 + \frac{1}{p^2 + 1}\right) = \frac{1}{p^2 + 1} + \frac{1}{p^2 + 1} \cdot \frac{1}{p^2 + 1}$$
$$= L(p) + L(p) \cdot L(p)$$

mit $L(p) = L[\sin t]$. Anwendung des Faltungs- und Additionssatzes ergibt

$$L[y(t)] = L[\sin t] + L[\sin t * \sin t] = L[\sin t + \sin t * \sin t],$$

also hat die Lösung im Bildbereich die Form

$$L[y(t)] = L[\sin t + \sin t * \sin t].$$

Dies entspricht der Lösung

$$y(t) = \sin t + \sin t * \sin t$$

im Originalbereich. Das Faltungsintegral

$$\sin t * \sin t = \int_0^t \sin \tau \sin(t - \tau)\,\mathrm{d}\tau$$

berechnet man unter Verwendung der trigonometrischen Formel

$$\sin x \sin y = \frac{1}{2}[\cos(x - y) - \cos(x + y)],$$

indem man $x = \tau$ und $y = t - \tau$ setzt. Man erhält

$$\sin t * \sin t = \frac{1}{2}\sin t - \frac{1}{2}t \cos t.$$

Somit ergibt sich als Lösung des Anfangswertproblems:

$$y(t) = \frac{3}{2}\sin t - \frac{1}{2}t\cos t,$$

was man durch Einsetzen der Lösung in die Differenzialgleichung und die Anfangs-bedingungen bestätigt. ∎

Auch bei der Lösung von Randwertproblemen erweist sich die Laplace-Transformation oft als zweckmäßig.

Beispiel 3.11

Lösen Sie das Randwertproblem

$$y''(t) + 9y(t) = \cos 2t \qquad y(0) = 1 \qquad y\left(\frac{\pi}{4}\right) = 1.$$

Lösung:

Mit der Bezeichnung $L[y(t)] = Y(p)$ erhält man aus

$$L[y''(t) + 9y(t)] = L[\cos 2t]$$

nach Anwendung des Differenziationssatzes und $\mathbf{T_8}$ für $a = 2$ (Anhang 4)

$$p^2 Y(p) - y(0)p - y'(0) + 9Y(p) = \frac{p}{p^2 + 4}.$$

Hier lässt sich zunächst nur die Bedingung $y(0) = 1$ einarbeiten. Die zweite Randbe-dingung wird später verwendet. Es ergibt sich also

$$(p^2 + 9)Y(p) - p - y'(0) = \frac{p}{p^2 + 4}$$

und als Lösung im Bildbereich

$$Y(p) = \frac{p}{p^2 + 9} + \frac{y(0)}{p^2 + 9} + \frac{1}{p^2 + 4}\frac{p}{p^2 + 9}.$$

Weiter ist $\dfrac{p}{p^2 + 9} \overset{\mathbf{T_8}}{=} L[\cos 3t]$, $\quad \dfrac{1}{p^2 + 9} \overset{\mathbf{T_7}}{=} L\left[\dfrac{1}{3}\sin 3t\right]$, $\quad \dfrac{1}{p^2 + 4} \overset{\mathbf{T_7}}{=} L\left[\dfrac{1}{2}\sin 2t\right]$.

Der Faltungssatz liefert $\dfrac{1}{p^2 + 4}\dfrac{p}{p^2 + 9} = L\left[\dfrac{1}{2}\sin 2t * \cos 3t\right]$. Somit erhalten wir ei-ne Darstellung der Lösung im Bildbereich in der Form

$$L[y(t)] = L[\cos 3t] + y'(0)L\left[\frac{1}{3}\sin 3t\right] + L\left[\frac{1}{2}\sin 2t * \cos 3t\right]$$

oder nach dem Additionssatz

$$L[y(t)] = L\left[\cos 3t + y'(0)\frac{1}{3}\sin 3t + \frac{1}{2}\sin 2t * \cos 3t\right],$$

was einer Lösung der Form

$$y(t) = \cos 3t + y'(0) \frac{1}{3} \sin 3t + \frac{1}{2} \sin 2t * \cos 3t$$

im Originalbereich entspricht. Das Faltungsintegral

$$\sin 2t * \cos 3t = \int_0^t \sin 2\tau \cos(3(t - \tau)) \, d\tau$$

berechnet man unter Verwendung der trigonometrischen Formel

$$\sin x \cos y = \frac{1}{2}[\sin(x + y) + \sin(x - y)],$$

indem man $x = 2\tau$ und $y = 3(t - \tau)$ setzt. Man erhält

$$\sin 2t * \cos 3t = -\frac{2}{5} \cos 3t + \frac{2}{5} \cos 2t.$$

Folglich ergibt sich als Lösung

$$y(t) = \frac{4}{5} \cos 3t + \frac{1}{5} \cos 2t + y'(0) \frac{1}{3} \sin 3t, \tag{3.43}$$

welche noch die unbekannte Größe $y'(0)$ enthält. Zur Bestimmung von $y'(0)$ setzen wir die zweite Randbedingung $y\left(\frac{\pi}{4}\right) = 1$ in die Lösung ein und erhalten $y'(0) = 3\left(\sqrt{2} + \frac{4}{5}\right)$. Das Randwertproblem besitzt eine eindeutige Lösung der Form

$$y(t) = \left(\sqrt{2} + \frac{4}{5}\right) \sin 3t + \frac{4}{5} \cos 3t + \frac{1}{5} \cos 2t,$$

von deren Richtigkeit man sich durch die Probe überzeugen kann. Bei Änderung der Randbedingungen ist es möglich, dass die Eindeutigkeit der Lösung nicht mehr gegeben ist oder, dass überhaupt keine Lösung existiert. Betrachten wir z. B. die Randbedingungen $y(0) = 1$, $y(\pi) = 1$, so lässt sich $y'(0)$ in (3.43) nicht ermitteln, d.h. das Randwertproblem mit den geänderten Randbedingungen hat keine Lösung. ∎

Die Methode ist auch für lineare Differenzialgleichungen mit einem Störglied in Form von Linearkombinationen der Heaviside-Funktion und ihrer Verschiebungen anwendbar.

Beispiel 3.12

Lösen Sie das Anfangswertproblem

$$y'''(t) + y''(t) - 2y'(t) = g(t), \quad y(0) = 1, \quad y'(0) = -2, \quad y''(0) = 3,$$

$$\text{mit } g(t) = \begin{cases} 1 & \text{für} \quad 0 \le t < 1 \\ 0 & \text{für} \quad t > 1 \end{cases} = h(t) - h(t-1).$$

Lösung:

Mit der Bezeichnung $L[y(t)] = Y(p)$ erhält man aus

$$L[y'''(t) + y''(t) - 2y'(t)] = L[y'''(t)] + L[y''(t)] - 2L[y'(t)] = L[g(t)]$$

nach Anwendung des Differenziationssatzes und (3.38)

$$
\begin{aligned}
L[y'''(t)] &= p^3 Y(p) - y(0)p^2 - y'(0)p - y''(0) = p^3 Y(p) - p^2 + 2p - 3 \\
L[y''(t)] &= p^2 Y(p) - y(0)p - y'(0) = p^2 Y(p) - p + 2 \\
L[y'(t)] &= pY(p) - y(0) = pY(p) - 1 \\
L[g(t)] &= \int_0^1 e^{-pt}\, dt = \left[-\frac{e^{-pt}}{p} \right]_0^1 = \frac{1 - e^{-p}}{p}.
\end{aligned}
$$

Die letzte Beziehung folgt aus (3.38), denn wegen $g(t) = 0$ für $t > 1$ wird über ein beschränktes Intervall integriert und es tritt kein uneigentliches Integral auf. Somit ergibt sich im Bildbereich die Lösungsdarstellung:

$$Y(p) = \frac{p^2 - p - 1}{p^3 + p^2 - 2p} + \frac{1}{p^3 + p^2 - 2p)} \left[\frac{1 - e^{-p}}{p} \right]. \tag{3.44}$$

Wir bezeichnen mit

$$
\begin{aligned}
Y_1(p) &= \frac{p^2 - p - 1}{p^3 + p^2 - 2p} \quad \text{und} \\
Y_2(p) &= \frac{1}{p^3 + p^2 - 2p)} \left[\frac{1 - e^{-p}}{p} \right].
\end{aligned}
$$

Dabei ist $Y_1(p)$ der Anteil der Lösung im Bildbereich, welcher der linearen homogenen Differenzialgleichung entspricht, während $Y_2(p)$ den Lösungsanteil, der zur linearen inhomogenen Differenzialgleichung gehört, charakterisiert. Weiter setzen wir $p^3 + p^2 - 2p =: N(p)$. Das Polynom $N(p)$ besitzt drei voneinander verschiedene reelle Nullstellen $p_1 = 0$, $p_2 = 1$ und $p_3 = -2$. Es gilt also $N(p) = p(p-1)(p-2)$. Zur Ausführung der Rücktransformation verwenden wir folgende Darstellung:

$$
\begin{aligned}
Y_1(p) &= \frac{p}{(p-1)(p+2)} - \frac{1}{(p-1)(p+2)} - \frac{1}{p(p-1)(p+2)} \\
Y_2(p) &= \left[\frac{1 - e^{-p}}{p} \right] \frac{1}{p(p-1)(p+2)}.
\end{aligned}
$$

Für die Rücktransformation von $Y_1(p)$ ergibt sich gemäß Anhang 4

$$\frac{p}{(p-1)(p+2)} \;\overset{T_{57}}{=\!=}\; L\left[\frac{e^t}{3} + 2\frac{e^{-2t}}{3} \right]$$

$$\frac{1}{(p-1)(p+2)} \overset{\mathbf{T_{48}}}{=} L\left[\frac{e^t}{3} - \frac{e^{-2t}}{3}\right]$$

$$\frac{1}{p(p-1)(p+2)} \overset{\mathbf{T_{39}}}{=} L\left[-\frac{1}{2} + \frac{e^t}{3} + \frac{e^{-2t}}{6}\right].$$

mit jeweils $a = 1$, $b = -2$. Für die Rücktransformation von $Y_2(p)$ ist der Faltungssatz zweckmäßig. Man erhält also

$$L[y_1(t)] = Y_1(p) = L\left[\frac{1}{2} - \frac{1}{3}e^t + \frac{5}{6}e^{-2t}\right]$$

$$L[y_2(t)] = Y_2(p) = L\left[g(t) * \left(-\frac{1}{2} + \frac{1}{3}e^t + \frac{1}{6}e^{-2t}\right)\right].$$

Wegen $g(t) = 1$ für $0 \le t < 1$ und $g(t) = 0$ für $t > 1$ ergibt sich für das Faltungsintegral von $g(t)$ mit einer beliebigen Funktion $s(t)$, die eine Laplace-Transformation besitzt,

$$g(t) * s(t) = \int_0^t g(\tau)s(t-\tau)d\tau = \begin{cases} \int_0^t s(t-\tau)d\tau & \text{für} \quad 0 \le t < 1 \\ \int_0^1 s(t-\tau)d\tau & \text{für} \quad t > 1 \end{cases}.$$

Mit $s(t) = -\frac{1}{2} + \frac{1}{3}e^t + \frac{1}{6}e^{-2t}$ erhält man

$$\int_0^t s(t-\tau)d\tau = -\frac{1}{2}t + \frac{1}{3}e^t\int_0^t e^{-\tau}d\tau + \frac{1}{6}e^{-2t}\int_0^t e^{-2\tau}d\tau$$

$$= -\frac{1}{4} - \frac{1}{2}t + \frac{1}{3}e^t - \frac{1}{12}e^{-2t}, \qquad \text{für} \quad 0 \le t < 1$$

$$\int_0^1 s(t-\tau)d\tau = -\frac{1}{2} + \frac{1}{3}e^t\int_0^1 e^{-\tau}d\tau + \frac{1}{6}e^{-2t}\int_0^1 e^{-2\tau}d\tau$$

$$= -\frac{1}{2} + \frac{1}{3}(1 - e^{-1})e^t + \frac{1}{12}(e^2 - 1)e^{-2t} \quad \text{für} \quad t > 1.$$

Somit ist

$$y_1(t) = \frac{1}{2} - \frac{1}{3}e^t + \frac{5}{6}e^{-2t}$$

$$y_2(t) = \begin{cases} -\frac{1}{4} - \frac{1}{2}t + \frac{1}{3}e^t - \frac{1}{12}e^{-2t} & \text{für} \quad 0 \le t < 1 \\ -\frac{1}{2} + \frac{1}{3}(1 - e^{-1})e^t + \frac{1}{12}(e^2 - 1)e^{-2t} & \text{für} \quad t > 1 \end{cases}.$$

Dabei sind $y_1(t)$ und $y_2(t)$ spezielle Lösungen der homogenen bzw. der inhomogenen Gleichung. Wegen $y(t) = y_1(t) + y_2(t)$ ergibt sich durch Zusammenfassen als

Lösung des Anfangswertproblems

$$y(t) = \begin{cases} \dfrac{1}{4}\left(3\mathrm{e}^{-2t} - 2t + 1\right) & \text{für} \quad 0 \le t < 1 \\[2ex] \dfrac{1}{12}\left(9\mathrm{e}^{-2t} + \mathrm{e}^{-2(t-1)} - 4\mathrm{e}^{t-1}\right) & \text{für} \quad t > 1. \end{cases}$$

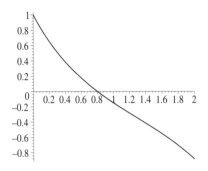

Bild 3.13

Bild 3.13 zeigt die Lösungsfunktion. Trotz des unstetigen Störgliedes ist die Lösung des Anfangswertproblems an der Stelle $t = 1$ stetig. ∎

Weitere wichtige Anwendungen gibt es in der Elektrotechnik bei der Untersuchung von Schaltkreisen.

Beispiel 3.13

Wir betrachten eine Reihenschaltung mit einem ohmschen Widerstand R, einer Spule mit der Induktivität L, einem Kondensator mit der Kapazität C und mit einer Spannung $U(t) = 0$ für $t < 0$. Ermitteln Sie die Stromstärke $I(t)$ in diesem Schaltkreis unter der Voraussetzung $I(0) = 0$.

Lösung:

Die Reihenschaltung ist in *Bild 3.2* dargestellt. Wie in Beispiel 3.6 erläutert, gilt nach dem 2. KIRCHHOFFschen *Gesetz*

$$U_L(t) + U_R(t) + U_C(t) = U(t), \tag{3.45}$$

wobei $U_L(t)$, $U_R(t)$, $U_C(t)$ die an der Spule, am ohmschen Widerstand bzw. am Kondensator anliegenden Spannungen bezeichnen. Geht man weiter wie in Beispiel 3.6 vor, so ergibt sich die Differenzialgleichung (3.29).

Um jedoch eine Gleichung mit der Stromstärke als unbekannter Funktion zu erhalten, sind die Spannungen durch die Stromstärke $I(t)$ auszudrücken. Dies ist möglich, da in einer Reihenschaltung $I(t) = I_L(t) = I_R(t) = I_C(t)$ gilt. Gemäß Beispiel 3.6 gilt: $U_L(t) = LI'(t)$, $U_R(t) = RI(t)$ und $U_C(t) = \dfrac{1}{C}Q(t)$, wobei $Q(t)$ die Ladung des Kondensators ist. Aus der Beziehung $Q'(t) = I(t)$ erhält man $Q(t) = \int\limits_0^t I(\tau)\mathrm{d}\tau$ und

$U_C(t) = \dfrac{1}{C} \displaystyle\int_0^t I(\tau)\mathrm{d}\tau$. Einsetzen dieser Terme in (3.45) liefert eine so genannte Inte-

grodifferenzialgleichung, die sowohl die Ableitung der gesuchten Funktion $I(t)$ als auch diese Funktion unter dem Integralzeichen enthält:

$$LI'(t) + RI(t) + \frac{1}{C}\int_0^t I(\tau)\,\mathrm{d}\tau = U(t) \quad \text{mit} \quad I(0) = 0. \tag{3.46}$$

Will man das algebraische Lösungsverfahren anwenden, so ist die Integrodifferenzi-algleichung in eine Differenzialgleichung umzuwandeln. Dies ist an die Differenzier-barkeit der Funktion $U(t)$ gebunden, die nicht immer vorausgesetzt werden kann. Da man nach der Differenziation von (3.46) eine lineare gewöhnliche Differenzi-algleichung zweiter Ordnung erhält, wäre zu deren eindeutiger Lösung noch eine zweite Anfangsbedingung erforderlich.

Diese Probleme treten bei der Anwendung der Methode der Laplace-Transformation nicht auf. Nach Ausführung derselben ergibt sich im Bildbereich, wenn $I(p) = L[I(t)]$ den Bildstrom und $U(p) = L[U(t)]$ die Bildspannung bezeichnet:

$$LpI(p) - LI(0) + RI(p) + \frac{1}{Cp}I(p) = U(p).$$

Unter Verwertung der Anfangsbedingung erhält man als Lösung im Bildbereich

$$I(p) = \frac{U(p)}{Lp + R + \dfrac{1}{Cp}} = \frac{U(p)\,p}{Lp^2 + Rp + \dfrac{1}{C}} = \frac{U(p)\,p}{L\left(p^2 + \dfrac{R}{L}p + \dfrac{1}{CL}\right)}.$$

Die Lösungen der quadratischen Gleichung $p^2 + \dfrac{R}{L}p + \dfrac{1}{CL} = 0$ lauten

$$p_1 = -\frac{R}{2L} + \frac{1}{2L}\sqrt{R^2 - \frac{4L}{C}} \qquad p_2 = -\frac{R}{2L} - \frac{1}{2L}\sqrt{R^2 - \frac{4L}{C}}.$$

Dann ist $p^2 + \dfrac{R}{L}p + \dfrac{1}{CL} = (p - p_1)(p - p_2)$ und

$$L[I(t)] = I(p) = \frac{U(p)}{L}\,\frac{p}{(p - p_1)(p - p_2)}.$$

Die rechte Seite der letzten Gleichung ist ein Produkt von Laplace-Transformationen. Folglich bietet sich zur Rücktransformation der Faltungssatz an. Gemäß Anhang 4 ist

$$\frac{p}{(p - p_1)(p - p_2)} \stackrel{\mathbf{T_{57}}}{=} L\left[\frac{p_1\mathrm{e}^{p_1 t} - p_2\mathrm{e}^{p_2 t}}{p_1 - p_2}\right].$$

mit $a = p_1$ und $b = p_2$. Ferner ist $p_1 - p_2 = \dfrac{1}{L}\sqrt{R^2 - \dfrac{4L}{C}}$. Der Faltungssatz liefert

$$L[I(t)] = \frac{L[U(t) * (p_1 e^{p_1 t} - p_2 e^{p_2 t})]}{\sqrt{R^2 - \dfrac{4L}{C}}}.$$

Folglich erhält man für die gesuchte Stromstärke

$$I(t) = \frac{U(t) * \left[p_1 e^{p_1 t} - p_2 e^{p_2 t}\right]}{\sqrt{R^2 - \dfrac{4L}{C}}} = \frac{\int_0^t U(t)\left[p_1 e^{p_1(t-\tau)} - p_2 e^{p_2(t-\tau)}\right]\,\mathrm{d}\tau}{\sqrt{R^2 - \dfrac{4L}{C}}}. \quad\blacksquare$$

3.7 Haben Sie alles verstanden?

Kontrollfragen

- Wodurch unterscheiden sich homogene von inhomogenen linearen Differenzialgleichungen n-ter Ordnung?
- Was versteht man unter der Wronskischen Determinante einer homogenen linearen Differenzialgleichung n-ter Ordnung?
- Was versteht man unter einem Fundamentalsystem einer homogenen linearen Differenzialgleichung n-ter Ordnung?
- Welche Struktur hat die allgemeine Lösung einer linearen homogenen Differenzialgleichung n-ter Ordnung?
- Welche Struktur hat die allgemeine Lösung einer linearen inhomogenen Differenzialgleichung n-ter Ordnung?
- Erläutern Sie die Methode der Konstantenvariation!
- Erläutern Sie die Begriffe charakteristisches Polynom und charakteristische Gleichung einer linearen homogenen Differenzialgleichung n-ter Ordnung!
- Geben Sie die möglichen Fälle der allgemeinen Lösung einer linearen homogenen Differenzialgleichung 2. Ordnung an!
- Welche Störgliedansätze kennen Sie?
- Unter welchen Bedingungen ist das Anfangswertproblem für lineare Differenzialgleichungen n-ter Ordnung eindeutig lösbar?
- Durch welche Differenzialgleichungen lässt eine Eigenschwingung bzw. eine erzwungene Schwingung beschreiben?
- Wodurch unterscheidet sich die Differenzialgleichung einer ungedämpften Schwingung von der einer gedämpften Schwingung?
- Wie kann man den Resonanzfall mathematisch interpretieren?
- Erläutern Sie die Methode der Laplace-Transformation zur Lösung von gewöhnlichen Differenzialgleichungen mit konstanten Koeffizienten!

Aufgaben

3.1 Lösen Sie die Differenzialgleichung $y'' - 2y' + y = \dfrac{e^t}{t}$ mithilfe der Variation der Konstanten.

3.2 Lösen Sie das Anfangswertproblem $y'' - 2y' = 2e^t$, $y(1) = -1$, $y'(1) = 0$ unter Verwendung eines Störgliedansatzes.

3.3 Lösen Sie das Anfangswertproblem $y'' + \omega_0^2 y = 0$, $y(0) = y_0$, $y'(0) = 0$.

3.4 Lösen Sie das Anfangswertproblem $y'' + 2\delta y' + \omega_0^2 y = 0$, $y(0) = y_0$, $y'(0) = 0$ für $\delta \lessgtr \omega_0$.

3.5 Lösen Sie das Anfangswertproblem $y'' + \omega_0^2 y = a \sin \omega_1 t$, $y(0) = y_0$, $y'(0) = 0$ für $\omega_1 \neq \omega_0$ und $\omega_1 = \omega_0$.

3.6 Ermitteln Sie, für welche p die Laplace-Transformation der Funktion $f(t) = e^{at}$ mit $a \in \mathbb{C}$ existiert und berechnen Sie $L(p)$.

3.7 Es sei $h(t)$ die Heaviside-Funktion. Berechnen Sie $L(p)$ einmal mit der Definition und zum anderen mit Hilfe von Eigenschaften der Laplace-Transformation für die Funktion $u(t) = h(t) - h(t - T)$, $T > 0$.

3.8 Berechnen Sie für die Bildfunktion $L(p) = \dfrac{1}{(p-a)(p-b)}$, unter der Voraussetzung, dass a und b zwei zueinander konjugiert komplexe Zahlen sind, die Originalfunktion $f(t)$.

3.9 Lösen Sie das Anfangswertproblem $y^{(4)} + y'' = 2\cos t$, $y(0) = -2$, $y'(0) = 1$, $y''(0) = 0$, $y'''(0) = 0$ sowohl mit dem algebraischen Lösungsverfahren als auch mit der Methode der Laplace-Transformation.

4 Systeme linearer Differenzialgleichungen mit konstanten Koeffizienten

Oft reicht eine skalare Differenzialgleichung zur Beschreibung eines Vorgangs nicht aus und es ist erforderlich, zur Beschreibung des Prozesses mehrere Differenzialgleichungen mit mehr als einer unbekannten Funktion heranzuziehen. Beispielsweise wird die Bewegung eines Massenpunktes in der Ebene durch zwei unbekannte Koordinatenfunktionen $y_1(t)$ und $y_2(t)$ charakterisiert, die durch zwei Differenzialgleichungen angegeben werden können.

Die Bewegung eines Massenpunktes genüge den Differenzialgleichungen

$$
\begin{aligned}
y_1'(t) &= y_1(t) \\
y_2'(t) &= 2y_2(t)
\end{aligned}
$$

mit den Anfangsbedingung $y_1(0) = 1$ und $y_2(0) = 1$. Diese beiden Differenzialgleichungen lassen sich unabhängig voneinander lösen, da die rechte Seite jeder Gleichung nur von der Funktion abhängt, deren Ableitung in der linken Seite steht. Systeme mit diesen Eigenschaften nennt man entkoppelte Systeme. Man erhält $y_1(t) = C_1 e^t$ sowie $y_2(t) = C_2 e^{2t}$. Die Berücksichtigung der Anfangsbedingung ergibt $C_1 = C_2 = 1$ und die speziellen Lösungen $y_1(t) = e^t$, $y_2(t) = e^{2t}$. Nach Einsetzen der ersten Beziehung in die zweite ist ersichtlich, dass sich der Massenpunkt auf der Parabel $y_2 = y_1^2$ in der y_1, y_2-Ebene bewegt. Dabei ist $(1,1)$ der Anfangspunkt der Bewegung zum Zeitpunkt $t = 0$, für $t > 0$ erfolgt die Bewegung auf dem rechten Parabelast. Der Lösungsvektor

$$
y(t) = \left(\begin{array}{c} y_1(t) \\ y_2(t) \end{array} \right) = \left(\begin{array}{c} e^t \\ e^{2t} \end{array} \right)
$$

liefert eine Parameterdarstellung der Parabel $y_2 = y_1^2$.

Nicht immer sind die Zusammenhänge so einfach wie im gerade betrachteten Fall.

Die Bewegung eines Massenpunktes genüge den Differenzialgleichungen

$$
\begin{aligned}
y_1'(t) &= 5y_1(t) + 4y_2(t) \\
y_2'(t) &= 4y_1(t) + 5y_2(t)
\end{aligned}
$$

mit den Anfangsbedingungen $y_1(0) = 1$ und $y_2(0) = 1$. Diese beiden Differenzialgleichungen lassen sich nicht unabhängig voneinander lösen, da in den rechten Seiten beider Gleichungen jeweils beide unbekannten Funktionen auftreten. Man spricht dann von einem gekoppelten System von Differenzialgleichungen.

In beiden Fällen spricht man von einem System von Differenzialgleichungen erster Ordnung, d.h., es sind höchstens Ableitungen erster Ordnung im System enthalten.

In beiden Systemen treten die unbekannten Funktionen $y_1(t)$, $y_2(t)$ und ihre Ableitungen $y_1'(t)$, $y_2'(t)$ höchstens in der ersten Potenz auf und es sind keine Produkte der Funktionen $y_1(t)$, $y_2(t)$, $y_1'(t)$, $y_2'(t)$ in den Systemgleichungen vorhanden. Außerdem stehen in den linken Seiten des Systems die Ableitungen der gesuchten Funktionen. Ferner sind die Koeffizienten bei den unbekannten Funktionen $y_1(t)$, $y_2(t)$ reelle Zahlen. Systeme mit diesen Eigenschaften nennt man lineare Systeme erster Ordnung mit konstanten Koeffizienten.

Die Bewegung eines Massenpunktes im Raum genügt einem System von drei Differenzialgleichungen mit drei unbekannten Funktionen. Deshalb ist es sinnvoll, den allgemeinen Fall eines Systems bestehend aus n linearen Differenzialgleichungen zu betrachten. Wie für skalare Gleichungen unterscheiden wir dabei den homogenen und den inhomogenen Fall.

4.1 Homogene und inhomogene Systeme

In der linearen inhomogenen Differenzialgleichung (2.9) setzen wir $a_0(t) = -a(t)$. Dann hat (2.9) die Form

$$y'(t) = a(t)\,y(t) + g(t). \tag{4.1}$$

Diese Beziehung verallgemeinern wir wie folgt: Wir ersetzen die Funktionen $y(t)$ und $g(t)$ durch die Vektorfunktionen $y(t)$ und $g(t)$ mit n Koordinatenfunktionen von einer unabhängigen Variablen t, die Funktion $a(t)$ durch eine quadratische Matrix n-ter Ordnung $A(t)$, deren Einträge reelle Funktionen sind. Dabei verwenden wir folgende Bezeichnungen:

$$A = \begin{pmatrix} a_{11}(t) & a_{12}(t) & \dots & a_{1n}(t) \\ a_{21}(t) & a_{22}(t) & \dots & a_{2n}(t) \\ & \dots\dots\dots\dots & & \\ a_{n1}(t) & a_{n2}(t) & \dots & a_{nn}(t) \end{pmatrix},\ y = \begin{pmatrix} y_1(t) \\ y_2(t) \\ \vdots \\ y_n(t) \end{pmatrix},\ g = \begin{pmatrix} g_1(t) \\ g_2(t) \\ \vdots \\ g_n(t) \end{pmatrix}.$$

Die Ableitung $y'(t)$ der Funktion $y(t)$ wird durch $y'(t)$ ersetzt. Das bedeutet, jede Koordinatenfunktion der Vektorfunktion $y(t)$ wird als Funktion einer Variablen t differenziert:

$$y' = \begin{pmatrix} y_1'(t) \\ y_2'(t) \\ \vdots \\ y_n'(t) \end{pmatrix}$$

Damit lässt sich (4.1) in vektorieller Form schreiben:

$$\boldsymbol{y}'(t) = \boldsymbol{A}(t)\,\boldsymbol{y}(t) + \boldsymbol{g}(t)$$

und wir nennen einen solchen Ausdruck ein lineares System von Differenzialgleichungen. Dabei heißt $\boldsymbol{A}$ die Koeffizientenmatrix und $\boldsymbol{g}$ das Störglied des Systems.

Neben der vektoriellen Schreibweise ist auch noch die Koordinatenschreibweise gebräuchlich. Man erhält sie aus der vektoriellen durch Anwendung der Multiplikationsregel einer Matrix mit einem Vektor:

$$
\begin{aligned}
y_1'(t) &= a_{11}(t)\,y_1(t) + a_{12}(t)\,y_2(t) + \ldots + a_{1n}(t)\,y_n(t) + g_1(t) \\
y_2'(t) &= a_{21}(t)\,y_1(t) + a_{22}(t)\,y_2(t) + \ldots + a_{2n}(t)\,y_n(t) + g_2(t) \\
&\quad\ldots\ldots\ldots\ldots\ldots\ldots\ldots\ldots\ldots \\
y_n'(t) &= a_{n1}\,y_1(t) + a_{n2}\,y_2(t) + \ldots + a_{nn}\,y_n(t) + g_n(t).
\end{aligned}
\tag{4.2}
$$

4

Manchmal ist auch noch eine Kurzschreibweise des Systems nützlich. Sie entsteht, wenn wir in jeder Gleichung in (4.2) die rechten Seiten aufsummieren:

$$y_i'(t) = \sum_{k=1}^{n} a_{ik}(t)\,y_k(t) + g_i(t) \quad (i = 1,\ldots,n).$$

Wir betrachten im Weiteren nur Matrizen mit konstanten reellen Einträgen, d.h. die Elemente der Matrix sind keine Funktionen, sondern reelle Zahlen. Man schreibt dann

$$\boldsymbol{y}'(t) = \boldsymbol{A}\,\boldsymbol{y}(t) + \boldsymbol{g}(t) \qquad \text{und}$$

$$
\begin{aligned}
y_1'(t) &= a_{11}\,y_1(t) + a_{12}\,y_2(t) + \ldots + a_{1n}\,y_n(t) + g_1(t) \\
y_2'(t) &= a_{21}\,y_1(t) + a_{22}\,y_2(t) + \ldots + a_{2n}\,y_n(t) + g_2(t) \\
&\quad\ldots\ldots\ldots\ldots\ldots\ldots\ldots\ldots\ldots \\
y_n'(t) &= a_{n1}\,y_1(t) + a_{n2}\,y_2(t) + \ldots + a_{nn}\,y_n(t) + g_n(t).
\end{aligned}
\tag{4.3}
$$

$$y_i'(t) = \sum_{k=1}^{n} a_{ik}\,y_k(t) + g_i(t) \quad (i = 1,\ldots,n).$$

Das zu (4.3) gehörige **homogene System** hat die Gestalt

$$
\begin{aligned}
y_1'(t) &= a_{11}\,y_1 + a_{12}\,y_2 + \ldots + a_{1n}\,y_n \\
y_2'(t) &= a_{21}\,y_1 + a_{22}\,y_2 + \ldots + a_{2n}\,y_n \\
&\quad\ldots\ldots\ldots\ldots\ldots\ldots \\
y_n'(t) &= a_{n1}\,y_1 + a_{n2}\,y_2 + \ldots + a_{nn}\,y_n
\end{aligned}
\tag{4.4}
$$

und lautet in der vektoriellen Form $\boldsymbol{y}' = \boldsymbol{A}\boldsymbol{y}$. Die Matrix $\boldsymbol{A}$ und die Störglieder $g_i(t)$ $(i = 1,\ldots,n)$ sind gegeben, $y_i(t)$ $(i = 1,\ldots,n)$ sind die Unbekannten im System.

Die Funktionen $y_i(t)$ und $g_i(t)$ ($i = 1, \ldots, n$) seien für $t \in \,]a, b\,[$ definiert. Kommen wir zu den exakten Definitionen.

Definition 4.1 (System 1. Ordnung, Lösung)

- Einen Ausdruck der Form (4.3) bzw. (4.4) nennt man ein inhomogenes bzw. homogenes **lineares System von Differenzialgleichungen** 1. **Ordnung mit konstanten Koeffizienten** (im Weiteren kurz **lineares System** genannt).

- Hängt die Koeffizientenmatrix A von der Variablen t ab, so spricht man von einem **linearen System von Differenzialgleichungen** 1. **Ordnung mit variablen Koeffizienten**.

- **Lösung** von (4.3) bzw. (4.4) heißt jedes System von n Funktionen $y_1(t), y_2(t), \ldots, y_n(t)$ ($t \in \,]a, b\,[$) mit folgenden Eigenschaften:

  1. Die Funktionen $y_1(t), y_2(t), \ldots, y_n(t)$ seien einmal differenzierbar.

  2. Nach Einsetzen von $y_1(t), y_2(t), \ldots, y_n(t)$ und ihrer Ableitungen in das **lineare System** (4.3) bzw. (4.4) sind diese Gleichungen für jedes $t \in \,]a, b\,[$ erfüllt.

Analog kann man lineare Systeme 2. Ordnung oder allgemein k-ter Ordnung betrachten, wenn Ableitungen 2. bzw. k-ter Ordnung in das System eingehen.

Es besteht ein enger Zusammenhang zwischen linearen Differenzialgleichungen n-ter Ordnung und linearen Systemen mit n unbekannten Funktionen: Jede **lineare Differenzialgleichung** der Form (3.1) kann mittels der neuen abhängigen Variablen

$$y_1 = y, \quad y_2 = y', \ldots, y_n = y^{(n-1)}$$

in ein **lineares System** von n unbekannten Funktionen $y_1, \ldots, y_n$ überführt werden. In der Tat, es ist

$$y_1' = y' = y_2, \quad y_2' = y'' = y_3, \ldots, y_{n-1}' = y^{(n-1)} = y_n, \quad y_n' = y^{(n)}. \tag{4.5}$$

Das (3.1) entsprechende lineare System hat die Gestalt:

$$
\begin{aligned}
y_1' &= y_2 \\
y_2' &= y_3 \\
&\;\;\vdots \\
y_{(n-1)}' &= y_n \\
y_n' &= -a_0 y_1 - a_1 y_2 - \cdots - a_{(n-1)} y_n + g,
\end{aligned}
$$

wobei $y_1, y_2, \ldots, y_n$ die gesuchten Funktionen sind.

Als Beispiel betrachten wir die lineare Differenzialgleichung 3. Ordnung $y''' - y = 0$ und setzen $y_1' = y' = y_2$, $y_2' = y'' = y_3$, $y_3' = y'''$. Aufgrund der gegebenen Gleichung gilt aber $y''' = y = y_1$. Das lineare System hat nun die Form:

$$\begin{aligned}
y_1' &= y_2 \\
y_2' &= y_3 \\
y_3' &= y_1
\end{aligned}$$

Die Umwandlung eines **linearen Systems** in eine **lineare Differenzialgleichung n-ter Ordnung** ist nicht immer möglich. Als Beispiel betrachten wir das lineare System, welches die Bewegung eines elektrischen Teilchens der Ladung Q und der Masse m in einem konstanten magnetischen Feld mit dem Betrag der magnetischen Induktion B beschreibt:

$$\begin{aligned}
y_1' &= y_2 \\
y_2' &= -by_4 \\
y_3' &= y_4 \\
y_4' &= by_2 \\
y_5' &= y_6 \\
y_6' &= 0
\end{aligned}$$

Dabei ist $b = \dfrac{BQ}{m}$. Das System soll in eine lineare Differenzialgleichung 6. Ordnung bezüglich $y_1(t)$ umgewandelt werden. Dazu sind die Funktionen $y_2,\ldots,y_6$ durch y_1 und ihre Ableitungen bis zur 6. Ordnung auszudrücken. Wir bilden unter Verwendung der Ausdrücke für y_1', y_2' und y_4' die Ableitungen von y_1 bis zur 6. Ordnung:

$$\begin{aligned}
y_1' &= y_2 \\
y_1'' &= y_2' = -by_4 \\
y_1''' &= -by_4' = -b^2 y_2 \\
y_1^{(4)} &= -b^2 y_2' = b^3 y_4 \\
y_1^{(5)} &= b^3 y_4' = b^4 y_2 \\
y_1^{(6)} &= b^4 y_2' = -b^5 y_4
\end{aligned}$$

Aus den ersten fünf Gleichungen sind $y_2,\ldots,y_6$ zu ermitteln und in die Gleichung für $y_1^{(6)}$ einzusetzen. Die Koeffizientenmatrix des linearen Gleichungssystems aus den ersten fünf Gleichungen mit den Unbekannten $y_2,\ldots,y_6$ lautet:

$$\begin{pmatrix}
0 & 1 & 0 & 0 & 0 \\
0 & 0 & 0 & -b & 0 \\
0 & -b^2 & 0 & 0 & 0 \\
0 & 0 & 0 & b^3 & 0 \\
0 & b^4 & 0 & 0 & 0
\end{pmatrix}.$$

Die Determinante dieser Matrix hat den Wert null und folglich sind die Unbekannten $y_2,\ldots,y_6$ nicht eindeutig zu ermitteln. Somit ist eine Umwandlung in eine lineare

Differenzialgleichung 6. Ordnung bezüglich $y_1(t)$ nicht möglich. Deshalb macht es Sinn, eine eigene Theorie für Systeme zu entwickeln.

Wir betrachten das Anfangswertproblem für die lineare Differenzialgleichung (3.1) bzw. (3.2) mit den Anfangsbedingungen $y(t_0) = y_1^0$, $y'(t_0) = y_2^0$, ... $y^{(n-1)}(t_0) = y_n^0$, wobei $y_1^0, y_2^0, \ldots, y_n^0$ vorgegebene reelle Zahlen sind. Aufgrund der Substitutionsgleichungen (4.5) ist für die Anfangsbedingungen eines linearen Systems zu setzen:

$$y_1^0 = y(t_0) = y_1(t_0), \quad y_2^0 = y'(t_0) = y_2(t_0), \ldots, y_n^0 = y^{(n-1)}(t_0) = y_n(t_0).$$

Es ist also in einem fixierten Punkt t_0 für jede Koordinatenfunktion des Lösungsvektors ein Anfangswert vorzugeben. Damit ist klar, wie das Anfangswertproblem oder CAUCHY-*Problem* für das System (4.3) zu formulieren ist.

Definition 4.2 (Anfangswertproblem)

> Gesucht ist eine Lösung $y(t)$ von (4.3) bzw. (4.4), welche im Punkt $t_0 \in \,]a,b[$ die Anfangsbedingungen $y_1(t_0) = y_1^0, y_2(t_0) = y_2^0, \ldots, y_n(t_0) = y_n^0$ erfüllt, d.h., es gilt
>
> $$y(t_0) = \begin{pmatrix} y_1(t_0) \\ y_2(t_0) \\ \vdots \\ y_n(t_0) \end{pmatrix} = \begin{pmatrix} y_1^0 \\ y_2^0 \\ \vdots \\ y_n^0 \end{pmatrix}.$$

Für die Anwendungen ist es wichtig zu wissen, unter welchen Bedingungen das CAUCHY-*Problem* eine eindeutige Lösung besitzt.

Satz 4.1

> Die Funktionen $g_i(t)$ $(i = 1, \ldots, n)$ seien stetig sowie beschränkt in $]a,b[$. Ferner sei $x_0 \in \,]a,b[$ und $y_1^0, y_2^0, \ldots y_n^0 \in \mathbb{R}$. Dann existiert genau eine Lösung $y = y(t)$ von (4.3) bzw. (4.4), für die gilt:
>
> $$y(x_0) = \begin{pmatrix} y_1(x_0) \\ y_2(x_0) \\ \vdots \\ y_n(x_0) \end{pmatrix} = \begin{pmatrix} y_1^0 \\ y_2^0 \\ \vdots \\ y_n^0 \end{pmatrix},$$
>
> d.h., das Anfangswertproblem ist für **lineare Systeme** der Form (4.3) bzw. (4.4) stets eindeutig lösbar.

4.2 Lösungsstruktur linearer Systeme

Gesucht sind alle Lösungen des **linearen Systems** (4.4) bzw. (4.3), bzw. gesucht ist eine geeignete Darstellung dieser (unendlichen) Lösungsmenge von Lösungsvektoren in Form einer **allgemeinen Lösung**. Wir unterscheiden dabei die Fälle **homogenes System** und **inhomogenes System**.

1. Die allgemeine Lösung für das homogene System $y' = Ay$

Wir gehen ähnlich wie bei linearen Differenzialgleichungen n-ter Ordnung vor. Anstelle von n Lösungen betrachten wir aber jetzt n Lösungsvektoren des **linearen Systems** $y' = Ay$ in der Form

$$y^1(t) = \begin{pmatrix} y_{11}(t) \\ y_{21}(t) \\ \vdots \\ y_{n1}(t) \end{pmatrix} \quad y^2(t) = \begin{pmatrix} y_{12}(t) \\ y_{22}(t) \\ \vdots \\ y_{n2}(t) \end{pmatrix} \quad \dots \quad y^n(t) = \begin{pmatrix} y_{1n}(t) \\ y_{2n}(t) \\ \vdots \\ y_{nn}(t) \end{pmatrix}.$$

Dabei bezeichnet $y_{ij}(t)$ die i-te Koordinate des Lösungsvektors $y^j = y^j(t)$.

Es können aber nicht beliebige n Lösungsvektoren des **linearen homogenen Systems** zur Konstruktion der allgemeinen Lösung verwendet werden, sondern nur solche, die noch eine zusätzliche Bedingung erfüllen.

Definition 4.3

Ein System von n **Lösungsvektoren** $y^1, y^2, \dots, y^n$ eines **homogenen linearen Systems** der Form $y' = Ay$ heißt ein **Fundamentalsystem** von $y' = Ay$ genau dann, wenn die Determinante

$$W_S(t) := \begin{vmatrix} y_{11}(t) & y_{12}(t) & \dots & y_{1n}(t) \\ y_{21}(t) & y_{22}(t) & \dots & y_{2n}(t) \\ \dots\dots\dots\dots\dots \\ y_{n1}(t) & y_{n2}(t) & \dots & y_{nn}(t) \end{vmatrix}, \tag{4.6}$$

gebildet aus den n Lösungsvektoren für alle Werte von t aus dem gemeinsamen Definitionsbereich der Lösungsfunktionen von Null verschieden ist. Die Determinante $W_S(t)$ nennt man WRONSKIsche *Determinante* des **linearen Systems** $y' = Ay$.

Ein **Fundamentalsystem** für das **lineare System** $y' = Ay$ ist nicht eindeutig bestimmt. Es gibt sogar unendlich viele davon. Außerdem bilden nicht beliebige n **Lösungsvektoren** ein **Fundamentalsystem**.

Beispiel 4.1

Ermitteln Sie für das homogene lineare System

$$\begin{aligned} y_1'(t) &= -\frac{1}{3}y_1(t) + \frac{2}{3}y_2(t) \\ y_2'(t) &= \frac{4}{3}y_1(t) + \frac{1}{3}y_2(t) \end{aligned}$$

zwei Fundamentalsysteme und geben Sie zwei Lösungsvektoren an, die kein Fundamentalsystem bilden.

Lösung:

Wie man durch Einsetzen in das lineare System nachprüft, sind die Vektoren

$$y^1(t) = \begin{pmatrix} e^t \\ 2e^t \end{pmatrix}, \quad y^2(t) = \begin{pmatrix} e^{-t} \\ -e^{-t} \end{pmatrix}, \quad y^3(t) = \begin{pmatrix} -e^t \\ -2e^t \end{pmatrix},$$

alle Lösungsvektoren des Systems. Die WRONSKIschen *Determinanten* der Vektoren-paare $\{y_1(t), y_2(t)\}$, $\{y_1(t), y_3(t)\}$ und $\{y_2(t), y_3(t)\}$ besitzen für alle t die Werte

$$\begin{vmatrix} e^t & e^{-t} \\ 2e^t & -e^{-t} \end{vmatrix} = -3 \neq 0 \qquad \begin{vmatrix} e^t & -e^t \\ 2e^t & -2e^t \end{vmatrix} = 0 \qquad \begin{vmatrix} e^{-t} & -e^t \\ -e^{-t} & -2e^t \end{vmatrix} = -3 \neq 0.$$

Folglich sind $\{y^1(t), y^2(t)\}$ und $\{y^2(t), y^3(t)\}$ Fundamentalsysteme. Das Vektoren-paar $\{y^1(t), y^3(t)\}$ ist jedoch kein Fundamentalsystem. ∎

Aus einem beliebigen Fundamentalsystem lässt sich nun die allgemeine Lösung konstruieren.

Definition 4.4 (Allgemeine Lösung eines homogenen linearen Systems)

Bilden die Lösungsvektoren $y^1, y^2, \ldots, y^n$ ein **Fundamentalsystem** von $y' = A y$, so heißt

$$y_a^h = C_1 y^1 + C_2 y^2 + \ldots + C_n y^n \tag{4.7}$$

mit **beliebigen Konstanten** $C_i \in \mathbb{R}$ ($i = 1, 2, \ldots, n$) die **allgemeine Lösung** des ho-mogenen **linearen Systems** $y' = A y$.

Jede Lösung von $y' = A y$ lässt sich als Linearkombination irgendeines Fundamen-talsystems von $y' = A y$ darstellen, wobei die C_i ($i = 1, \ldots, n$) nicht mehr beliebig sind, sondern wohlbestimmte Werte besitzen.

Da es unendlich viele Fundamentalsysteme gibt, besitzt die allgemeine Lösung un-terschiedliche Darstellungen. Zum Nachweis, ob richtig gerechnet wurde, ist die Probe durchzuführen. Dazu setzt man den gefundenen Lösungsausdruck in das Sys-tem ein und erhält bei richtiger Rechnung eine Identität.

2. Die allgemeine Lösung des linearen inhomogenen Systems $y' = A y + g$

Die **allgemeine Lösung** y_a^{inh} eines **inhomogenen linearen Systems** der Form $y' = A y + g$ setzt sich additiv zusammen aus einer **speziellen Lösung** y_s^{inh} des **linearen inhomogenen Systems** $y' = A y + g$ und der **allgemeinen Lösung** y_a^h des zugehöri-gen **homogenen lGS** $y' = A y$:

$$y_s^{inh} = y_s^{inh} + y_a^h. \tag{4.8}$$

Damit haben wir wieder eine Lösungsstruktur wie bei den linearen Differenzialgleichungen n-ter Ordnung erhalten.

4.3 Variation der Konstanten

Zur Ermittlung einer speziellen Lösung y_s^{inh} des **linearen inhomogenen Systems** modifizieren wir die Methode der Variation der Konstanten aus Abschn. 3.3.

Ausgangspunkt ist die Lösungsdarstellung (4.7) für das **homogene** System (4.4). Wie bei linearen Differenzialgleichungen n-ter Ordnung ersetzen wir die Konstanten C_i $(i = 1, 2, \ldots, n)$ in (4.7) durch Funktionen $C_i(t)$ $(i = 1, 2, \ldots, n)$ und versuchen, diese so zu bestimmen, dass sich eine spezielle Lösung $y_s^{inh}(t)$ von (4.3) ergibt:

$$y_s^{inh}(t) = C_1(t)\mathbf{y}^1(t) + C_2(t)\mathbf{y}^2(t) + \ldots + C_n(t)\mathbf{y}^n(t). \tag{4.9}$$

Für die weiteren Rechnungen ist es zweckmäßig, die Koordinatenschreibweise von (4.9) zu verwenden, wobei wir der Kürze wegen das Argument t nicht immer schreiben werden. In dieser Schreibweise lautet (4.9):

$$\begin{pmatrix} (y_1)_s^{inh} \\ (y_2)_s^{inh} \\ \vdots \\ (y_n)_s^{inh} \end{pmatrix} = C_1(t) \begin{pmatrix} y_{11} \\ y_{21} \\ \vdots \\ y_{n1} \end{pmatrix} + C_2(t) \begin{pmatrix} y_{12} \\ y_{22} \\ \vdots \\ y_{n2} \end{pmatrix} + \ldots + C_n(t) \begin{pmatrix} y_{1n} \\ y_{2n} \\ \vdots \\ y_{nn} \end{pmatrix}$$

bzw. ihre Kurzform

$$(y_k)_s^{inh} = \sum_{i=1}^n C_i y_{ki} \qquad (k = 1, \ldots, n). \tag{4.10}$$

Das **inhomogene System** schreiben wir ebenfalls in der Kurzform

$$y_k' = \sum_{l=1}^n a_{kl} y_l + g_k \quad (k = 1, \ldots, n). \tag{4.11}$$

Einsetzen von (4.10) in (4.11) liefert für $k = 1, \ldots, n$

$$\sum_{i=1}^n C_i' y_{ki} + \sum_{i=1}^n C_i y_{ki}' = \sum_{l=1}^n a_{kl} \sum_{i=1}^n C_i y_{li} + g_k \qquad \text{oder}$$

$$\sum_{i=1}^n C_i' y_{ki} + \sum_{i=1}^n C_i y_{ki}' = \sum_{i=1}^n C_i \sum_{l=1}^n a_{kl} y_{li} + g_k.$$

Fasst man noch die Terme bei C_i zusammen, so ergibt sich

$$\sum_{i=1}^n C_i' y_{ki} + \sum_{i=1}^n C_i [y_{ki}' - \sum_{l=1}^n a_{kl} y_{li}] = g_k \qquad (k = 1, \ldots, n).$$

Da $\{y^1, y^2(t), \ldots, y^n(t)\}$ ein Fundamentalsystem für das **lineare homogene System** (4.4) repräsentiert, ist der Ausdruck in der eckigen Klammer gleich null. Dies kann man durch Einsetzen überprüfen. Wir erhalten zur Bestimmung der Funktionen $C_i'(t)$ ($i = 1, \ldots, n$) das lineare Gleichungssystem bezüglich der Unbekannten $C_i'(t)$ ($i = 1, \ldots, n$)

$$\sum_{i=1}^{n} C_i' y_{ki} = g_k \qquad (k = 1, \ldots, n). \tag{4.12}$$

Für praktische Rechnungen ist wesentlich, dass man das Gleichungssystem (4.12) bei einem bekannten Fundamentalsystem von (4.4) sofort aufschreiben kann. Die Koeffizientendeterminante des linearen Gleichungssystems (4.12) ist gerade die WRONSKIsche *Determinante*, deren Wert verschieden von null ist, da wir von einem Fundamentalsystem für das **lineare homogene System** (4.4) ausgegangen waren. Somit ist das Gleichungssystem (4.12) stets eindeutig lösbar und die Lösungen haben gemäß der CRAMERschen *Regel* [4] die Gestalt

$$C_i'(t) = \sum_{r=1}^{n} g_r(t) \frac{(W_{ri})_S(t)}{W_S(t)} \qquad (i = 1, \ldots, n), \tag{4.13}$$

wobei $(W_{ri})_S(t)$ die Adjunkte oder das algebraische Komplement des Elementes y_{ri} in der WRONSKIschen *Determinante* $W_S(t)$ ist (siehe [4]). Integriert man (4.13) und setzt dabei die neuen Integrationskonstanten gleich null, so ergibt sich

$$C_i(t) = \sum_{r=1}^{n} \int_{t_0}^{t} g_r(\tau) \frac{(W_{ri})_S(\tau)}{W_S(\tau)} \, d\tau \qquad (i = 1, \ldots, n).$$

Setzt man die gefundenen Funktionen $C_i(t)$ ($i = 1, \ldots, n$) in den Lösungsansatz (4.9) ein, so erhält man

$$y_s^{inh}(t) = \sum_{i=1}^{n} C_i(t) y^i(t) = \sum_{i=1}^{n} \left(\sum_{r=1}^{n} \int_{t_0}^{t} g_r(\tau) \frac{(W_{ri})_S(\tau)}{W_S(\tau)} \, d\tau \right) y^i(t).$$

Addiert man zu dieser speziellen Lösung gemäß (4.8) noch $y_a^h(t)$, so ergibt sich die **allgemeine Lösung** $y_a^{inh}(t)$ des **inhomogenen linearen Systems** (4.3).

4.4 Ein algebraisches Lösungsverfahren

Die Methode der Variation der Konstanten ist an die Kenntnis der **allgemeinen Lösung** des **homogenen linearen Systems** $y' = Ay$ gebunden. Deshalb reduziert sich die Bestimmung der **allgemeinen Lösung** des **inhomogenen linearen Systems** auf die Konstruktion eines **Fundamentalsystems** für das **homogene lineare System**. Für

homogene lineare Systeme mit konstanten Koeffizienten ist dies auf rein algebraischem Wege, also ohne Integration möglich. Wir benötigen dazu Kenntnisse über Matrixeigenwertprobleme.

4.4.1 Matrixeigenwertprobleme

In diesem Abschnitt stellen wir die benötigten Begriffe und Sätze zusammen, ohne auf Beweise einzugehen. Diese sind z. B. in [7] Bd. 2 zu finden.

Gegeben seien eine **quadratische Matrix** A der **Ordnung** n mit konstanten Einträgen sowie die Vektoren x und z.

$$A = \begin{pmatrix} a_{11} & a_{12} & \cdots & a_{1n} \\ a_{21} & a_{22} & \cdots & a_{2n} \\ \multicolumn{4}{c}{\cdots\cdots\cdots} \\ a_{n1} & a_{n2} & \cdots & a_{nn} \end{pmatrix} \qquad x = \begin{pmatrix} x_1 \\ x_2 \\ \vdots \\ x_n \end{pmatrix} \qquad z = \begin{pmatrix} z_1 \\ z_2 \\ \vdots \\ z_n \end{pmatrix}.$$

Wir betrachten die durch das **lineare algebraische Gleichungssystem** $Ax = z$ mit der **quadratischen Matrix** A der **Ordnung** n vermittelte Abbildung $A : \mathbb{R}^n \longrightarrow \mathbb{R}^n$. Dabei bezeichnet $\mathbb{R}^n$ die Menge aller geordneten n-Tupel reeller Zahlen $x_1, x_2, \ldots, x_n$.

Für $n = 2$ spricht man von der Menge aller geordneten Paare reeller Zahlen x_1, x_2 und kann diese geometrisch als Menge aller Punkte in der Ebene interpretieren.

Diese Abbildung ist **linear**, d.h., es gilt:

$$A(x + z) = Ax + Az \quad \forall\, x, z \in \mathbb{R}^n \qquad A(\alpha x) = \alpha Ax \quad \forall\, x \in \mathbb{R}^n, \, \alpha \in \mathbb{R}.$$

Man überprüft dies durch Anwendung der Multiplikationsregel einer Matrix mit einem Vektor (siehe [4]). Wir suchen alle vom Nullvektor o verschiedenen Vektoren x, die durch die **lineare Abbildung** A in ein **Vielfaches** von sich selbst übergehen, d. h., für die $Ax = \lambda x$ gilt.

In der Matrixschreibweise heißt dies: Gesucht sind alle Vektoren x ($x \neq o$, die das lineare algebraische Gleichungssystem

$$Ax = \lambda x \iff Ax = \lambda E_n x \iff (A - \lambda E_n)x = o \quad \lambda \in \mathbb{R} \vee \lambda \in \mathbb{C} \quad (4.14)$$

erfüllen, wobei E_n die **Einheitsmatrix n-ter Ordnung** ist und $\mathbb{C}$ die Menge der komplexen Zahlen bezeichnet. Diese Matrix besitzt auf der Hauptdiagonale Einsen und außerhalb der Hauptdiagonale sämtlich Nullen als Einträge.

Das lineare algebraische Gleichungssystem (4.14) besitzt die Koeffizientenmatrix $A - \lambda E_n$ und ist **homogen**, also stets lösbar. Eine Lösung ist immer die triviale Lösung $x = o$. Es kann aber auch vom Nullvektor verschiedene, so genannte nichttriviale Lösungen geben.

Wir sind nur an nichttrivialen Lösungen x des linearen algebraischen Gleichungssystems (4.14) interessiert und solche existieren genau dann, wenn die Determinante $\det(A - \lambda E_n)$ der Matrix $A - \lambda E_n$ gleich null ist. In diesem Falle ist der Rang

$r(A - \lambda E_n) =: r$ der Matrix $(A - \lambda E_n)$ kleiner als die Anzahl der Unbekannten n des Gleichungssystems, es gilt also $r < n$. Im Weiteren benötigen wir einige Begriffe aus der linearen Algebra..

Definition 4.5 (Lineare Unabhängigkeit und Abhängigkeit von n Vektoren)

Man nennt n Vektoren $x^1, x^2, \ldots, x^n \in \mathbb{R}^n$ mit

$$x^1 = \begin{pmatrix} x_{11} \\ x_{21} \\ \vdots \\ x_{n1} \end{pmatrix} \quad x^2 = \begin{pmatrix} x_{12} \\ x_{22} \\ \vdots \\ x_{n2} \end{pmatrix} \quad \ldots \quad x^n = \begin{pmatrix} x_{1n} \\ x_{2n} \\ \vdots \\ x_{nn} \end{pmatrix},$$

wobei x_{ij} die i-te Koordinate des Vektors x^j bezeichnet, **linear abhängig** genau dann, wenn die Determinante

$$\begin{vmatrix} x_{11} & x_{12} & \ldots & x_{1n} \\ x_{21} & x_{22} & \ldots & x_{2n} \\ \multicolumn{4}{c}{\cdots\cdots\cdots} \\ x_{n1} & x_{n2} & \ldots & x_{nn} \end{vmatrix}, \tag{4.15}$$

gebildet aus diesen Vektoren gleich null ist und **linear unabhängig**, falls sie verschieden von null ist.

Die Definition ist auf Vektoren, deren Koordinaten komplexe Zahlen sind, übertragbar.

Beispiel 4.2

Untersuchen Sie die Vektorpaare $\{x^1, x^2\}$ und $\{x^3, x^4\}$ mit

$$x^1 = \begin{pmatrix} 1 \\ 0 \end{pmatrix}, x^2 = \begin{pmatrix} 1 \\ 0 \end{pmatrix} \in \mathbb{R}^2 \quad \text{und} \quad x^3 = \begin{pmatrix} 1 \\ 2 \end{pmatrix}, x^4 = \begin{pmatrix} 2 \\ 4 \end{pmatrix} \in \mathbb{R}^2$$

auf lineare Unabhängigkeit bzw. lineare Abhängigkeit.

Lösung:

Für das erste Vektorpaar bzw. zweite Vektorpaar gilt entsprechend

$$\begin{vmatrix} 1 & 0 \\ 0 & 1 \end{vmatrix} = 1 \neq 0 \qquad \begin{vmatrix} 1 & 2 \\ 2 & 4 \end{vmatrix} = 0,$$

also ist das Vektorpaar $\{x^1, x^2\}$ **linear unabhängig** und das Vektorpaar $\{x^3, x^4\}$ **linear abhängig**. Die **linear unabhängigen Vektoren** x^1, x^2 kann man als Einheitsvektoren eines Koordinatensystems in der Ebene betrachten, während dies für die **linear abhängigen Vektoren** x^3, x^4 nicht möglich ist, da diese auf einer Geraden in der Ebene liegen und somit kein Koordinatensystem erzeugen können. ∎

Definition 4.6 (charakteristische Matrix, charakteristische Gleichung)

- Die Matrix

$$(A - \lambda E_n) = \begin{pmatrix} (a_{11} - \lambda) & a_{12} & \cdots & a_{1n} \\ a_{21} & (a_{22} - \lambda) & \cdots & a_{2n} \\ \cdots\cdots\cdots\cdots\cdots \\ a_{n1} & a_{n2} & \cdots & (a_{nn} - \lambda) \end{pmatrix} \quad (4.16)$$

heißt **charakteristische Matrix** von A.

- Die Gleichung

$$\det(A - \lambda E_n) = \begin{vmatrix} (a_{11} - \lambda) & a_{12} & \cdots & a_{1n} \\ a_{21} & (a_{22} - \lambda) & \cdots & a_{2n} \\ \cdots\cdots\cdots\cdots\cdots \\ a_{n1} & a_{n2} & \cdots & (a_{nn} - \lambda) \end{vmatrix} = 0 \quad (4.17)$$

heißt **charakteristische Gleichung** von A.

Berechnung der Determinante (4.17) liefert ein Polynom n-ten Grades in λ der Form $P(\lambda) = \det(A - \lambda E_n)$, welches wie im Falle linearer Differenzialgleichungen n-ter Ordnung **charakteristisches Polynom** genannt wird (vgl. Abschn. 3.4). Bei linearen Systemen spricht man vom charakteristischen Polynom der Matrix A. Für die Nullstellen von $P(\lambda)$ hat das lineare algebraische Gleichungssystem (4.14) stets **nichttriviale Lösungen**, da seine Koeffizientendeterminante verschwindet.

Definition 4.7 (Eigenwerte, Eigenvektoren)

- Die Nullstellen $\lambda_1, \lambda_2, \ldots \lambda_n$ des **charakteristischen Polynoms** $P(\lambda)$ von A heißen **Eigenwerte** der Matrix A.
- Die zu $\lambda = \lambda_i$ $(i = 1, 2, \ldots, n)$ gehörigen **nichttrivialen Lösungsvektoren** von (4.14) heißen **Eigenvektoren** der Matrix A.

Die Eigenwerte als Nullstellen des charakteristischen Polynoms können einfach (mit der Vielfachheit $s = 1$) oder auch mehrfach (mit einer Vielfachheit $s > 1$) auftreten. Ein zu einem einfachen Eigenwert $\lambda = \lambda_i$ gehörender Eigenvektor genügt der Gleichung (4.14) mit $\lambda = \lambda_i$.

Die Eigenvektoren sind als **nichttriviale Lösungen** von (4.14) bis auf einen von Null verschiedenen Zahlenfaktor bestimmt, d.h. ist x Lösung von (4.14), so gilt dies auch für cx, falls c reell und verschieden von Null ist. Folglich bleibt der Betrag dieser Vektoren unbestimmt. Deshalb betrachtet man **normierte Eigenvektoren** mit dem Betrag eins. Ein Eigenvektor x von A wird normiert, indem man ihn durch seinen Betrag dividiert. Wir setzen also $z = \dfrac{x}{|x|}$, woraus $|z| = 1$ folgt.

Die Lösung eines Matrixeigenwertproblems besteht aus folgenden Schritten:

1. Schritt: Man bestimmt aus (4.17) die Eigenwerte der Matrix.

2. Schritt: Man löst für jeden Eigenwert λ_i das zugehörige homogene lineare Gleichungssystem (4.14) und bestimmt so den oder die zum Eigenwert λ_i zugehörigen Eigenvektoren.

Für das Weitere ist es wichtig, zu wissen, wie viele **linear unabhängige** Eigenvektoren zu einem Eigenwert gehören. Dies hängt davon ab, ob Eigenwerte einfach oder mehrfach auftreten. Wir betrachten zunächst den Fall, dass alle Eigenwerte der Matrix A einfach sind.

Satz 4.2

Das **Matrixeigenwertproblem** (4.14) besitze n paarweise voneinander verschiedene i. Allg. komplexe **Eigenwerte** $\lambda_1, \lambda_2, \ldots, \lambda_n$. Dann gilt für die **Eigenvektoren** der Matrix A:

1. Zu **jedem Eigenwert** λ_i gibt es **genau einen Eigenvektor** x^i,

2. die insgesamt n **verschiedenen Eigenvektoren** $x^1, x^2, \ldots, x^n$ der Matrix A sind **linear unabhängig**.

Beispiel 4.3

Bestimmen Sie die Eigenwerte und die normierten Eigenvektoren der Matrix $A = \begin{pmatrix} 1 & 0 \\ -1 & 2 \end{pmatrix}$.

Lösung:

Die charakteristische Gleichung lautet $\det(A - \lambda E_2) = \begin{vmatrix} (1-\lambda) & 0 \\ -1 & (2-\lambda) \end{vmatrix} = 0$. Hieraus wird das charakteristische Polynom $P(\lambda) = (1-\lambda)(2-\lambda)$ berechnet. Aus $P(\lambda) = 0$ erhält man zwei reelle voneinander verschiedene Eigenwerte: $\lambda_1 = 1$ und $\lambda_2 = 2$. Für jeden Eigenwert wird nun das zugehörige lineare algebraische Gleichungssystem gelöst:

Zum Eigenwert $\lambda_1 = 1$ gehört das lineare algebraische Gleichungssystem

$$(A - \lambda_1 E_2)x^1 = (A - E_2)x^1 = o \quad \text{oder} \quad \begin{pmatrix} 0 & 0 \\ -1 & 1 \end{pmatrix} \begin{pmatrix} x_{11} \\ x_{21} \end{pmatrix} = \begin{pmatrix} 0 \\ 0 \end{pmatrix}.$$

In Koordinatenschreibweise ergibt sich:

$$\begin{array}{rcrcl} 0\, x_{11} & + & 0\, x_{21} & = & 0 \\ -1\, x_{11} & + & 1\, x_{21} & = & 0. \end{array}$$

Die Zahlen $x_{11} = 1$ und $x_{21} = 1$ erfüllen das Gleichungssystem und bilden den Eigenvektor x^1. Dieser besitzt nicht den Betrag eins, ist also noch zu normieren. Dividiert man ihn durch seinen Betrag $\sqrt{2}$, so erhält man den normierten Eigenvektor z^1, d.h.,

$$x^1 = \begin{pmatrix} 1 \\ 1 \end{pmatrix} \text{ geht über in } z^1 = \frac{1}{\sqrt{2}} \begin{pmatrix} 1 \\ 1 \end{pmatrix} \text{ mit dem Betrag } |z^1| = 1.$$

Zum Eigenwert $\lambda_2 = 2$ gehört das lineare algebraische Gleichungssystem

$$(A - \lambda_2 E_2)x^1 = (A - 2E_2)x^1 = o \quad \text{oder} \quad \begin{pmatrix} -1 & 0 \\ -1 & 0 \end{pmatrix} \begin{pmatrix} x_{12} \\ x_{22} \end{pmatrix} = \begin{pmatrix} 0 \\ 0 \end{pmatrix}.$$

In Koordinatenschreibweise ergibt sich jetzt:

$$\begin{aligned} -1 \;\; x_{12} \;+\; 0 \;\; x_{22} &= 0 \\ -1 \;\; x_{12} \;+\; 0 \;\; x_{22} &= 0. \end{aligned}$$

Die Zahlen $x_{12} = 0$ und $x_{22} = 1$ erfüllen das Gleichungssystem und bilden den Eigenvektor x^2, der schon normiert ist, es gilt also

$$x^2 = z^2 = \begin{pmatrix} 0 \\ 1 \end{pmatrix} \quad \text{mit dem Betrag} \quad |z^2| = 1.$$

Die beiden **Eigenvektoren** sind gemäß Satz 4.2 **linear unabhängig**, was man auch unmittelbar nachprüfen kann. Man kann sie als Einheitsvektoren eines schiefwinkligen Koordinatensystems in der Ebene ansehen. ∎

Matrixeigenwertprobleme, bei denen unter den n **Eigenwerten** nur $k < n$ **verschiedene** Werte auftreten, können unter Umständen **weniger** als n **linear unabhängige Eigenvektoren** besitzen. In diesem Falle hat die Matrix A wenigstens einen Eigenwert der Vielfachheit $s > 1$.

Ist λ_i ein Eigenwert von A, so ist der Rang r der Matrix $A - \lambda_i E_n$ stets kleiner als n. Das Gleichungssystem (4.14) besitzt dann $m =: n - r$ linear unabhängige Lösungsvektoren, aus denen sich die allgemeine Lösung des linearen algebraischen Gleichungssystems (4.14) zusammensetzt. Es gibt also m linear unabhängige Eigenvektoren zum Eigenwert λ_i.

Die Zahl m stimmt i. Allg. nicht mit der Vielfachheit s der Nullstelle λ_i des charakteristischen Polynoms überein, sondern kann kleiner als s sein.

Definition 4.8

Sei λ_i ein Eigenwert von A.
- Die Vielfachheit s der Nullstelle λ_i des charakteristischen Polynoms $P(\lambda)$ heißt **algebraische Vielfachheit** des Eigenwertes λ_i.
- Die Anzahl $m = n - r$ linear unabhängiger Eigenvektoren, die zum Eigenwert λ_i gehören, heißt **geometrische Vielfachheit** des Eigenwertes λ_i.

Satz 4.3

Das **Matrixeigenwertproblem** (4.14) besitze unter den insgesamt n **Eigenwerten** genau k paarweise voneinander verschiedene i. Allg. komplexe **Eigenwerte** $\lambda_1, \lambda_2, \ldots, \lambda_k$ mit den algebraischen Vielfachheiten $s_1, s_2, \ldots, s_k$, wobei $s_1 + s_2 + \ldots + s_k = n$ gilt. Ist λ_i der j-te **Eigenwert** der algebraischen Vielfachheit s_j und ist $r(A - \lambda_j E_n) = r_j$, so gibt es zu λ_j genau $m_j = n - r_j$ mit $1 \leq m_j \leq s_j$ **linear unabhängige Eigenvektoren** $x_1^j, x_2^j, \ldots, x_{m_j}^j$. Hierbei bezieht sich die Zahl j auf den Eigenwert λ_j und m_j gibt die Anzahl der zu diesem Eigenwert gehörenden linear unabhängigen Eigenvektoren an. Insgesamt besitzt das **Matrixeigenwertproblem** (4.14) dann **genau**

$$\sum_{j=1}^{k} m_j = m_1 + m_2 + \ldots + m_k$$

linear unabhängige Eigenvektoren mit

$$k \leq \sum_{j=1}^{k} m_j \leq \sum_{j=1}^{k} s_j = n.$$

Beispiel 4.4

Bestimmen Sie die Eigenwerte und die normierten Eigenvektoren für die Matrix $A = \begin{pmatrix} 0 & 0 \\ 1 & 0 \end{pmatrix}$.

Lösung:

Aus $\det(A - \lambda E_2) = \begin{vmatrix} (-\lambda) & 0 \\ -1 & (-\lambda) \end{vmatrix}$ erhalten wir als charakteristisches Polynom $P(\lambda) = \lambda^2$. Die Gleichung $P(\lambda) = 0$ liefert einen Eigenwert $\lambda_1 = 0$ der algebraischen Vielfachheit $s_1 = 2$. Außerdem gilt:

$$r(A - \lambda_1 E_2) = r\begin{pmatrix} (-\lambda_1) & 0 \\ 1 & (-\lambda_1) \end{pmatrix} = r\begin{pmatrix} 0 & 0 \\ 1 & 0 \end{pmatrix} = r_1 = 1.$$

Die geometrische Vielfachheit $m_1 = n - r_1 = 1$, folglich gibt es zum **Eigenwert** $\lambda_1 = 0$ **genau einen Eigenvektor**, der aus dem Gleichungssystem

$$\begin{aligned} 0 \; x_{11} &+& 0 \; x_{21} &=& 0 \\ 1 \; x_{11} &+& 0 \; x_{21} &=& 0. \end{aligned}$$

ermittelt wird. Man erhält als Lösungen des Gleichungssystems $x_{11} = 0$ und $x_{21} = 1$ und als normierten Eigenvektor

$$x_1^1 = z_1^1 = \begin{pmatrix} 0 \\ 1 \end{pmatrix}.$$

Für $\lambda_1 = 0$ fallen algebraische und geometrische Vielfachheit nicht zusammen. ■

Etwas einfacher ist die Situation für **symmetrische Matrizen**. Eine quadratische Matrix A der Ordnung n heißt symmetrisch, wenn $A = A^T$ gilt, wobei A^T die zu A transponierte Matrix bezeichnet.

Satz 4.4

Sei A eine **reelle symmetrische Matrix**. Dann besitzt das **Matrixeigenwertproblem** (4.14) folgende Eigenschaften:

1. Alle n **Eigenwerte** sind **reell**,
2. es gibt insgesamt genau n **linear unabhängige Eigenvektoren**,
3. **Eigenvektoren**, die zu **verschiedenen Eigenwerten** gehören, sind zueinander **orthogonal**,
4. zu jedem **Eigenwert** λ_i der Vielfachheit $s_i > 1$ existieren genau s_i **linear unabhängige Eigenvektoren** x_1^i, x_2^i, ..., $x_{s_i}^i$, d.h. $n - r_i = s_i$ für alle i $(i = 1, ..., k)$. Die **Eigenvektoren** können **normiert** und, falls sie nicht **orthogonal** sind, stets durch geeignete Verfahren **orthogonalisiert** werden.

Beispiel 4.5

Bestimmen Sie die Eigenwerte und die normierten Eigenvektoren für die symmetrische Matrix $A = \begin{pmatrix} 1 & 0 \\ 0 & 1 \end{pmatrix}$.

Lösung:

Aus $\det(A - \lambda E_2) = \begin{vmatrix} (1 - \lambda) & 0 \\ 0 & (1 - \lambda) \end{vmatrix}$ erhalten wir als charakteristisches Polynom $P(\lambda) = (1 - \lambda)^2$. Die Gleichung $P(\lambda) = 0$ liefert einen Eigenwert $\lambda_1 = 1$ der algebraischen Vielfachheit $s_1 = 2$. Außerdem gilt:

$$r(A - \lambda_1 E_2) = r \begin{pmatrix} (1 - \lambda_1) & 0 \\ 1 & (1 - \lambda_1) \end{pmatrix} = r \begin{pmatrix} 0 & 0 \\ 0 & 0 \end{pmatrix} = r_1 = 0.$$

Die geometrische Vielfachheit $m_1 = n - r_1 = 2$, folglich gibt es zum **Eigenwert** $\lambda_1 = 1$ **genau zwei linear unabhängige Eigenvektoren**. Die Koeffizientenmatrix fällt für dieses Beispiel mit der Nullmatrix 2. Ordnung zusammen. Lösungen des Gleichungssystems sind z. B. die Vektoren

$$x_1^1 = z_1^1 = \begin{pmatrix} 1 \\ 0 \end{pmatrix}, \qquad x_2^1 = z_2^1 = \begin{pmatrix} 0 \\ 1 \end{pmatrix},$$

die normiert und zueinander orthogonal sind. Man kann sie als Einheitsvektoren eines orthogonalen (rechtwinkligen) Koordinatensystems in der Ebene ansehen.

Für $\lambda_1 = 1$ fallen algebraische und geometrische Vielfachheit zusammen. ■

Für spezielle Matrizen vereinfacht der folgende Satz die Berechnung der Eigenwerte erheblich.

Satz 4.5

Für eine **Matrix in Diagonal- oder Dreiecksgestalt** stimmen die **Eigenwerte** mit den Elementen in der **Hauptdiagonalen** überein:
$$\lambda_i = a_{ii} \quad (i = 1, 2, \ldots, n).$$

4.4.2 Konstruktion eines Fundamentalsystems

Um ein Fundamentalsystem für das lineare System $\boldsymbol{y}'(t) = A\boldsymbol{y}(t)$ mit einer konstanten quadratischen Matrix zu ermitteln, betrachten wir einen Lösungsansatz der Form $\boldsymbol{y}(t) = \boldsymbol{x}e^{\lambda t}$, wobei $\boldsymbol{x} \in \mathbb{R}^n$ ein konstanter Vektor und λ eine reelle oder komplexe Zahl ist und bilden die erste Ableitung: $\boldsymbol{y}'(t) = \boldsymbol{x}\lambda e^{\lambda t}$. Einsetzen dieser beiden Ausdrücke in das lineare System liefert:

$$\lambda \boldsymbol{x}e^{\lambda t} = A\boldsymbol{x}e^{\lambda t}.$$

Nach Kürzen des von null verschiedenen Terms $e^{\lambda t}$ ergibt sich $A\boldsymbol{x} = \lambda\boldsymbol{x}$. Dies ist die Ausgangsgleichung für die Bestimmung der Eigenwerte und Eigenvektoren aus Abschn. 4.4.1. Folglich führt das Problem der Konstruktion eines Fundamentalsystems für lineare Systeme auf die Berechnung der Eigenwerte und Eigenvektoren der konstanten quadratischen Matrix A. Mit Hilfe der Eigenwerte und Eigenvektoren versuchen wir, ein Fundamentalsystem aus n Lösungsvektoren zu konstruieren.

Bemerkung 4.1 Die Eigenvektoren einer quadratischen Matrix A der Ordnung n sind konstante Vektoren. Die Lösungsvektoren eines Systems der Form (4.4) sind Vektorfunktionen einer Variablen t. Die Definition 4.5 ist jedoch nicht auf beliebige n Vektorfunktionen übertragbar, sondern nur auf n Lösungsvektoren des Systems (4.4).   □

Der Nachweis, dass ein Fundamentalsystem vorliegt, wird geführt, indem man zeigt dass die WRONSKIsche *Determinante*, gebildet aus den n Lösungsvektoren, für alle t aus dem Definitionsgebiet der Lösungsfunktionen verschieden von null ist. Dies ist nicht schwierig, aber mit ziemlichem Aufwand verbunden. Deshalb wird an dieser Stelle darauf verzichtet.

Ist ein Fundamentalsystem bekannt, so lässt sich auch die allgemeine Lösung $\boldsymbol{y}_a^h(t)$ des homogenen linearen Systems angeben. Da die Eigenwerte reell oder komplex sein können, einfach oder mehrfach auftreten, sind bei der Konstruktion eines Fundamentalsystems folgende Fälle zu unterscheiden:

Fall 1: Alle Eigenwerte von A seien reell und voneinander verschieden.

Dann gehört zu jedem Eigenwert genau ein Eigenvektor. Es sei $\boldsymbol{x}^i$, $(i = 1, \ldots, n)$ der zum Eigenwert λ_i gehörende Eigenvektor. Man erhält ein Fundamentalsystem der

E I N Z A H L U N G   vom 04.06.2009

ONL#0144 02 92H63043 87   04.06.2009 Zeit:17:50:21

z.G. Konto Tiedtke, Simona   4469143

Betrag :   ***********500,00EUR

Einzahler :
Verw-Zweck Angenommen

0399

04. JUL 2009

Sparda-Bank München

Q6 Ostbahnhof

Kasse   Legitimation: Kunde

Sparda 070/11.94

Gestalt

$$y^1(t) = x^1 e^{\lambda_1 t}, \ y^2(t) = x^2 e^{\lambda_2 t}, \ \ldots, \ y^n(t) = x^n e^{\lambda_n t}$$

oder in Koordinatenschreibweise

$$y^1(t) = \begin{pmatrix} x_{11} \\ x_{21} \\ \vdots \\ x_{n1} \end{pmatrix} e^{\lambda_1 t}, \ y^2(t) = \begin{pmatrix} x_{12} \\ x_{22} \\ \vdots \\ x_{n2} \end{pmatrix} e^{\lambda_2 t}, \ldots, y^n(t) = \begin{pmatrix} x_{1n} \\ x_{2n} \\ \vdots \\ x_{nn} \end{pmatrix} e^{\lambda_n t}$$

und die **allgemeine Lösung** in der Form

$$y_a^h(t) = C_1 y^1(t) + C_2 y^2(t) + \ldots + C_n y^n(t).$$

4

Beispiel 4.6 (Einfache reelle Nullstellen)

Geben Sie für das System in Beispiel 4.1 ein Fundamentalsystem und die allgemeine Lösung an.

Lösung:

Die charakteristische Gleichung

$$\det(A - \lambda E_2) = \begin{vmatrix} \left(-\dfrac{1}{3} - \lambda\right) & \dfrac{2}{3} \\ \dfrac{4}{3} & \left(\dfrac{1}{3} - \lambda\right) \end{vmatrix} = 0$$

liefert das charakteristische Polynom $P(\lambda) = \lambda^2 - 1$, welches zwei voneinander verschiedene reelle Nullstellen $\lambda_1 = 1$ und $\lambda_2 = -1$ besitzt, die die Eigenwerte der Matrix A darstellen. Wir berechnen zu jedem Eigenwert den zugehörigen Eigenvektor aus den folgenden Gleichungssystemen

$$\lambda_1 = 1 \qquad \begin{aligned} -\dfrac{4}{3} x_{11} + \dfrac{2}{3} x_{21} &= 0 \\ \dfrac{4}{3} x_{11} - \dfrac{2}{3} x_{21} &= 0 \end{aligned} \qquad x^1 = \begin{pmatrix} 1 \\ 2 \end{pmatrix},$$

$$\lambda_2 = -1 \qquad \begin{aligned} \dfrac{2}{3} x_{12} + \dfrac{2}{3} x_{22} &= 0 \\ \dfrac{4}{3} x_{12} + \dfrac{4}{3} x_{22} &= 0 \end{aligned} \qquad x^2 = \begin{pmatrix} 1 \\ -1 \end{pmatrix}.$$

Daher bilden die beiden Lösungsvektoren

$$y^1 = x^1 e^t = \begin{pmatrix} 1 \\ 2 \end{pmatrix} e^t, \quad \text{und} \quad y^2 = x^2 e^{-t} = \begin{pmatrix} 1 \\ -1 \end{pmatrix} e^{-t}$$

ein Fundamentalsystem des homogenen linearen Systems. Dann ist

$$y_a^h(t) \;=\; C_1 y^1(t) + C_2 y^2(t) = C_1 \begin{pmatrix} 1 \\ 2 \end{pmatrix} e^t + C_2 \begin{pmatrix} 1 \\ -1 \end{pmatrix} e^{-t}$$

$$=\; \begin{pmatrix} C_1 e^t + C_2 e^{-t} \\ 2C_1 e^t - C_2 e^{-t} \end{pmatrix}.$$

die allgemeine Lösung des Systems.   ∎

Fall 2: Ein oder mehrere reelle Eigenwerte treten mehrfach auf.

Fall 2.1: Es sei λ_i ein Eigenwert der Vielfachheit s_i und $m_i = s_i$. Da s_i linear unabhängige Eigenvektoren x^j $(j = 1, \ldots, s_i)$ zu λ_i gehören, hat der zu λ_i gehörige Lösungsanteil die Gestalt:

$$y(t) = (C_1 x^1 + C_2 x^2 + \ldots + C_{s_i} x^{s_i}) e^{\lambda_i t}.$$

Wir erhalten also s_i Lösungsvektoren zum Eigenwert λ_i der Vielfachheit s_i, die in das Fundamentalsystem eingehen.

Beispiel 4.7 (Mehrfache reelle Nullstellen und $m_i = s_i$)

Geben Sie für das lineare homogene System

$$\begin{array}{rcl} y_1' &=& y_1 \\ y_2' &=& \quad\; y_2 \end{array}.$$

ein Fundamentalsystem und die allgemeine Lösung an.

Lösung:

Die Koeffizientenmatrix des Systems fällt mit der symmetrischen Matrix A in Beispiel 4.8 zusammen. Folglich gibt es einen Eigenwert λ_1 der Vielfachheit $s_1 = 2$, zu welchem zwei linear unabhängige Eigenvektoren gehören. Ferner ist $s_1 = n = 2$, d.h. ein Fundamentalsystem besteht aus zwei Lösungsvektoren, deren WRONSKIsche *Determinante* nicht verschwindet. Die beiden zu λ_1 gehörenden Lösungsvektoren haben die Gestalt

$$y^1(t) = x_1^1 e^t = \begin{pmatrix} 1 \\ 0 \end{pmatrix} e^t \qquad y^2(t) = x_2^1 e^t = \begin{pmatrix} 0 \\ 1 \end{pmatrix} e^t$$

und bilden ein Fundamentalsystem. Die allgemeine Lösung lautet

$$y_a^h(t) = C_1 \begin{pmatrix} 1 \\ 0 \end{pmatrix} e^t + C_2 \begin{pmatrix} 0 \\ 1 \end{pmatrix} e^t = \begin{pmatrix} C_1 e^t \\ C_2 e^t \end{pmatrix}.$$

Da es sich um ein entkoppeltes System handelt, ist es auch möglich, beide Gleichungen des Systems einzeln zu lösen und daraus die allgemeine Lösung zusammenzusetzen. ∎

Fall 2.2: Es sei λ_i ein Eigenwert der Vielfachheit s_i und $m_i < s_i$. Da nur $m_i < s_i$ linear unabhängige Eigenvektoren zu λ_i gehören, erhalten wir, wenn wir wie oben vorgehen, nur m_i Lösungsvektoren zum Eigenwert λ_i der Vielfachheit s_i. Wir benötigen aber s_i solcher Lösungsvektoren, die in das Fundamentalsystem eingehen. Um dies zu erreichen, suchen wir den zu λ_i gehörigen Lösungsanteil in der Form

$$
\begin{aligned}
\boldsymbol{y}^i(t) &= \sum_{l=0}^{s_i-m_i} \boldsymbol{v}^{l+1} t^l e^{\lambda_i t} = (\boldsymbol{v}^1 + \boldsymbol{v}^2 t + \ldots + \boldsymbol{v}^{s_i-m_i+1} t^{s_i-m_i}) e^{\lambda_i t} \\
&= \begin{pmatrix} v_{11} + v_{12}t + \ldots + v_{1(s_i-m_i+1)} t^{s_i-m_i} \\ v_{21} + v_{22}t + \ldots + v_{2(s_i-m_i+1)} t^{s_i-m_i} \\ \vdots \\ v_{n1} + v_{n2}t + \ldots + v_{n(s_i-m_i+1)} t^{s_i-m_i} \end{pmatrix} e^{\lambda_i t}.
\end{aligned}
\tag{4.18}
$$

Dieser Lösungsansatz wird in das Differenzialgleichungssystem eingeführt. Mittels eines Koeffizientenvergleichs bei gleichen t-Potenzen in der rechten und linken Seite ergibt sich ein lineares algebraisches Gleichungssystem bezüglich der Unbekannten $v_{11}, \ldots, v_{n(s_i-m_i+1)}$, dessen allgemeine Lösung zu bestimmen ist. Diese hängt von s_i beliebigen Konstanten C_p $(p = 1, \ldots, s_i)$ ab, wobei s_i die Vielfachheit des Eigenwertes λ_i ist. Ordnet man den Lösungsansatz (4.18) nach diesen Konstanten C_p $(p = 1, \ldots, s_i)$, so erhält man die benötigten s_i Lösungsvektoren, die den zu λ_i gehörigen Lösungsanteil eines Fundamentalsystems bilden.

Beispiel 4.8 (Mehrfache reelle Nullstellen und $m_i < s_i$)

Geben Sie für das lineare homogene System

$$
\begin{aligned}
y_1' &= y_1 - y_2 \\
y_2' &= 4y_1 - 3y_2
\end{aligned}.
\tag{4.19}
$$

ein Fundamentalsystem und die allgemeine Lösung an.

Lösung:

Die charakteristische Gleichung von A hat die Gestalt:

$$
\det(A - \lambda E_2) = \begin{vmatrix} (1-\lambda) & -1 \\ 4 & (-3-\lambda) \end{vmatrix} = \lambda^2 + 2\lambda + 1 = 0
$$

und besitzt eine Nullstelle $\lambda_i = \lambda_1 = -1$ der Vielfachheit $s_1 = 2$. Weiter ist $n = 2$ und $r_1 = 1$, wobei r_1 den Rang der Matrix $A - \lambda_1 E_2 = A + E_2$ bezeichnet. Folglich ist $m_1 = n - r_1 = 1$, d.h., es gibt zum Eigenwert der Vielfachheit $s_1 = 2$ genau einen Eigenvektor. Deshalb ist der Lösungsansatz (4.18) zu verwenden. Für die Werte m_1

und s_1 hat (4.18) die Form

$$\boldsymbol{y}^1(t) = (\boldsymbol{v}^1 + \boldsymbol{v}^2 t)\,e^{-t} = \begin{pmatrix} (v_{11} + v_{12}\,t)\,e^{-t} \\ (v_{21} + v_{22}\,t)\,e^{-t} \end{pmatrix}.$$

Einsetzen in (4.19) führt auf das lineare homogene algebraische Gleichungssystem

$$\begin{array}{rcrcrcrcl}
-2v_{11} & + & v_{21} & + & v_{12} & & & = & 0 \\
-4v_{11} & + & 2v_{21} & & & + & v_{22} & = & 0 \\
& & & & -2v_{12} & + & v_{22} & = & 0 \\
& & & & -4v_{12} & + & 2v_{22} & = & 0,
\end{array} \tag{4.20}$$

dessen Koeffizientenmatrix

$$\begin{pmatrix} -2 & 1 & 1 & 0 \\ -4 & 2 & 0 & 1 \\ 0 & 0 & -2 & 1 \\ 0 & 0 & -4 & 2 \end{pmatrix}$$

den **Rang** $r = 2$ besitzt. Die Anzahl der Unbekannten in (4.20) beträgt $l = 4$. Das homogene System (4.20) ist stets lösbar, aber wegen $l - r = 2$ nicht eindeutig lösbar, denn 2 Variable sind frei wählbar. Wählt man $v_{11} = C_1$ und $v_{12} = C_2$, so ergibt sich für die übrigen zwei Variablen $v_{21} = 2C_1 - C_2$ und $v_{22} = 2C_2$. Wir setzen die gefundenen Werte für die v_{jk}, $(j,k = 1,2)$ in den Lösungsansatz ein und erhalten

$$\boldsymbol{y}^1(t) = \begin{pmatrix} (C_1 + C_2\,t)\,e^{-t} \\ (2C_1 - C_2 + 2C_2\,t)\,e^{-t} \end{pmatrix}.$$

Ordnen nach den Konstanten C_1 und C_2 liefert:

$$\boldsymbol{y}^1(t) = C_1 \begin{pmatrix} 1 \\ 2 \end{pmatrix} e^{-t} + C_2 \begin{pmatrix} t \\ 2t - 1 \end{pmatrix} e^{-t}.$$

Setzt man

$$\boldsymbol{y}_1^1(t) = \begin{pmatrix} 1 \\ 2 \end{pmatrix} e^{-t} \quad \text{und} \quad \boldsymbol{y}_2^1(t) = \begin{pmatrix} t \\ 2t - 1 \end{pmatrix} e^{-t},$$

so sind dies die beiden Lösungsvektoren, die zum Eigenwert $\lambda_1 = -1$ gehören. Da $s_1 = n = 2$ ist, besteht ein Fundamentalsystem für (4.19) aus diesen beiden Lösungsvektoren, deren WRONSKIsche *Determinante* nicht verschwindet, es gilt also $\boldsymbol{y}^1(t) = \boldsymbol{y}_a^h(t)$. Dann ist

$$\boldsymbol{y}_a^h(t) = C_1 \boldsymbol{y}_1^1(t) + C_2 \boldsymbol{y}_2^1(t). \tag{4.21}$$

die allgemeine Lösung des Systems.   ∎

Bemerkung 4.2 Vielfach wird in der Literatur anstelle des Lösungsansatzes (4.18) der Ansatz

$$
\begin{aligned}
\boldsymbol{y}^i(t) \;=\; & \sum_{l=0}^{s_i-1} \boldsymbol{v}^{l+1} t^l \mathrm{e}^{\lambda_i t} \;=\; (\boldsymbol{v}^1 + \boldsymbol{v}^2 t + \ldots + \boldsymbol{v}^{s_i} t^{s_i-1}) \mathrm{e}^{\lambda_i t} \\[2mm]
=\; & \begin{pmatrix} v_{11} + v_{12}t + \ldots + v_{1s_i} t^{s_i-1} \\ v_{21} + v_{22}t + \ldots + v_{2s_i} t^{s_i-1} \\ \vdots \\ v_{n1} + v_{n2}t + \ldots + v_{ns_i} t^{s_i-1} \end{pmatrix} \mathrm{e}^{\lambda_i t}.
\end{aligned}
\tag{4.22}
$$

empfohlen, der ebenfalls zum Ziele führt. Für $n = 2$ fallen die Lösungsansätze (4.18) und (4.22) zusammen, denn es kann nur eine mehrfache Nullstelle der Vielfachheit $s = 2$ auftreten. Ist die Anzahl m der zu diesem Eigenwert gehörenden linear unabhängigen Eigenvektoren kleiner als die Vielfachheit des Eigenwertes, dann muss $m = 1$ gelten. Also haben wir für $n = 2$ immer $s - m = s - 1$.

Für $n = 3$ und eine Nullstelle der Vielfachheit $s = 3$ und $m < s$ kann m die Werte 1 und 2 annehmen. Ist $m = 1$, so gilt wieder $s - m = s - 1$ und (4.18) fällt mit (4.22) zusammen. Für $m = 2$, ist jedoch Ansatz (4.18) günstiger, denn das zugehörige lineare algebraische Gleichungssystem besitzt dann eine quadratische Matrix sechster Ordnung und sechs Unbekannte, während Anwendung von (4.22) eine quadratische Matrix neunter Ordnung liefert, was neun Unbekannten entspricht. □

Beispiel 4.9 (Mehrfache reelle Nullstellen und $m_i < s_i$)

Geben Sie für das lineare homogene System

$$
\begin{aligned}
y_1' &= 2y_1 - y_2 - y_3 \\
y_2' &= 2y_1 - y_2 - 2y_3 \\
y_3' &= -y_1 + y_2 + 2y_3
\end{aligned}
\tag{4.23}
$$

ein Fundamentalsystem und die allgemeine Lösung an.

Lösung:

Die charakteristische Gleichung von A hat die Gestalt:

$$
\det(A - \lambda E_3) = \begin{vmatrix} (2-\lambda) & -1 & -1 \\ 2 & (-1-\lambda) & -2 \\ -1 & 1 & (2-\lambda) \end{vmatrix}
$$

$$
= -\lambda^3 + 3\lambda^2 - 3\lambda + 1 = 0
$$

und besitzt eine Nullstelle $\lambda_1 = 1$ der Vielfachheit $s_1 = 3$. Weiter ist $n = 3$ und $r_1 = 1$, wobei r_1 den Rang der Matrix

$$
A - \lambda_1 E_3 = A + E_3
$$

bezeichnet. Folglich ist $m_1 = n - r_1 = 2$, d.h., es gibt zum Eigenwert der Vielfachheit $s_1 = 3$ genau zwei linear unabhängige Eigenvektoren. Deshalb ist der Lösungsansatz (4.18) zweckmäßig. Für die Werte $m_1 = 2$ und $s_1 = 3$ hat (4.18) die Form

$$y^1(t) = (v^1 + v^2 t)\, e^t = \begin{pmatrix} (v_{11} + v_{12}\, t)\, e^t \\ (v_{21} + v_{22}\, t)\, e^t \\ (v_{31} + v_{32}\, t)\, e^t \end{pmatrix}.$$

Einsetzen in (4.23) führt auf das lineare homogene algebraische Gleichungssystem

$$
\begin{array}{rcrcrcrcrcrl}
-v_{11} &+& v_{21} &+& v_{12} & & &+& v_{31} & & &=0 \\
-2v_{11} &+& 2v_{21} & & &+& v_{22} &+& 2v_{31} & & &=0 \\
v_{11} &-& v_{21} & & & & &-& v_{31} &+& v_{32} &=0 \\
& & & & -v_{12} &+& v_{22} & & &+& v_{32} &=0 \\
& & & & -2v_{12} &+& 2v_{22} & & &+& 2v_{32} &=0 \\
& & & & v_{12} &-& v_{22} & & &-& v_{32} &=0,
\end{array}
$$

dessen Koeffizientenmatrix

$$\begin{pmatrix}
-1 & 1 & 1 & 0 & 1 & 0 \\
-2 & 2 & 0 & 1 & 2 & 0 \\
1 & -1 & 0 & 0 & -1 & 1 \\
0 & 0 & -1 & 1 & 0 & 1 \\
0 & 0 & -2 & 2 & 0 & 2 \\
0 & 0 & 1 & -1 & 0 & -1
\end{pmatrix}$$

den **Rang** $r = 3$ besitzt. Die Anzahl der Unbekannten im linearen homogenen algebraischen Gleichungssystem beträgt $l = 6$. Es ist stets lösbar, aber wegen $l - r = 3$ nicht eindeutig lösbar, denn 3 Variable sind frei wählbar. Wählt man $v_{11} = C_1$, $v_{21} = C_2$ und $v_{31} = C_3$, so ergibt sich für die restlichen drei Variablen $v_{12} = C_1 - C_2 - C_3$, $v_{22} = 2C_1 - 2C_2 - 2C_3$ und $v_{32} = -C_1 + C_2 + C_3$. Wir setzen die gefundenen Werte für die v_{jk}, $(j = 1,2,3, k = 1,2)$ in den Lösungsansatz ein und erhalten

$$y^1(t) = \begin{pmatrix} (C_1 + (C_1 - C_2 - C_3)\, t)\, e^t \\ (C_2 + (2C_1 - 2C_2 - 2C_3)\, t)\, e^t \\ (C_3 + (-C_1 + C_2 + C_3)\, t)\, e^t. \end{pmatrix}$$

Ordnen nach den Konstanten C_1, C_2 und C_3 liefert:

$$y^1(t) = C_1 \begin{pmatrix} 1+t \\ 2t \\ -t \end{pmatrix} e^t + C_2 \begin{pmatrix} -t \\ 1-2t \\ t \end{pmatrix} e^t + C_3 \begin{pmatrix} -t \\ -2t \\ 1+t \end{pmatrix} e^t.$$

Setzt man

$$y_1^1(t) = \begin{pmatrix} 1+t \\ 2t \\ -t \end{pmatrix} e^t, \quad y_2^1(t) = \begin{pmatrix} -t \\ 1-2t \\ t \end{pmatrix} e^t, \quad y_3^1(t) = \begin{pmatrix} -t \\ -2t \\ 1+t \end{pmatrix} e^t,$$

so sind dies die drei Lösungsvektoren, die zum Eigenwert $\lambda_1 = 1$ gehören. Da $s_1 = n = 3$ ist, besteht ein Fundamentalsystem für (4.23) aus diesen drei Lösungsvektoren, deren WRONSKIsche *Determinante* nicht verschwindet, es gilt also $y^1(t) = y_a^h(t)$. Dann ist

$$y_a^h(t) = C_1 y_1^1(t) + C_2 y_2^1(t) + C_3 y_3^1(t).$$

die allgemeine Lösung des Systems.

Fall 3: Ein Eigenwert ist komplex und einfach.

Da die Koeffizientenmatrix A nur reelle Einträge besitzt, gilt: Ist $\lambda = \alpha + \mathrm{i}\beta$ ein einfacher komplexer Eigenwert, so ist ihre konjugiert komplexe Zahl $\overline{\lambda} = \alpha - \mathrm{i}\beta$ ebenfalls ein einfacher komplexer Eigenwert der Matrix A.

Man geht wie unter **Fall 1** vor. Mit dem (komplexen) Lösungsansatz

$$z^1 = u^1 e^{(\alpha+\mathrm{i}\beta)t}, \qquad z^2 = u^2 e^{(\alpha-\mathrm{i}\beta)t}$$

erhält man jedoch jetzt die Eigenvektoren u^1 und u^2 ebenfalls als zueinander konjugiert komplexe Terme. Es genügt, einen der Lösungsvektoren, z. B. z^1, der zu $\lambda = \alpha + \mathrm{i}\beta$ gehört, zu berechnen. Den zweiten Lösungsvektor z^2, der dem konjugiert komplexen Eigenwert $\overline{\lambda} = \alpha - \mathrm{i}\beta$ entspricht, braucht man nicht auszurechnen. Er ist durch den konjugiert komplexen Ausdruck zu z^1 gegeben.

Die beiden Lösungsvektoren z^1 und z^2 bilden den zum Paar zueinander konjugiert komplexer Eigenwerte $\lambda = \alpha + \mathrm{i}\beta$ und $\overline{\lambda} = \alpha - \mathrm{i}\beta$ gehörenden Lösungsanteil eines Fundamentalsystems. Damit wäre das Problem formal gelöst. Wir suchen aber eine Darstellung der Lösungen nur durch reelle Terme. Dies erreicht man mit folgendem Trick. Wir setzen

$$\operatorname{Re} z^1(t) =: y^1(t) \quad \text{und} \quad \operatorname{Im} z^1(t) =: y^2(t).$$

Dann ist $z^1(t) = y^1(t) + \mathrm{i}y^2(t)$. Einsetzen dieses Ausdrucks in das homogene lineare System $z' = A z$ liefert: $(y^1)' + \mathrm{i}(y^2)' = A(y^1 + \mathrm{i}y^2) = A y^1 + \mathrm{i}A y^2$. Zwei komplexe Ausdrücke sind genau dann gleich, wenn ihre Realteile und ihre Imaginärteile übereinstimmen, d.h. es gilt $(y^1)' = A y^1$ und $(y^2)' = A y^2$. Damit ist sowohl y^1 als auch y^2 eine Lösung des homogenen linearen Systems. Es erweist sich, dass auch diese beiden Lösungen den zum Paar zueinander konjugiert komplexer Eigenwerte $\lambda = \alpha + \mathrm{i}\beta$ und $\overline{\lambda} = \alpha - \mathrm{i}\beta$ gehörenden Lösungsanteil eines Fundamentalsystems repräsentieren. Es ist jetzt nur noch der Real- und Imaginärteil von $z^1(t)$ zu berechnen. Dazu setzen wir $u^1 = x^1 + \mathrm{i}x^2$, $(x^1, x^2 \text{ reell})$. Somit ist $x^1 = \operatorname{Re} u^1$ und $x^2 = \operatorname{Im} u^1$.

Verwendet man noch die EULERsche *Formel*

$$e^{(\alpha+i\beta)t} = e^{\alpha t}e^{i\beta t} = e^{\alpha t}(\cos(\beta t) + i\sin(\beta t))$$

und die Multiplikationsregel für komplexe Zahlen, so ergibt sich

$$
\begin{aligned}
z^1(t) &= (x^1 + ix^2)e^{\alpha t}(\cos(\beta t) + i\sin(\beta t)) \\
&= e^{\alpha t}[x^1\cos(\beta t) - x^2\sin(\beta t)] + ie^{\alpha t}[x^1\sin(\beta t) + x^2\cos(\beta t)].
\end{aligned}
$$

Dann ist

$$
\begin{aligned}
y^1(t) &= \operatorname{Re} z^1(t) &= e^{\alpha t}[x^1\cos(\beta t) - x^2\sin(\beta t)] \\
y^2(t) &= \operatorname{Im} z^1(t) &= e^{\alpha t}[x^1\sin(\beta t) + x^2\cos(\beta t)].
\end{aligned}
$$

die gesuchte reelle Form der Lösung.

Beispiel 4.10 (Einfache komplexe Nullstellen)

Geben Sie für das lineare homogene System

$$
\begin{aligned}
y_1' &= 4y_1 &- &\ y_2 \\
y_2' &= 5y_1 &+ &\ 2y_2
\end{aligned}.
$$

ein Fundamentalsystem und die allgemeine Lösung an.

Lösung:

Die charakteristische Gleichung von A hat die Gestalt:

$$\det(A - \lambda E_2) = \begin{vmatrix} (4-\lambda) & -1 \\ 5 & (2-\lambda) \end{vmatrix} = \lambda^2 - 6\lambda + 13 = 0$$

und besitzt die komplexen Nullstellen $\lambda_1 = 3 + i2$ und $\lambda_2 = 3 - i2$. Für $\lambda_1 = 3 + i2$ bestimmen wir den zugehörigen Eigenvektor $u^1 = \begin{pmatrix} u_{11} \\ u_{21} \end{pmatrix}$ aus dem linearen algebraischen Gleichungssystem

$$
\begin{aligned}
(1-i2)\ u_{11} &- & u_{21} &= 0 \\
5\ u_{11} &- (1+i2)\ u_{21} &= 0
\end{aligned}
\quad \Longrightarrow \quad u^1 = \begin{pmatrix} 1 \\ 1-i2 \end{pmatrix}.
$$

Man erhält einen Lösungsvektor in komplexer Form

$$z^1 = u^1 e^{\lambda_1 t} = \begin{pmatrix} 1 \\ 1-i2 \end{pmatrix} e^{(3+i2)t} = \begin{pmatrix} e^{3t}(\cos(2t) + i\sin(2t)) \\ (1-i2)e^{3t}(\cos(2t) + i\sin(2t)) \end{pmatrix}.$$

Real- und Imaginärteil von z^1 liefern ein Fundamentalsystem in reeller Form:

$$y^1 = \operatorname{Re} z^1 = \begin{pmatrix} e^{3t}\cos(2t) \\ e^{3t}(\cos(2t) + 2\sin(2t)) \end{pmatrix} \quad \text{und}$$

$$y^2 \;=\; \mathrm{Im}\, z^1 = \begin{pmatrix} e^{3t}\sin(2t) \\ e^{3t}(\sin(2t) - 2\cos(2t)) \end{pmatrix}.$$

Dann ist

$$
\begin{aligned}
y_a^h(t) &\;=\; C_1\,y^1(t) + C_2\,y^2(t) \\
&\;=\; \begin{pmatrix} C_1\,e^{3t}\cos(2t) + C_2\,e^{3t}\sin(2t) \\ C_1\,e^{3t}(\cos(2t) + 2\sin(2t)) + C_2\,e^{3t}(\sin(2t) - 2\cos(2t)) \end{pmatrix}.
\end{aligned}
$$

die allgemeine Lösung des Systems.   ■

Fall 4: Mehrfache komplexe Eigenwerte (nur für $n \geq 4$ möglich)

Ist $\lambda = \alpha + \mathrm{i}\beta$ ein s-facher komplexer Eigenwert, so verfährt man wie bei einem reellen s-fachen Eigenwert und nimmt dann als Lösungsanteile von λ und $\bar\lambda$ Real- und Imaginärteil des berechneten Lösungsvektors.

Wir fassen die möglichen Fälle noch in folgender Tabelle zusammen.

Tabelle 4.1: Übersicht über die Lösungsdarstellungen

Eigenwert λ	Vielfachheit von λ	$m = n - r$, r Rang von $B := A - \lambda E_n$	Eigenvektoren x bzw. Polynomansätze	Form der Lösungen
reell	$s = 1$	$m = s$	x Lösung von $Bx = o$	$xe^{\lambda t}$
reell	$s > 1$	$m = s$	$x^1,\dots,x^s$ lin. unabh. Lösungen von $Bx = o$	$x^l e^{\lambda t}$ $(l = 1,\dots,s)$
reell	$s > 1$	$m < s$	Polynomansatz (4.18)	$\sum\limits_{l=0}^{s-m} v^{l+1} t^l e^{\lambda t}$
komplex	$s = 1$	$m = s$	x Lösung von $Bx = o$	$\mathrm{Re}\, xe^{\lambda t}$, $\mathrm{Im}\, xe^{\lambda t}$
komplex	$s > 1$	$m = s$	$x^1,\dots,x^s$ lin. unabh. Lösungen von $Bx = o$	$\mathrm{Re}\, x^l e^{\lambda t}$ $\mathrm{Im}\, x^l e^{\lambda t}$ $(l = 1,\dots,s)$
komplex	$s > 1$	$m < s$	Polynomansatz (4.18)	$\mathrm{Re} \sum\limits_{l=0}^{s-m} v^{l+1} t^l e^{\lambda t}$ $\mathrm{Im} \sum\limits_{l=0}^{s-m} v^{l+1} t^l e^{\lambda t}$

4.5 Lösung von Anfangswertproblemen für Systeme mit dem algebraischen Lösungsverfahren

Ist die allgemeine Lösung des homogenen linearen Systems (4.4) bekannt, so erhält man die allgemeine Lösung von (4.3) mittels Variation der Konstanten. Falls Anfangsbedingungen gemäß Definition 4.2 vorgegeben sind, lässt sich das Anfangswertproblem eindeutig lösen.

Beispiel 4.11 (Variation der Konstanten)

Das lineare homogene System (4.19) aus Beispiel 4.8 sei mit einem Störglied gegeben:

$$\begin{aligned} y_1' &= y_1 - y_2 + t \\ y_2' &= 4y_1 - 3y_2 + 2 \end{aligned}.$$

Bestimmen Sie mit Hilfe der Konstantenvariation die allgemeine Lösung des linearen inhomogenen Systems und lösen Sie das Anfangswertproblem mit den Anfangsbedingungen: $y(0) = \begin{pmatrix} y_1^0 \\ y_2^0 \end{pmatrix} = \begin{pmatrix} 0 \\ 1 \end{pmatrix}$.

Lösung:

Gemäß (4.21) hat die allgemeine Lösung des zugehörigen linearen homogenen Systems die Form

$$y_a^h(t) = C_1 y^1(t) + C_2 y^2(t) = C_1 \begin{pmatrix} 1 \\ 2 \end{pmatrix} e^{-t} + C_2 \begin{pmatrix} t \\ 2t-1 \end{pmatrix} e^{-t}.$$

Für die Berechnung der allgemeinen Lösung des linearen inhomogenen Systems genügt es, eine spezielle Lösung dieses Systems zu bestimmen. Dazu verwenden wir den Ansatz (4.9):

$$y_s^{inh}(t) = C_1(t) y^1(t) + C_2(t) y^2(t)$$

und erhalten das lineare Gleichungssystem (4.12) bezüglich der unbekannten Funktionen $C_1'(t)$ und $C_2'(t)$ in der Form

$$\begin{aligned} C_1'(t) + t C_2'(t) &= t e^t \\ 2 C_1'(t) + (2t-1) C_2'(t) &= 2 e^t \end{aligned}$$

Auflösung nach $C_1'(t)$ und $C_2'(t)$ liefert

$$C_1'(t) = (-2t^2 + 3t) e^t, \qquad C_2'(t) = (2t - 2) e^t.$$

und nach partieller Integration mit den Integrationskonstanten gleich null ergibt sich

$$C_1(t) = (-2t^2 + 7t - 7) e^t, \quad C_2(t) = (2t - 4) e^t.$$

Setzt man die gefundenen Funktionen in den Ausdruck für $y_s^{inh}(t)$ ein, so erhält man

$$y_s^{inh}(t) = (-2t^2 + 7t - 7)\, e^t \begin{pmatrix} 1 \\ 2 \end{pmatrix} e^{-t} + (2t - 4)\, e^t \begin{pmatrix} t \\ 2t - 1 \end{pmatrix} e^{-t}$$

und nach elementaren Umformungen

$$y_s^{inh}(t) = \begin{pmatrix} 3t - 7 \\ 4t - 10 \end{pmatrix}.$$

Addiert man zu dieser speziellen Lösung noch $y_a^h(t)$, so ergibt sich die allgemeine Lösung des linearen inhomogenen Systems:

$$\begin{aligned} y_a^{inh}(t) &= y_s^{inh}(t) + y_a^h(t) \\ &= \begin{pmatrix} 3t - 7 \\ 4t - 10 \end{pmatrix} + C_1 \begin{pmatrix} 1 \\ 2 \end{pmatrix} e^{-t} + C_2 \begin{pmatrix} t \\ 2t - 1 \end{pmatrix} e^{-t}. \end{aligned}$$

Diese ist Ausgangspunkt für die Lösung des Anfangswertproblems. Es sind die Konstanten C_1 und C_2 aus den gegebenen Anfangsbedingungen zu bestimmen. Dazu schreiben wir die allgemeine Lösung koordinatenweise:

$$y_a^{inh}(t) = \begin{pmatrix} y_1(t) \\ y_2(t) \end{pmatrix} = \begin{pmatrix} C_1 e^{-t} + C_2 t e^{-t} + 3t - 7 \\ C_1 2 e^{-t} + C_2 (2t - 1) e^{-t} \end{pmatrix}$$

und setzen die Anfangsbedingungen in die allgemeine Lösung ein:

$$\begin{aligned} y_1(0) &= C_1 &&- &7 &= 0 \\ y_2(0) &= 2C_1 &- C_2 &- &10 &= 1 \end{aligned}.$$

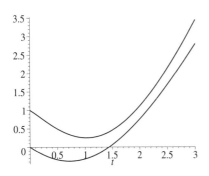

Bild 4.1

Aus dem linearen algebraischen Gleichungssystem ergibt sich $C_1 = 7$ und $C_2 = 3$. Einsetzen in die allgemeine Lösung liefert die Lösung des Anfangswertproblems, bei der wir die Koordinatenfunktionen wieder mit $y_1(t)$ und $y_2(t)$ bezeichnen:

$$y(t) = \begin{pmatrix} y_1(t) \\ y_2(t) \end{pmatrix} = \begin{pmatrix} (3t + 7)\, e^{-t} + 3t - 7 \\ (6t + 11)\, e^{-t} + 4t - 10 \end{pmatrix}.$$

Die beiden Koordinatenfunktionen $y_1(t)$ und $y_2(t)$ des Lösungsvektors $y(t)$ lassen sich in einem Koordinatensystem in der Ebene mit der t-Achse als Abzissenachse darstellen. Die Funktion $y_1(t)$ geht durch den Koordinatenursprung, während die Funktion $y_2(t)$ für $t = 0$ den Wert eins annimmt (siehe *Bild 4.1*).

Die Probe wird ausgeführt, in dem man die gefundene Lösung in die Differenzialgleichung und in die Anfangsbedingungen einsetzt.   ∎

Wir haben gesehen, dass die Lösung von Anfangswertproblemen für inhomogene Systeme ziemlich aufwändig ist. Bei schwach gekoppelten Systemen, die in den Anwendungen oft auftreten, ergeben sich jedoch Vereinfachungen. Dazu noch ein Beispiel aus der Chemie.

Beispiel 4.12

Wir betrachten eine chemische Reaktion, bei der ein Stoff A in den Stoff B und dieser in den Stoff C umgewandelt wird

$$A \xrightarrow{k_1} B \xrightarrow{k_2} C.$$

Dabei sind k_1 und k_2 Reaktionskonstanten, die ein Maß für die Reaktionsgeschwindigkeiten darstellen. Die jeweils vorhandene Menge der Stoffe A, B, C, bezeichnen wir mit y_1, y_2, y_3 entsprechend. Dann sind die Zunahmen bzw. Abnahmen dieser Mengen (Konzentrationsänderungen) pro Zeiteinheit gegeben durch $y_1'(t), y_2'(t), y_3'(t)$. Für diese Änderungen gilt in vielen Fällen ein linearer Ansatz

$$\begin{array}{rclcl}
y_1'(t) & = & - \, k_1 \, y_1(t) & & \\
y_2'(t) & = & k_1 \, y_1(t) & - \, k_2 \, y_2(t) & . \\
y_3'(t) & = & & + \, k_2 \, y_2(t) &
\end{array} \qquad (4.24)$$

Die erste Gleichung besagt, dass die Abnahme der Stoffmenge A proportional der noch insgesamt vorhandenen Menge A ist. Die zweite Gleichung beinhaltet, dass die Konzentrationsänderung der Stoffmenge B gegeben ist durch die Umwandlung von A in B abzüglich der sich in C umwandelnden Stoffmenge B, die proportional zu $y_2(t)$ angesetzt wird. Die Zunahme von C pro Zeiteinheit ist schließlich durch die Abnahme von B gegeben. Zum Zeitpunkt $t = 0$ gelte: Die Menge an Substanz A sei gleich M_0, von den Substanzen B und C sei nichts vorhanden, es gilt also

$$y_1(0) = M_0, \qquad y_2(0) = 0, \qquad y_3(0) = 0. \qquad (4.25)$$

Ermitteln Sie die Lösung des Anfangswertproblems (4.24), (4.25) für $k_1 \neq k_2$ und $k_1 = k_2$.

Lösung:

Die erste Gleichung in (4.24) ist eine skalare lineare homogene Differenzialgleichung erster Ordnung bezüglich der unbekannten Funktion $y_1(t)$. Ihre allgemeine

Lösung lautet:

$$(y_1)_a^h(t) = C_1 e^{-k_1 t}.$$

Unter Berücksichtigung der Anfangsbedingung $y_1(0) = M_0$ ergibt sich als Lösung des Anfangswertproblems für die skalare Gleichung bezüglich y_1:

$$y_1(t) = M_0 e^{-k_1 t}.$$

Wir setzen den gefundenen Ausdruck für $y_1(t)$ in die zweite Gleichung von (4.24) ein. Es entsteht eine skalare lineare inhomogene Differenzialgleichung erster Ordnung bezüglich der unbekannten Funktion $y_2(t)$:

$$y_2'(t) = -k_2 y_2(t) + M_0 k_1 e^{-k_1 t},$$

deren allgemeine Lösung die Form

$$(y_2)_a^{inh}(t) = (y_2)_a^h(t) + (y_2)_s^{inh}(t) = C_2 e^{-k_2 t} + \frac{M_0 k_1}{k_2 - k_1} e^{-k_1 t} \quad \text{für} \quad k_1 \neq k_2$$

besitzt. Die Konstante C_2 wird aus der Anfangsbedingung $y_2(0) = 0$ bestimmt und hat den Wert $C_2 = -\dfrac{M_0 k_1}{k_2 - k_1}$. Setzt man diese in $(y_2)_a^{inh}(t)$ ein, so erhält man die Lösung des Anfangswertproblems für die skalare Gleichung bezüglich y_2:

$$y_2(t) = \frac{M_0 k_1}{k_2 - k_1} \left(e^{-k_1 t} - e^{-k_2 t} \right) \quad \text{für} \quad k_1 \neq k_2.$$

Die weiteren Rechnungen gelten nur für $k_1 \neq k_2$. Setzt man den gefundenen Ausdruck für $y_2(t)$ in die dritte Gleichung von (4.24) ein, so entsteht eine Differenzialgleichung erster Ordnung der Form $y_3'(t) = f(t)$

$$y_3'(t) = k_2 \frac{M_0 k_1}{k_2 - k_1} \left(e^{-k_1 t} - e^{-k_2 t} \right) =: f(t),$$

welche nur zu integrieren ist:

$$
\begin{aligned}
(y_3)_a^h(t) &= \frac{k_2 M_0 k_1}{k_2 - k_1} \left(\frac{e^{-k_1 t}}{-k_1} - \frac{e^{-k_2 t}}{-k_2} \right) + C_3 \\
&= \frac{M_0}{k_2 - k_1} \left(k_1 e^{-k_2 t} - k_2 e^{-k_1 t} \right) + C_3.
\end{aligned}
$$

Mit der Anfangsbedingung $y_3(0) = 0$ ergibt sich $C_3 = M_0$ und

$$y_3(t) = \frac{M_0}{k_2 - k_1} \left(k_1 e^{-k_2 t} - k_2 e^{-k_1 t} \right) + M_0.$$

Als Lösung des Anfangswertproblems (4.24), (4.25) in vektorieller Form ergibt sich letztendlich für $k_1 \neq k_2$:

$$y(t) = \begin{pmatrix} y_1(t) \\ y_2(t) \\ y_3(t) \end{pmatrix} = \begin{pmatrix} M_0 e^{-k_1 t} \\ \dfrac{M_0 k_1}{k_2 - k_1} (e^{-k_1 t} - e^{-k_2 t}) \\ \dfrac{M_0}{k_2 - k_1} \left(k_1 e^{-k_2 t} - k_2 e^{-k_1 t} \right) + M_0 \end{pmatrix}.$$

Für $k_1 = k_2$ liefern die Koordinatenfunktionen $y_2(t)$ und $y_3(t)$ unbestimmte Ausdrücke. Mit Hilfe der L´HOSPITALschen *Regel*, wobei nach der Variablen k_2 differenziert wird, ergibt sich

$$\begin{aligned} \lim_{k_2 \to k_1} y_2(t) &= \lim_{k_2 \to k_1} \frac{M_0 k_1}{k_2 - k_1} (e^{-k_1 t} - e^{-k_2 t}) \\ &= M_0 k_1 t e^{-k_1 t} \qquad \text{und} \\ \lim_{k_2 \to k_1} y_3(t) &= \lim_{k_2 \to k_1} M_0 \left(\frac{k_1}{k_2 - k_1} e^{-k_2 t} - \frac{k_2}{k_2 - k_1} e^{-k_1 t} + 1 \right) \\ &= M_0 (1 - (1 + k_1 t) e^{-k_1 t}). \end{aligned}$$

Für $k_1 = k_2$ lautet also die Lösung des Anfangswertproblems (4.24),(4.25) in vektorieller Form:

$$y(t) = \begin{pmatrix} y_1(t) \\ y_2(t) \\ y_3(t) \end{pmatrix} = \begin{pmatrix} M_0 e^{-k_1 t} \\ M_0 k_1 t e^{-k_1 t} \\ M_0 (1 - (1 + k_1 t) e^{-k_1 t}) \end{pmatrix}.$$

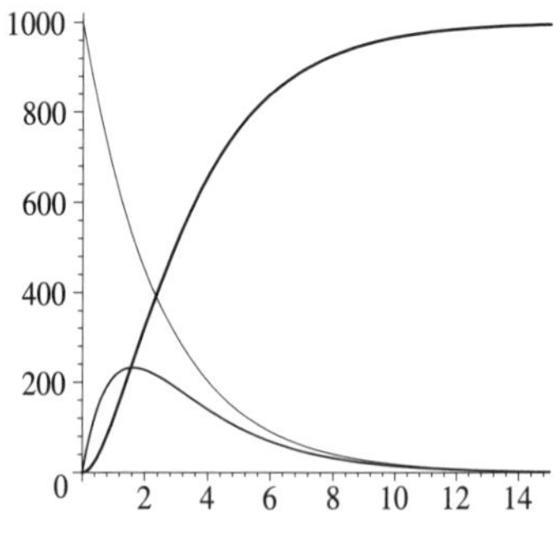

Bild 4.2: $k_1 < k_2$ **Bild 4.3:** $k_1 = k_2$

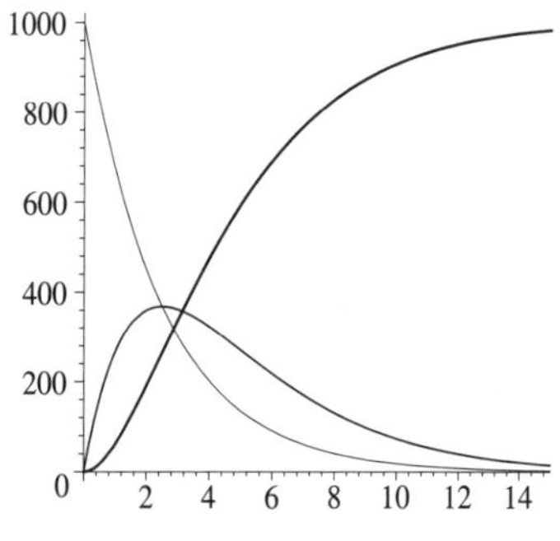

Das Ergebnis lässt sich wie folgt interpretieren: Die Funktion $y_1(t)$, d.h., die Menge des Stoffes A, fällt vom Ausgangswert M_0 exponentiell ab wie beim radioaktiven Zerfall, die Funktion $y_2(t)$, die Menge des Stoffes B, steigt mit wachsendem t von Null kommend an und strebt, wenn t gegen Unendlich geht, wieder gegen Null, während $y_3(t)$, die Menge des Stoffes C, monoton vom Wert Null auf den Wert M_0 ansteigt. Für $k_1 < k_2$ ist das Maximum von $y_2(t)$ kleiner als im Fall $k_1 = k_2$ (vgl. *Bild 4.2* mit *Bild 4.3*). Dies entspricht auch dem Ablauf der Reaktion in der Praxis. ∎

4.6 Lösung von Anfangswertproblemen für Systeme mit der Laplace-Transformation

Die in Abschn. 3.7 behandelte Methode der Laplace-Transformation ist auch auf Anfangswertprobleme für Systeme von Differenzialgleichungen anwendbar. Die Vorteile dieser Methode bestehen wie bei der Anwendung auf lineare Differenzialgleichungen n-ter Ordnung darin, dass die beim algebraischen Verfahren notwendigen Schritte: Lösung des homogenen Systems, Lösung des inhomogenen Systems, Lösung des Anfangswertproblems entfallen, da Anfangsbedingungen sofort eingearbeitet werden können. Wir betrachten einige Beispiele.

Beispiel 4.13

Die Bewegung eines Massenpunktes im Raum genüge dem linearen System

$$
\begin{aligned}
y_1' &= & - \; y_2 & + \; y_3 \\
y_2' &= \; y_1 & & - \; y_3 \; . \\
y_3' &= - \; y_1 & + \; y_2 &
\end{aligned}
$$

Ermitteln Sie die Bahnkurve, die den Anfangsbedingungen $y_1(0) = y_1^0$, $y_2(0) = 0$, $y_3(0) = 0$ entspricht.

Lösung:

Für die gesuchten Funktionen setzen wie $L[y_i(t)] = Y_{(p)}, (i = 1,2,3)$. Zur Transformation aus dem Originalbereich in den Bildbereich verwenden wir für jede Gleichung des Systems den Differenziationssatz:

$$
\begin{aligned}
pY_1(p) - y_1(0) &= & - \; Y_2(p) & + \; Y_3(p) \\
pY_2(p) - y_2(0) &= \; Y_1(p) & & - \; Y_3(p) \; . \\
pY_3(p) - y_3(0) &= - \; Y_1(p) & + \; Y_2(p) &
\end{aligned}
$$

Nach Einarbeitung der Anfangsbedingungen ergibt sich das lineare Gleichungssystem bezüglich der Unbekannten $Y_1(p), Y_2(p), Y_3(p)$:

$$
\begin{aligned}
pY_1(p) &+ & Y_2(p) &- & Y_3(p) &= \; y_1^0 \\
-Y_1(p) &+ & pY_2(p) &+ & Y_3(p) &= \; 0 \; . \\
Y_1(p) &- & Y_2(p) &+ & pY_3(p) &= \; 0
\end{aligned}
$$

Dieses Gleichungssystem besitzt im Bildraum die eindeutige Lösung

$$
Y_1(p) = y_1^0 \frac{1+p^2}{p(p^2+3)}, \quad Y_2(p) = y_1^0 \frac{1+p}{p(p^2+3)}, \quad Y_2(p) = y_1^0 \frac{1-p}{p(p^2+3)}.
$$

Zur Rücktransformation in den Originalbereich verwenden wir aus Anhang 4 die

Regeln T_{42}, T_8 und T_7 jeweils für $a = \sqrt{3}$ und den Additionssatz:

$$
\begin{aligned}
L[y_1(t)] &= Y_1(p) = y_1^0 \frac{1+p^2}{p(p^2+3)} = y_1^0 \left(\frac{3}{3p(p^2+3)} + \frac{p}{p^2+3} \right) \\
&= y_1^0 \left(\frac{1}{3} L[1 - \cos(\sqrt{3}t)] + L[\cos(\sqrt{3}t] \right) \\
&= L\left[\frac{y_1^0}{3}(1 + 2\cos(\sqrt{3}t)) \right] \qquad \Longrightarrow \\
y_1(t) &= \frac{y_1^0}{3}(1 + 2\cos(\sqrt{3}t)),
\end{aligned}
$$

$$
\begin{aligned}
L[y_2(t)] &= Y_2(p) = y_1^0 \frac{1+p}{p(p^2+3)} = y_1^0 \left(\frac{3}{3p(p^2+3)} + \frac{\sqrt{3}}{\sqrt{3}(p^2+3)} \right) \\
&= y_1^0 \left(\frac{1}{3} L[1 - \cos(\sqrt{3}t)] + \frac{1}{\sqrt{3}} L[\sin(\sqrt{3}t)] \right) \\
&= L\left[\frac{y_1^0}{3}(1 - \cos(\sqrt{3}t) + \sqrt{3}\sin(\sqrt{3}t)) \right] \qquad \Longrightarrow \\
y_2(t) &= \frac{y_1^0}{3}(1 - \cos(\sqrt{3}t) + \sqrt{3}\sin(\sqrt{3}t)),
\end{aligned}
$$

$$
\begin{aligned}
L[y_3(t)] &= Y_3(p) = y_1^0 \frac{1-p}{p(p^2+3)} = y_1^0 \left(\frac{3}{3p(p^2+3)} - \frac{\sqrt{3}}{\sqrt{3}(p^2+3)} \right) \\
&= y_1^0 \left(\frac{1}{3} L[1 - \cos(\sqrt{3}t)] - \frac{1}{\sqrt{3}} L[\sin(\sqrt{3}t)] \right) \\
&= L\left[\frac{y_1^0}{3}(1 - \cos(\sqrt{3}t) - \sqrt{3}\sin(\sqrt{3}t)) \right] \qquad \Longrightarrow \\
y_3(t) &= \frac{y_1^0}{3}(1 - \cos(\sqrt{3}t) - \sqrt{3}\sin(\sqrt{3}t)).
\end{aligned}
$$

Die Lösung des Anfangswertproblems ist durch die Vektorfunktion

$$
y = \begin{pmatrix} y_1(t) \\ y_2(t) \\ y_3(t) \end{pmatrix} = \frac{y_1^0}{3} \begin{pmatrix} 1 + 2\cos(\sqrt{3}t) \\ 1 - \cos(\sqrt{3}t) + \sqrt{3}\sin(\sqrt{3}t) \\ 1 - \cos(\sqrt{3}t) - \sqrt{3}\sin(\sqrt{3}t) \end{pmatrix} \tag{4.26}
$$

gegeben, welche eine Parameterdarstellung der Bahnkurve ist. Um eine bessere Vorstellung von der Form der Bahnkurve zu erhalten, versuchen wir den Parameter t zu eliminieren. Addiert man die drei Koordinatenfunktionen, so ergibt sich

$$
y_1 + y_2 + y_3 = y_1^0.
$$

Dies ist die Gleichung einer Ebene im Raum, die nicht durch den Koordinatenursprung geht. Die Summe der Quadrate der drei Koordinatenfunktionen liefert den parameterfreien Ausdruck

$$y_1^2 + y_2^2 + y_3^2 = (y_1^0)^2.$$

Wir erhalten die Gleichung der Oberfläche einer Kugel mit dem Mittelpunkt im Koordinatenursprung und dem Radius y_1^0. Die Schnittkurve dieser beiden Flächen ist eine Kreislinie und die gesuchte Bahnkurve des Massenpunktes (siehe *Bild 4.4*).

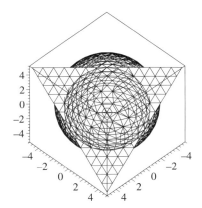

Bild 4.4: $y_1^0 = 5$

Wir bestimmen noch die Bahngeschwindigkeit des Massenpunktes. Dazu ist der Betrag des Geschwindigkeitsvektors $y'(t)$ zu ermitteln. Wir differenzieren die Koordinatenfunktionen in (4.26)

$$y' = \begin{pmatrix} y_1'(t) \\ y_2'(t) \\ y_3'(t) \end{pmatrix} = \frac{y_1^0}{3} \begin{pmatrix} -2\sqrt{3}\sin(\sqrt{3}t) \\ \sqrt{3}\sin(\sqrt{3}t) + 3\cos(\sqrt{3}t) \\ \sqrt{3}\sin(\sqrt{3}t) - 3\cos(\sqrt{3}t) \end{pmatrix}.$$

Dann ist $|y'| = \sqrt{(y_1')^2 + (y_2')^2 + (y_3')^2} = y_1^0\sqrt{2}$. Der Massenpunkt bewegt sich mit einer dem Betrage nach konstanten Bahngeschwindigkeit. Er führt also eine gleichförmige Kreisbewegung aus. ∎

Beispiel 4.14

Wir betrachten zwei Schwingkreise, die durch wechselseitige Induktion miteinander gekoppelt sind (siehe *Bild 4.5*). Dabei bezeichnen L_1, L_2 die Selbstinduktionskoeffizienten bzw. C_1, C_2 die Kapazitäten der Schwingkreise. Ferner sei W der Wechselinduktionskoeffizient (Gegeninduktivität), durch den die wechselseitige Beeinflussung der Schwingkreise charakterisiert wird. Zusätzlich werde verschwindende Dämpfung, d.h. die ohmschen Widerstände sind gleich null, angenommen. Ermitteln Sie die Stromstärken $I_1(t)$ und $I_2(t)$ für $t \geq 0$ in den beiden Schwingkreisen unter den Anfangsbedingungen $I_1(0) = I_0$, $I_1'(0) = 0$, $I_2(0) = 0$, $I_2'(0) = 0$.

Lösung:

Bezeichnet man mit Q_1 die Ladung des Kondensators mit der Kapazität C_1, so lautet die Spannungsbilanz für den ersten Schwingkreis

$$L_1 I_1' + W I_2' + \frac{1}{C_1} Q_1 = 0.$$

Wegen der bekannten Beziehung $Q_1' = I_1$ folgt hieraus durch Differenziation nach t die lineare Differenzialgleichung

$$L_1 I_1'' + W I_2'' + \frac{1}{C_1} I_1 = 0.$$

Analog erhält man für den zweiten Schwingkreis die lineare Differenzialgleichung

$$L_2 I_2'' + W I_1'' + \frac{1}{C_2} I_2 = 0.$$

Dies ist ein lineares System 2. Ordnung, da es Ableitungen zweiter Ordnung enthält.

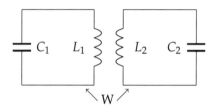

Bild 4.5: Gekoppelte Schwingkreise

Für die gesuchten Stromstärken setzen wir $L[I_j(t)] = Y_j(p)$, $(j = 1,2)$. Anwendung des Differenziationssatzes liefert:

$$L_1(p^2 Y_1 - I_1(0)p - I_1'(0)) + W(p^2 Y_2 - I_2(0)p - I_2'(0)) + \frac{1}{C_1} Y_1 = 0$$

$$L_2(p^2 Y_2 - I_1(0)p - I_1'(0)) + W(p^2 Y_1 - I_2(0)p - I_2'(0)) + \frac{1}{C_2} Y_2 = 0.$$

Berücksichtigt man die Anfangsbedingungen und ordnet nach den gesuchten Funktionen $Y_j(p)$, $(j = 1,2)$, so erhält man ein lineares algebraisches Gleichungssystem

$$\left(L_1 p^2 + \frac{1}{C_1} \right) \; Y_1(p) \; + \; W p^2, \quad Y_2(p) = I_0 L_1 p$$

$$W p^2 \quad Y_1(p) \; + \; \left(L_2 p^2 + \frac{1}{C_2} \right), \; Y_2(p) = I_0 W p,$$

bezüglich dieser Funktionen, welches die Lösungen

$$Y_1(p) = \frac{\left(L_2 p^2 + \frac{1}{C_2} \right) I_0 L_1 p - I_0 W^2 p^3}{\left(L_1 p^2 + \frac{1}{C_1} \right) \left(L_2 p^2 + \frac{1}{C_2} \right) - W^2 p^4}$$

$$Y_2(p) = \frac{\left(L_1 p^2 + \dfrac{1}{C_1}\right) I_0 W p - I_0 W L_1 p^3}{\left(L_1 p^2 + \dfrac{1}{C_1}\right)\left(L_2 p^2 + \dfrac{1}{C_2}\right) - W^2 p^4}$$

besitzt. Nach elementaren Umformungen ergeben sich die Lösungen des Anfangs-wertproblems im Bildbereich in der Form:

$$Y_1(p) = \frac{I_0[C_1 C_2(L_1 L_2 - W^2)p^3 + L_1 C_1 p]}{(C_1 C_2(L_1 L_2 - W^2)p^4 + (L_1 C_1 + L_2 C_2)p^2 + 1} \tag{4.27}$$

$$Y_2(p) = \frac{I_0 C_2 W p}{(C_1 C_2(L_1 L_2 - W^2)p^4 + (L_1 C_1 + L_2 C_2)p^2 + 1}. \tag{4.28}$$

Im Weiteren untersuchen wir zwei Spezialfälle.

Spezialfall 1: Es sei $L_1 = L_2 = L$ und $C_1 = C_2 = C$, d.h. es liegen gleiche Schwing-kreise vor. Ferner gelte: $L > W$.

Dann vereinfachen sich die Lösungen (4.27) und (4.28) zu

$$Y_1(p) = \frac{I_0[C^2(L^2 - W^2)p^3 + LCp]}{(C^2(L^2 - W^2)p^4 + 2LCp^2 + 1}$$

$$Y_2(p) = \frac{I_0 C W p}{(C^2(L^2 - W^2)p^4 + 2LCp^2 + 1}.$$

Zur Abkürzung setzen wir $C^2(L^2 - W^2) =: d^2 > 0$. Dann ist

$$Y_1(p) = \frac{I_0(d^2 p^3 + CLp)}{d^2 p^4 + 2CLp^2 + 1} = \frac{I_0\left(p^3 + \dfrac{CL}{d^2}p\right)}{p^4 + \dfrac{2CL}{d^2} + \dfrac{1}{d^2}}$$

$$Y_2(p) = \frac{I_0 C W p}{d^2 p^4 + 2CLp^2 + 1} = \frac{I_0 C W}{d^2}\frac{p}{p^4 + \dfrac{2CL}{d^2} + \dfrac{1}{d^2}}.$$

Setzt man noch $p^4 + \dfrac{2CL}{d^2}p^2 + \dfrac{1}{d^2} =: N(p)$, so erhält man

$$Y_1(p) = I_0\frac{p^3}{N(p)} + I_0\frac{CL}{d^2}\frac{p}{N(p)} \tag{4.29}$$

$$Y_2(p) = I_0\frac{CW}{d^2}\frac{p}{N(p)} \tag{4.30}$$

als eine Lösungsdarstellung im Bildbereich. Zur bequemen Ausführung der Rück-transformation betrachten wir zunächst das Nennerpolynom $N(p)$ und suchen nach einer Produktdarstellung durch quadratische Terme. Dazu führen wir in der biqua-dratischen Gleichung $N(p) = 0$ die Substitution $p^2 = z$ durch. Die entstehende quadratische Gleichung hat die Form $z^2 + \dfrac{2CL}{d^2}z + \dfrac{1}{d^2} = 0$ und besitzt die Nullstellen

$$z_1 = -\frac{C(L-W)}{d^2} = -\frac{1}{C(L+W)} \qquad z_2 = -\frac{C(L+W)}{d^2} = -\frac{1}{C(L-W)}.$$

Wir setzen $\dfrac{1}{C(L+W)} =: a^2$ und $\dfrac{1}{C(L-W)} =: b^2$. Dann gilt

$$z^2 + \frac{2CL}{d^2}z + \frac{1}{d^2} = (z - (-z_1))(z - (-z_2)) = (z + a^2)(z + b^2).$$

Setzt man wieder $z = p^2$, so ergibt sich folgende Produktdarstellung für das Nenner-polynom $N(p)$:

$$N(p) = (p^2 + a^2)(p^2 + b^2).$$

Gemäß (4.29) und (4.30) ist die Rücktransformation für die Terme $\dfrac{p}{N(p)}$ und $\dfrac{p^3}{N(p)}$ auszuführen. Gemäß $\mathbf{T_{73}}$ und $\mathbf{T_8}$ aus Anhang 4 erhält man

$$
\begin{aligned}
\frac{p}{N(p)} &= \frac{p}{(p^2 + a^2)(p^2 + b^2)} = L\left[\frac{\cos(bt) - \cos(at)}{a^2 - b^2}\right] \\
\frac{p^3}{N(p)} &= \frac{p^3}{(p^2 + a^2)(p^2 + b^2)} = \frac{p}{p^2 + a^2}\frac{p^2}{p^2 + b^2} \\
&= \frac{p}{p^2 + a^2}\frac{p^2 + b^2 - b^2}{p^2 + b^2} = \left(\frac{p}{p^2 + a^2}\right)\left(1 - b^2\frac{1}{p^2 + b^2}\right) \\
&= \frac{p}{p^2 + a^2} - b^2\frac{p}{(p^2 + a^2)(p^2 + b^2)} \\
&= L[\cos(at)] - b^2 L\left[\frac{\cos(bt) - \cos(at)}{a^2 - b^2}\right].
\end{aligned}
$$

Nun ergibt sich aus (4.30) unter Berücksichtigung von $a^2 - b^2 = -\dfrac{2CW}{d^2}$

$$
\begin{aligned}
L[I_2(t)] = Y_2(p) &= I_0\frac{CW}{d^2}\frac{p}{N(p)} \\
&= I_0\frac{CW}{d^2}\left(-\frac{d^2}{2CW}\right)L[\cos(bt) - \cos(at)] \\
L[I_2(t)] &= L\left[\frac{I_0}{2}(\cos(at) - \cos(bt))\right].
\end{aligned}
\tag{4.31}
$$

Die Gleichung (4.29) liefert mit $\dfrac{CL}{d^2} - b^2 = -\dfrac{CW}{d^2}$

$$L[I_1(t)] = Y_1(p) = I_0\frac{p^3}{N(p)} + I_0\frac{CL}{d^2}\frac{p}{N(p)}$$

$$
\begin{aligned}
&= I_0 \left(\frac{p}{p^2 + a^2} - b^2 \frac{p}{(p^2 + a^2)(p^2 + b^2)} \right) \\
&\quad + I_0 \frac{CL}{d^2} \frac{p}{(p^2 + a^2)(p^2 + b^2)} \\
&= I_0 \left(\frac{p}{p^2 + a^2} - I_0 \frac{CW}{d^2} \frac{p}{(p^2 + a^2)(p^2 + b^2)} \right) \\
&= I_0 \left(\frac{p}{p^2 + a^2} - Y_2(p) \right) \\
&= L \left[I_0 \cos(at) - \frac{I_0}{2}(\cos(at) - \cos(bt)) \right] \\
L[I_1(t)] &= L \left[\frac{I_0}{2}(\cos(at) + \cos(bt)) \right].
\end{aligned}
\tag{4.32}
$$

4

Aus (4.32) und (4.31) folgt nun die Lösung des Anfangswertproblems im Originalbereich.

$$
\begin{aligned}
I_1(t) &= \frac{I_0}{2}(\cos(at) + \cos(bt)) \\
I_2(t) &= \frac{I_0}{2}(\cos(at) - \cos(bt)).
\end{aligned}
$$

Die Zahlen a und b haben die Werte

$$
a = \frac{1}{\sqrt{C(L+W)}} \qquad b = \frac{1}{\sqrt{C(L-W)}}.
$$

Daraus folgt: Ist der Wechselinduktionskoeffizient W sehr klein, so gilt $a \approx b$. Man spricht in diesem Falle von schwacher Kopplung der beiden Schwingkreise.

Spezialfall 2: Es gelte $L_1 L_2 - W^2 = 0$.

Dann vereinfachen sich die Lösungen (4.27) und (4.28) zu

$$
\begin{aligned}
Y_1(p) &= \frac{I_0 L_1 C_1 p}{(L_1 C_1 + L_2 C_2)p^2 + 1} \\
Y_2(p) &= \frac{I_0 W C_2 p}{(L_1 C_1 + L_2 C_2)p^2 + 1}.
\end{aligned}
$$

Wir setzen $L_1 C_1 + L_2 C_2 =: e^2$ und erhalten

$$
\begin{aligned}
Y_1(p) &= \frac{I_0 L_1 C_1}{e^2} \frac{p}{p^2 + \dfrac{1}{e^2}} \\
Y_2(p) &= \frac{I_0 W C_2}{e^2} \frac{p}{p^2 + \dfrac{1}{e^2}}.
\end{aligned}
$$

Gemäß T_8 aus Anhang 4 erhält man

$$\frac{p}{p^2 + \dfrac{1}{e^2}} = L\left[\cos\left(\frac{t}{e}\right)\right].$$

Somit ergeben sich die beiden Stromstärken zu

$$\begin{aligned}
I_1(t) &= \frac{I_0 L_1 C_1}{e^2} \cos\left(\frac{t}{e}\right) \\
I_2(t) &= \frac{I_0 W C_2}{e^2} \cos\left(\frac{t}{e}\right).
\end{aligned}$$

Die Stromstärken schwingen mit der gleichen Frequenz $\omega = \dfrac{1}{e}$, ihre Amplituden sind jedoch verschieden.   ∎

4.7 Jetzt wiederholen wir noch mal!

Kontrollfragen

- Wodurch unterscheiden sich homogene von inhomogenen linearen Systemen?
- Was versteht man unter der Wronskischen Determinante eines homogenen linearen Systems?
- Was versteht man unter einem Fundamentalsystem eines homogenen linearen Systems?
- Welche Struktur hat die allgemeine Lösung eines homogenen linearen Systems?
- Welche Struktur hat die allgemeine Lösung eines inhomogenen linearen Systems?
- Erläutern Sie die Methode der Konstantenvariation für Systeme!
- Erläutern Sie die Begriffe charakteristisches Polynom und charakteristische Gleichung einer quadratischen Matrix A!
- Was versteht man unter Eigenwerten und Eigenvektoren einer quadratischen Matrix A?
- Welche Eigenschaften besitzen die Eigenvektoren im Falle von n paarweise voneinander verschiedenen Eigenwerten einer quadratischen Matrix der Ordnung n?
- Erläutern Sie den Fall, wenn unter den n Eigenwerten nur $k < n$ verschiedene Werte auftreten!
- Welche Eigenschaften besitzen Eigenwerte und Eigenvektoren einer symmetrischen Matrix?
- Wie berechnen Sie die Eigenwerte einer Diagonal- oder Dreiecksmatrix?

- Welcher Zusammenhang besteht zwischen einem Fundamentalsystem für ein lineares System mit einer konstanten quadratischen Matrix und ihren Eigenwerten sowie Eigenvektoren?
- Geben Sie die Lösungsanteile im Fundamentalsystem an, die zu einfachen bzw. mehrfachen reellen oder komplexen Eigenwerten gehören!
- Welche Vorteile hat die Methode der Laplace-Transformation bei Anwendung auf Anfangswertprobleme für Systeme von Differenzialgleichungen?

Aufgaben

4.1 Ermitteln Sie ein Fundamentalsystem des linearen Systems:

$$
\begin{aligned}
y_1' &= y_1 + y_2 \\
y_2' &= -2y_1 + 3y_2.
\end{aligned}
$$

4.2 Berechnen Sie die allgemeine Lösung des linearen Systems:

$$
\begin{aligned}
y_1' &= -y_1 + 8y_2 \\
y_2' &= y_1 + y_2.
\end{aligned}
$$

4.3 Geben Sie die Lösung des linearen Systems

$$
\begin{aligned}
y_1' &= 2y_1 + y_2 \\
y_2' &= -y_1 + 4y_2.
\end{aligned}
$$

an, welche die Anfangsbedingungen $y_1(0) = 1$, $y_2(0) = 0$ erfüllt.

4.4 Lösen Sie die Anfangswertprobleme aus den Beispielen 4.11 und 4.12 ($k_1 \neq k_2$) mit der Methode der Laplace-Transformation.

4.5 Lösen Sie das Anfangswertproblem aus Beispiel 4.13 mit dem algebraischen Lösungsverfahren.

4

5 Einführung in die Stabilitätstheorie

5.1 Stetige Abhängigkeit von den Eingangsdaten und Stabilität

In einem physikalischen System sei ein Bewegungsvorgang durch n zu bestimmende Funktionen $y_1(t), y_2(t), \ldots, y_n(t)$ beschrieben. Bei elektrischen Schaltungen sind dabei die $y_i(t)$ $(i = 1, \ldots, n)$ Stromstärken oder auch Spannungen. Unter Berücksichtigung der das physikalische System bestimmenden Gesetze ergibt sich für den Bewegungsablauf ein System gewöhnlicher Differenzialgleichungen erster Ordnung mit den unbekannten Funktionen $y_i(t)$ $(i = 1, \ldots, n)$, welches in Spezialfällen linear, im Allgemeinen jedoch nichtlinear ist.

Im Rahmen dieses Buches beschränken wir uns auf lineare Systeme mit konstanten Koeffizienten und betrachten ein Anfangswertproblem für ein lineares homogenes System der Form

$$\boldsymbol{y}'(t) = \boldsymbol{A}\boldsymbol{y}, \qquad \boldsymbol{y}(t_0) = \boldsymbol{y}^0 \tag{5.1}$$

mit den Bezeichnungen

$$\boldsymbol{y}' = \begin{pmatrix} y_1'(t) \\ y_2'(t) \\ \vdots \\ y_n'(t) \end{pmatrix}, \quad \boldsymbol{A} = \begin{pmatrix} a_{11} & a_{12} & \cdots & a_{1n} \\ a_{21} & a_{22} & \cdots & a_{2n} \\ \multicolumn{4}{c}{\cdots\cdots\cdots} \\ a_{n1} & a_{n2} & \cdots & a_{nn} \end{pmatrix}, \quad \boldsymbol{y} = \begin{pmatrix} y_1(t) \\ y_2(t) \\ \vdots \\ y_n(t) \end{pmatrix} \tag{5.2}$$

und

$$\boldsymbol{y}(t_0) = \begin{pmatrix} y_1(t_0) \\ y_2(t_0) \\ \vdots \\ y_n(t_0) \end{pmatrix}, \qquad \boldsymbol{y}^0 = \begin{pmatrix} y_1^0 \\ y_2^0 \\ \vdots \\ y_n^0 \end{pmatrix}. \tag{5.3}$$

Anstelle der vektoriellen Schreibweise des Systems (5.1) verwenden wir auch die folgende Kurzbezeichnung (vgl. Abschn. 4.1):

$$y_i'(t) = \sum_{k=1}^{n} a_{ik} y_k(t), \quad y_i(t_0) = y_i^0 \quad (i = 1, \cdots, n). \tag{5.4}$$

Wie in Abschn. 4.1 dargelegt, besitzt das Anfangswertproblem für solche Systeme stets eine eindeutige Lösung.

Wir suchen nach Bedingungen, unter denen eine hinreichend kleine Änderung der Anfangswerte bei fixierter Anfangszeit auch kleine Änderungen in der Lösung des Systems hervorruft.

Variiert dabei t in einem **beschränkten Zeitintervall** $[t_0, t_0 + T]$, $T > 0$, so kommt man zum Begriff der stetigen Abhängigkeit der Lösung von den Anfangsdaten (siehe Abschn. 1.6).

Ändert sich t jedoch in einem **unbeschränkten Zeitintervall** $[t_0, +\infty[$, so führt die obige Problemstellung auf die Stabilitätstheorie für gewöhnliche Differenzialgleichungen, d.h. unter welchen Bedingungen können wir garantieren, dass Lösungen, deren Anfangswerte nahe beieinanderliegen für **alle** $t \geq t_0$ benachbart bleiben. Für die Belange des Ingenieurs bedeutet dies, dass durch Datenscchwankungen, z. B. Messfehler hervorgerufene kleine Änderungen in den Anfangsbedingungen nur geringe Auswirkungen auf das Langzeitverhalten der Lösungen besitzen.

In der Stabilitätstheorie wird also das **Langzeitverhalten** der Lösung eines Anfangswertproblems untersucht, während die stetige Abhängigkeit der Lösung von den Anfangsdatcn eine lokale Eigenchaft ist.

Stabilität kann letztendlich als die stetige Abhängigkeit der Lösungen von den Anfangsbedingungen auf dem gesamten unbeschränkten Intervall $t \geq t_0$ angesehen werden. Zur Illustration des Langzeitverhaltens betrachten wir zunächst eine skalare Gleichung.

Beispiel 5.1

> Untersuchen Sie das Langzeitverhalten der Lösungen des Anfangswertproblems
>
> $$y'(t) = ay, \qquad y(t_0) = y_0, \qquad t \in [t_0, +\infty[\qquad a \in \mathbb{R}. \tag{5.5}$$

Lösung:

Als Lösung des Anfangswertproblems erhält man $y(t) = y_0 e^{a(t-t_0)}$, $t \in [t_0, +\infty[$. Das Langzeitverhalten ergibt sich aus

$$\lim_{t \to +\infty} = \begin{cases} +\infty & \text{für} \quad a > 0, \\ y_0 & \text{für} \quad a = 0, \\ 0 & \text{für} \quad a < 0. \end{cases}$$

Mit der Anfangsbedingung $z(t_0) = y_0 + \delta$, $\delta > 0$ erhält man eine weitere Lösung

$$z(t) = (y_0 + \delta)e^{a(t-t_0)}, \qquad t \in [t_0, +\infty[.$$

Für beliebiges $a \in \mathbb{R}$ und hinreichend kleines $\delta > 0$ unterscheiden sich die Anfangswerte wenig voneinander:

$$|z(0) - y(0)| = |y_0 + \delta - y_0| = \delta.$$

Es gilt jedoch für alle $t \geq t_0$:

$$|z(t) - y(t)| = |(y_0 + \delta - y_0)\, e^{a(t-t_0)}| = \delta\, e^{a(t-t_0)} = \delta\, e^{at}\, e^{-at_0}. \qquad (5.6)$$

Wir fragen nun, unter welchen Bedingungen die Lösungen $z(t)$ und $y(t)$ nahe beieinanderliegen, d.h., wann ist (5.6) kleiner als eine beliebig kleine vorgegebene positive Zahl ε.

Der Abstand der beiden Lösungen wird nur für $a \leq 0$ klein, für $a > 0$ wird er mit wachsendem t größer. Mehr noch, für $a \leq 0$ ist $e^{at} \leq 1$ für alle zulässigen t und man erhält aus (5.6):

$$|z(t) - y(t)| \leq \delta\, e^{-at_0} < \varepsilon. \qquad (5.7)$$

Der Abstand der Lösungen $z(t)$ und $y(t)$ bleibt also für alle $t \geq t_0$ kleiner als ε, sobald $\delta = e^{at_0}\varepsilon$ gewählt wird. Wir vermerken, dass die Zahl δ von ε und vom Anfangswert t_0 der unabhängigen Variablen t abhängt: $\delta = \delta(\varepsilon, t_0)$. In diesem Beispiel kann man aber δ unabhängig von t_0 auswählen, da für $a \leq 0$ die Ungleichung $e^{-at_0} \leq 1$ gilt. Somit ist die Ungleichung (5.7) für $\delta < \varepsilon$ stets erfüllt. Sie liefert noch eine einfache geometrische Interpretation, denn wegen

$$|z(t) - y(t)| < \varepsilon \iff y(t) - \varepsilon < z(t) < y(t) + \varepsilon$$

liegt der Graph der Funktion $z(t)$ für alle $t \geq t_0$ innerhalb einer ε-Röhre mit der Mittelpunktsfunktion $y(t)$ und dem Radius ε.

Es ist klar, dass für $a > 0$ bei vorgegebenem $\varepsilon > 0$ keine Zahl $\delta > 0$ existiert, sodass die Ungleichung

$$|z(t) - y(t)| = \delta\, e^{at}\, e^{-at_0} < \varepsilon.$$

für alle $t \geq t_0$ erfüllt ist, denn für ein beliebig kleines $\delta > 0$ gibt es stets ein hinreichend großes t derart, dass $\delta\, e^{at}\, e^{-at_0} \geq \varepsilon$ gilt. Geometrisch bedeutet dies, dass der Graph der Funktion $z(t)$ ab einem hinreichend großen t die ε-Röhre mit der Mittelpunktsfunktion $y(t)$ und dem Radius ε verlässt, ganz gleich wie nahe die Anfangswerte beieinanderliegen.

Außerdem folgt aus (5.6)

$$\lim_{t \to +\infty} |z(t) - y(t)| = \begin{cases} +\infty & \text{für} \quad a > 0, \\ \delta & \text{für} \quad a = 0, \\ 0 & \text{für} \quad a < 0. \end{cases}$$

Das Vorzeichen von a spielt also eine entscheidende Rolle für das Langzeitverhalten der Lösung.   ∎

Die Überlegungen in *Beispiel 5.1* nutzen wir für die exakte Definition der Stabilität, die wir für Lösungen des Systems (5.4) formulieren.

Definition 5.1

- Die Lösung $y_i(t)$, $(i = 1,\ldots,n)$, $t \in [t_0,+\infty[$ des Systems (5.1) heißt **stabil**, wenn es zu jedem $\varepsilon > 0$ eine Zahl $\delta(\varepsilon,t_0) > 0$ gibt, sodass für jede andere Lösung $z_i(t)$, $(i = 1,\ldots,n)$ dieses Systems, deren Anfangswerte $z_i(t_0) = z_i^0$, $(i = 1,\ldots,n)$ den Bedingungen

$$|z_i(t_0) - y_i(t_0)| < \delta(\varepsilon,t_0), \quad (i = 1,\ldots,n) \tag{5.8}$$

  genügen, die Ungleichungen

$$|z_i(t) - y_i(t)| < \varepsilon \quad (i = 1,\ldots,n) \tag{5.9}$$

  für alle $t \in [t_0,+\infty[$ erfüllt sind.
- Hängt die Zahl δ nur von ε und nicht von t_0 ab, so heißt die Lösung $y_i(t)$, $(i = 1,\ldots,n)$, $t \in [t_0,+\infty[$ des Systems (5.1) **gleichmäßig stabil**.
- Wenn für beliebig kleines $\delta > 0$ die Ungleichungen (5.9) für wenigstens eine Lösung $z_i(t)$ $(i = 1,\ldots,n)$ nicht erfüllt sind, so heißt die Lösung $y_i(t)$, $(i = 1,\ldots,n)$ **instabil**.
- Eine **stabile Lösung** $y_i(t)$, $(i = 1,\ldots,n)$ heißt **asymptotisch stabil**, wenn eine Zahl $\delta_1 > 0$ existiert, sodass für

$$|z_i(t_0) - y_i(t_0)| < \delta_1, \quad (i = 1,\ldots,n)$$

  die Beziehung

$$\lim_{t \to +\infty} |z_i(t) - y_i(t)| = 0, \quad (i = 1,\ldots,n) \tag{5.10}$$

  gilt.

5

Wenden wir die Definition 5.1 auf das Beispiel 5.1 an, so ergibt sich für $a > 0$ **Instabilität**, für $a \leq 0$ **gleichmäßige Stabilität** und für $a < 0$ **asymptotische Stabilität** der Lösung $y(t)$.

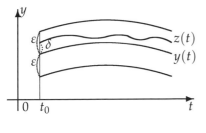

Bild 5.1

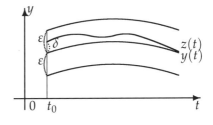

Bild 5.2

Im Falle der **gleichmäßigen Stabilität** (*Bild 5.1*) von $y(t)$ befinden sich **alle** Lösungen $z(t)$, die hinreichend kleinen Störungen entsprechen, **für alle Werte** $t \geq t_0$ innerhalb einer beliebig engen ε-Röhre um $y(t)$, während sich im Falle der **asymptotischen Stabilität** (*Bild 5.2*) von $y(t)$ all diese Lösungen $z(t)$ außerdem noch der Mittelpunktsfunktion $y(t)$ der ε-Röhre für $t \to \infty$ **asymptotisch** nähern.

Beispiel 5.2

Untersuchen Sie mit Hilfe der Definition 5.1 die Lösung des folgenden Anfangswertproblems auf Stabilität:

$$
\begin{array}{lllll}
y_1' &=& y_2 & y_1(0) &=& y_1^0 \\
y_2' &=& -2y_1 \; -2y_2 & y_2(0) &=& y_2^0
\end{array}
\tag{5.11}
$$

Lösung:

Die charakteristische Gleichung der Koeffizientenmatrix A des Systems (5.11) besitzt die komplexen Nullstellen $\lambda_1 = -1 + i$ und $\lambda_2 = -1 - i$. Das Anfangswertproblem (5.11) hat die Lösung:

$$
\begin{aligned}
y_1(t) &= e^{-t}[y_1^0 \cos t + (y_1^0 + y_2^0)\sin t] \\
y_2(t) &= e^{-t}[y_2^0 \cos t - (2y_1^0 + y_2^0)\sin t],
\end{aligned}
\tag{5.12}
$$

die wie in Abschn. 4.5 bzw. 4.6 berechnet werden kann. Wir testen die Lösung

$$
\begin{aligned}
y_1(t) &= e^{-t}\sin t \\
y_2(t) &= e^{-t}(\cos t - \sin t),
\end{aligned}
\tag{5.13}
$$

die die speziellen Anfangsbedingungen $y_1^0 = 0$, $y_2^0 = 1$ erfüllt, auf Stabilität. Stört man die Anfangsbedingungen durch eine kleine positive Zahl δ, d.h. betrachtet man

$$
y_1^\delta(0) = y_1^0 + \delta = \delta, \qquad y_2^\delta(0) = y_2^0 + \delta = 1 + \delta,
\tag{5.14}
$$

so erhält man aus (5.12) die gestörte Lösung

$$
\begin{aligned}
y_1^\delta(t) &= e^{-t}[\delta \cos t + (1 + 2\delta)\sin t] \\
y_2^\delta(t) &= e^{-t}[(1 + \delta)\cos t - (1 + 3\delta)\sin t].
\end{aligned}
\tag{5.15}
$$

Für den Betrag der Differenz zwischen den entsprechenden Koordinatenfunktionen der Lösungen (5.15) und (5.13) ergibt sich für alle $t \geq 0$

$$
\begin{aligned}
|y_1^\delta(t) - y_1(t)| &= |e^{-t}[\delta \cos t + 2\delta \sin t]| < 3\delta < \varepsilon \\
|y_2^\delta(t) - y_2(t)| &= |e^{-t}[\delta \cos t - 3\delta \sin t]| < 4\delta < \varepsilon.
\end{aligned}
\tag{5.16}
$$

Wählt man $\delta = \dfrac{\varepsilon}{4}$, so sind beide Ungleichungen für alle $t \geq 0$ erfüllt, woraus die **gleichmäßige Stabilität** der Lösung (5.13) folgt.

Mehr noch, die Lösung (5.13) besitzt für beliebiges δ die zusätzliche Eigenschaft:

$$
\lim_{t \to \infty}(y_1^\delta(t) - y_1(t)) = 0, \qquad \lim_{t \to \infty}(y_2^\delta(t) - y_2(t)) = 0,
\tag{5.17}
$$

d.h. alle Lösungen der Form (5.15) mit geänderten Anfangsbedingungen für die gesuchten Funktionen nähern sich für $t \to \infty$ asymptotisch an die Lösung (5.13) an, also ist (5.13) **asymptotisch stabil.** ∎

5.2 Stabilität der trivialen Lösung

Man kann sich bei Stabilitätsuntersuchungen einer beliebigen Lösung $y(t)$ von Systemen der Form (5.1) auf die entsprechenden Untersuchungen der für alle $t \geq 0$ stets existierenden **trivialen Lösung**

$$y(t) = \begin{pmatrix} y_1(t) \\ y_2(t) \\ \vdots \\ y_n(t) \end{pmatrix} = \begin{pmatrix} 0 \\ 0 \\ \vdots \\ 0 \end{pmatrix} \quad \text{für die} \quad y(t_0) = \begin{pmatrix} y_1^0 \\ y_2^0 \\ \vdots \\ y_n^0 \end{pmatrix} = \begin{pmatrix} 0 \\ 0 \\ \vdots \\ 0 \end{pmatrix}$$

gilt, beschränken. Die triviale Lösung entspricht in den Anwendungen der Ruhelage eines mechanischen bzw. elektrischen Systems.

Speziell kann in Beispiel 5.2 die Untersuchung der **nichttrivialen Lösung** (5.13) auf Stabilität ersetzt werden durch die Untersuchung der trivialen Lösung

$$u_1(t) = 0, \quad u_2(t) = 0 \qquad \text{für alle} \quad t \geq 0 \tag{5.18}$$

des Systems

$$\begin{aligned} u_1' &= u_2 & u_1(0) &= 0 \\ u_2' &= -2u_1 \quad -2u_2 & u_2(0) &= 0. \end{aligned} \tag{5.19}$$

auf Stabilität. In der Tat, führt man im System (5.11) eine Substitution der gesuchten Funktionen mit Hilfe der Formeln

$$\begin{aligned} y_1(t) &= u_1(t) + e^{-t}\sin(t) \\ y_2(t) &= u_2(t) + e^{-t}(\cos t - \sin t) \end{aligned} \tag{5.20}$$

durch, so erhält man das System (5.19) mit Null-Anfangsbedingungen. Deshalb ist es sinnvoll, die Definition 5.1 für die triviale Lösung zu formulieren.

Definition 5.2

- Die triviale Lösung $y_i(t) = 0$, $(i = 1,\dots,n)$, $t \in [t_0,+\infty[$ des Systems (5.1) heißt **stabil**, wenn es zu jedem $\varepsilon > 0$ eine Zahl $\delta(\varepsilon,t_0) > 0$ gibt, sodass für jede andere Lösung $z_i(t)$, $(i = 1,\dots,n)$ dieses Systems, deren Anfangswerte $z_i(t_0) = z_i^0$, $(i = 1,\dots,n)$ den Bedingungen

$$|z_i(t_0)| < \delta(\varepsilon,t_0), \quad (i = 1,\dots,n) \tag{5.21}$$

  genügen, die Ungleichungen

$$|z_i(t)| < \varepsilon \quad (i = 1,\dots,n) \tag{5.22}$$

  für alle $t \in [t_0,+\infty[$ erfüllt sind.

5

- Hängt die Zahl δ nur von ε und nicht von t_0 ab, so heißt die triviale Lösung $y_i(t) = 0$, $(i = 1,\ldots,n)$, $t \in [t_0, +\infty[$ des Systems (5.1) **gleichmäßig stabil.**

- Wenn für beliebig kleines $\delta > 0$ die Ungleichungen (5.22) für wenigstens eine Lösung $z_i(t)$ $(i = 1,\ldots,n)$ nicht erfüllt sind, so heißt die triviale Lösung $y_i(t) = 0$, $(i = 1,\ldots,n)$ **instabil.**

- Die **stabile triviale Lösung** $y_i(t) = 0$, $(i = 1,\ldots,n)$ heißt **asymptotisch stabil,** wenn eine Zahl $\delta_1 > 0$ existiert, sodass für

$$|z_i(t_0)| < \delta_1, \quad (i = 1,\ldots,n)$$

  die Beziehung

$$\lim_{t \to +\infty} |z_i(t)| = 0, \quad (i = 1,\ldots,n) \tag{5.23}$$

  gilt.

Die triviale Lösung

$$y_i(t) = 0, \qquad (i = 1,\ldots,n), \qquad t \geq t_0, \tag{5.24}$$

die den Null–Anfangsbedingungen $y_i(t_0) = 0$, $(i = 1,\ldots,n)$ genügt, bezeichnen wir auch als ungestörte Lösung des Systems, die durch dieses System beschriebene Bewegung als ungestörte Bewegung. Jede Lösung

$$z_i(t), \qquad (i = 1,\ldots,n), \qquad t \geq t_0 \tag{5.25}$$

mit von Null verschiedenen Anfangswerten $z_i(t_0) = z_i^0$, $(i = 1,\ldots,n)$ nennen wir gestörte Lösung und die entsprechende Bewegung gestörte Bewegung. Die Anfangsdaten z_i^0 heißen Störungen. Sie können Datenschwankungen, z. B. Messfehlern bei Messungen entsprechen.

Im Falle der **gleichmäßigen Stabilität** der ungestörten Lösung (5.24) befinden sich **alle** Lösungen der Form (5.25), die hinreichend kleinen Störungen entsprechen, **für alle Werte** $t \geq t_0$ innerhalb einer beliebig engen ε-Röhre um die ungestörte Lösung, während sich im Falle der **asymptotischen Stabilität** der ungestörten Lösung (5.24) alle gestörten Lösungen der Form (5.25) außerdem noch der ungestörten Lösung für $t \to \infty$ **asymptotisch** nähern.

Im Falle der **Instabilität** verlässt eine der Koordinatenfunktionen $z_i(t)$ $(i = 1,\ldots,n)$ die ε-Röhre (siehe *Bild 5.3*).

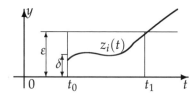

Bild 5.3: Instabilität der trivialen Lösung

Beispiel 5.3

Untersuchen Sie mit Hilfe der Definition 5.2 die triviale Lösung des folgenden Systems auf Stabilität:

$$
\begin{aligned}
y_1' &= \quad\; y_2 \\
y_2' &= -y_1
\end{aligned} \tag{5.26}
$$

Lösung:

Die charakteristische Gleichung der Koeffizientenmatrix A des Systems (5.26) besitzt die rein imaginären Nullstellen $\lambda_1 = +i$ und $\lambda_2 = -i$.

Das System (5.26) hat mit von Null verschiedenen Anfangsbedingungen $z_1(0) = z_1^0$ und $z_2(0) = z_2^0$ die gestörte Lösung

$$
\begin{aligned}
z_1(t) &= z_1^0 \cos t + z_2^0 \sin t \\
z_2(t) &= -z_1^0 \sin t + z_2^0 \cos t.
\end{aligned} \tag{5.27}
$$

Sei ε eine beliebig kleine positive Zahl. Dann ist

$$
\begin{aligned}
|z_1(t)| &\leq |z_1^0||\cos t| + |z_2^0||\sin t| \leq |z_1^0| + |z_2^0| < \varepsilon \\
|z_2(t)| &\leq |z_1^0||\sin t| + |z_2^0||\cos t| \leq |z_1^0| + |z_2^0| < \varepsilon,
\end{aligned} \tag{5.28}
$$

für alle $t \geq 0$, falls

$$
|z_1^0| < \frac{\varepsilon}{2}, \qquad |z_2^0| < \frac{\varepsilon}{2} \tag{5.29}
$$

gilt. Setzt man $\delta = \dfrac{\varepsilon}{2}$, so bedeutet dies, dass es zu jedem $\varepsilon > 0$ eine Zahl $\delta = \dfrac{\varepsilon}{2}$ gibt, so dass für jede Lösung der Form (5.27), deren Anfangswerte den Bedingungen (5.29) genügen, die Ungleichungen (5.28) erfüllt sind. Nach Definition 5.2 ist dann die **triviale Lösung des Systems (5.26) gleichmäßig stabil**, da δ nur von ε und nicht noch vom Anfangswert $t_0 = 0$ der unabhängigen Variablen t abhängt. $\blacksquare$

Beispiel 5.4

Untersuchen Sie mit Hilfe der Definition 5.2 die triviale Lösung des folgenden Systems auf Stabilität?:

$$
\begin{aligned}
y_1' &= y_1 \\
y_2' &= \quad\; -y_2
\end{aligned} \tag{5.30}
$$

Lösung:

Die charakteristische Gleichung der Koeffizientenmatrix A des Systems (5.30) besitzt zwei reelle voneinander verschiedene Nullstellen $\lambda_1 = -1$ und $\lambda_2 = +1$.

Aus der gestörten Lösung des Systems (5.30) mit von Null verschiedenen Anfangsbedingungen $z_1(0) = z_1^0$ und $z_2(0) = z_2^0$, die die Form

$$
\begin{aligned}
z_1(t) &= z_1^0 e^t \\
z_2(t) &= z_2^0 e^{-t}.
\end{aligned}
\tag{5.31}
$$

besitzt, ist ersichtlich, dass

$$
\lim_{t \to +\infty} z_1(t) = \begin{cases} +\infty & \text{für } z_1^0 > 0 \\ -\infty & \text{für } z_1^0 < 0 \end{cases}
$$

gilt. Somit sind die Ungleichungen (5.22) in Definition 5.2 für $z_1(t)$ nicht erfüllt und
folglich ist die **triviale Löung des Systems** (5.31) **instabil.**   ∎

Beispiel 5.5

Untersuchen Sie mit Hilfe der Definition 5.2 die triviale Lösung des folgenden Systems auf Stabilität:

$$
\begin{aligned}
y_1' &= -y_1 \\
y_2' &= \quad\;\; -y_2
\end{aligned}
\tag{5.32}
$$

Lösung:

Die charakteristische Gleichung der Koeffizientenmatrix A des Systems (5.32) besitzt
eine reelle Nullstelle $\lambda_1 = -1$ der Vielfachheit 2.

Die gestörte Lösung des Systems (5.32) mit von Null verschiedenen Anfangsbedingungen $z_1(0) = z_1^0$ und $z_2(0) = z_2^0$ lautet:

$$
\begin{aligned}
z_1(t) &= z_1^0 e^{-t} \\
z_2(t) &= z_2^0 e^{-t}.
\end{aligned}
\tag{5.33}
$$

Folglich sind für alle $t \geq 0$ die Ungleichungen

$$
\begin{aligned}
|z_1(t)| &\leq |z_1^0| < \varepsilon \\
|z_2(t)| &\leq |z_2^0| < \varepsilon
\end{aligned}
\tag{5.34}
$$

erfüllt, falls $|z_1^0| < \varepsilon$, $|z_2^0| < \varepsilon$, also $\delta = \varepsilon$ gilt, was die **gleichmäßige Stabilität** der
trivialen Lösung des Systems (5.32 nach sich zieht. Aus

$$
\lim_{t \to +\infty} z_1(t) = 0, \qquad \lim_{t \to +\infty} z_2(t) = 0.
$$

folgt die **asymptotische Stabilität** der **trivialen Lösung** des Systems (5.32).   ∎

Ist die Lösung eines Anfangswertproblems für ein System bekannt, so kann die Sta-
bilitätsuntersuchung mit Hilfe der Definitionen 5.2 bzw. 5.1 durchgeführt werden.

Von Wichtigkeit sind aber Kriterien, mit deren Hilfe Aussagen über die Stabilität gemacht werden können, ohne die Lösung zu kennen.

Im Falle der skalaren Differenzialgleichung (5.5) spielte das Vorzeichen des Realteils des Koeffizienten a eine wesentliche Rolle für die Stabilität. Analog sind für Systeme die Vorzeichen der Realteile der Nullstellen der charakterischen Gleichung der Koeffizientenmatrix des linearen Systems von fundamentaler Bedeutung.

Satz 5.1

Gegeben sei das lineare System $y = Ay$ mit der Koeffizientenmatrix A in der Form (5.2). Dann ist die triviale Lösung $y_i(t) = 0$, $(i = 1,\ldots,n)$, $t \in [t_0,+\infty[$

1. **gleichmäßig** und **asymptotisch stabil**, genau dann, wenn für alle Eigenwerte λ_j von A gilt: $\operatorname{Re}\lambda_j < 0$,

2. **gleichmäßig stabil**, genau dann, wenn kein Eigenwert λ_j von A einen positiven Realteil besitzt und für Eigenwerte mit $\operatorname{Re}\lambda_j = 0$ die **algebraische Vielfachheit** s_j gleich der **geometrischen Vielfachheit** m_j ist,

3. in allen anderen Fällen **instabil**.

Satz 5.1 bestätigt die Stabilitätsergebnisse aus den Beispielen 5.3 bis 5.5. In Beispiel 5.3 sind die Realteile beider Eigenwerte gleich null, beide Eigenwerte sind einfach und besitzen je einen Eigenvektor, also ist $s_i = m_i$ für $i = 1,2$ und die triviale Lösung gleichmäßig stabil. Analog schließt man in den Beispielen 5.4 und 5.5.

5

5.3 Stabilität und Gleichgewichtslagen

In diesem Abschnitt betrachten wir ausschließlich das Anfangswertproblem (5.1) für $n = 2$, d. h.

$$\begin{aligned} y_1' &= a_{11}y_1 + a_{12}y_2 & y_1(t_0) &= y_1^0 \\ y_2' &= a_{21}y_1 + a_{22}y_2, & y_2(t_0) &= y_2^0. \end{aligned} \qquad (5.35)$$

Aus Satz 4.1 folgt, dass das Anfangswertproblem (5.35) für beliebige vorgegebene Zahlen t_0, y_1^0, y_2^0 stets genau eine Lösung

$$y_1 = y_1(t), \quad y_2 = y_2(t) \qquad (5.36)$$

besitzt. Diese kann man als **Parameterdarstellung** einer Kurve in der y_1,y_2-Ebene ansehen, welche **Phasenkurve** genannt wird. Die y_1,y_2-Ebene nennt man dann auch **Phasenebene**.

Wir setzen nun in (5.35) $y_1' = 0$ und $y_2' = 0$. Dies führt auf das homogene lineare algebraische Gleichungssystem

$$\begin{aligned} a_{11}y_1 + a_{12}y_2 &= 0 \\ a_{21}y_1 + a_{22}y_2 &= 0. \end{aligned} \qquad (5.37)$$

Das Gleichungssystem (5.37) besitzt für

$$\det A = \begin{vmatrix} a_{11} & a_{12} \\ a_{21} & a_{22} \end{vmatrix} \neq 0$$

genau eine Lösung, nämlich $y_1 = 0$, $y_2 = 0$ und für $\det A = 0$ unendlich viele Lösungen. Der Vektor

$$y = \begin{pmatrix} y_1 \\ y_2 \end{pmatrix} = \begin{pmatrix} 0 \\ 0 \end{pmatrix}$$

entspricht der **trivialen Lösung** des Differenzialgleichungssystems (5.35). Punkte (y_1, y_2), in denen $y_1' = 0$ und $y_2' = 0$ gilt, heißen **Gleichgewichtspunkte** oder **Gleichgewichtslagen** des Systems (5.35). Die durch (5.35) beschriebene Bewegung nimmt in diesen Punkten eine Ruhe- oder Gleichgewichtslage ein. Ist $\det A \neq 0$, so ist $(0,0)$ der einzige Gleichgewichtspunkt des Systems (5.35). Der Gleichgewichtspunkt $(0,0)$ fällt mit der trivialen Lösung zusammen und in diesem Fall kann man von der Stabilität des Gleichgewichtspunktes sprechen.

Zeichnet man in der y_1, y_2-Ebene alle Phasenkurven des Systems (5.35), so erhält man das so genannte **Phasenporträt** des Systems. Die Phasenkurven sind Lösungen von Anfangswertproblemen.

Man kann zum Skizzieren des Phasenporträts aber auch von der allgemeinen Lösung des Systems ausgehen, den beliebigen Integrationskonstanten C_1 und C_2 spezielle Werte zuordnen und die entstehenden Kurven zeichnen.

Im Gleichgewichtspunkt ist die Phasenkurve auf diesen Punkt zusammengezogen.

Von Interesse ist noch, in welche Richtung die Bewegung auf einer Phasenkurve in der Nähe des Gleichgewichtspunktes verläuft. Dazu setzt man einen Punkt (y_1^1, y_2^1) auf der Phasenkurve in die rechte Seite des Systems (5.35) ein. Aus den linken Seiten des Systems bildet man nun einen Vektor mit den Koordinaten y_1' und y_2', dessen Richtung die Tangentenrichtung auf der Phasenkurve im Punkt (y_1^1, y_2^1) und somit die Bewegungsrichtung auf der Phasenkurve vorgibt.

In Spezialfällen lässt sich die Parameterdarstellung der Phasenkurve durch eine explizite Darstellung ersetzen. In der Tat, existiert für wenigstens eine der Funktionen (5.36) eine Umkehrfunktion, so lässt sich der Parameter t eliminieren und die Phasenkurve kann als eine Funktion $y_2 = y_2(y_1)$ bzw. als eine Funktion $y_1 = y_1(y_2)$ dargestellt werden.

Die Ableitungen dieser Funktionen, d.h. die Anstiege der Tangenten an die Phasenkurven erhält man wegen $\mathrm{d}y_1 = y_1'(t)\mathrm{d}t$ und $\mathrm{d}y_2 = y_2'(t)\mathrm{d}t$ unter Verwendung von (5.35) in der Form

$$\frac{\mathrm{d}y_2}{\mathrm{d}y_1} = \frac{y_2'}{y_1'} = \frac{a_{21}y_1 + a_{22}y_2}{a_{11}y_1 + a_{12}y_2} \qquad \frac{\mathrm{d}y_1}{\mathrm{d}y_2} = \frac{y_1'}{y_2'} = \frac{a_{11}y_1 + a_{12}y_2}{a_{21}y_1 + a_{22}y_2}. \tag{5.38}$$

Beispiel 5.6

Untersuchen Sie die Gleichgewichtslage ungedämpfter Eigenschwingungen, beschrieben durch die Differenzialgleichung

$$y'' + \omega_0^2 y = 0. \tag{5.39}$$

Lösung:

Der einzige Gleichgewichtspunkt ist der Koordinatenursprung der Phasenebene. In der Mechanik bedeutet $y(t)$ das Bewegungsgesetz eines Massenpunktes längs der y-Achse. Die Differenzialgleichung (5.39) liefert also einen Zusammenhang zwischen dem Bewegungsgesetz des Massenpunktes und seiner Beschleunigung $y''(t)$.

Mit Einführung der neuen abhängigen Variablen $y_1 = y$ und $y_2 = y'$ geht man zu einem System von Differenzialgleichungen der Form (5.37) über:

$$\begin{aligned} y_1' &= y_2 \\ y_2' &= -\omega_0^2 y_1, \end{aligned} \tag{5.40}$$

welches einen Zusammenhang zwischen dem Bewegungsgesetz des Massenpunktes $y_1(t)$, seiner Geschwindigkeit $y_2(t)$ und seiner Beschleunigung $y_2'(t)$ angibt. Gemäß (3.31) lautet die allgemeine Lösung des Systems in unseren Bezeichnungen:

$$\begin{aligned} y_1 &= C_1 \cos \omega_0 t + C_2 \sin \omega_0 t \\ y_2 &= -C_1 \omega_0 \sin \omega_0 t + C_2 \omega_0 \cos \omega_0 t, \end{aligned} \tag{5.41}$$

wobei C_1 und C_2 willkürliche Konstanten sind.

Die beiden Eigenwerte der Koeffizientenmatrix A sind rein imaginär: $\lambda_1 = \omega_0 i$ und $\lambda_2 = \omega_0 i$ (vgl. Abschn. 3.5). Für ihre algebraischen Vielfachheiten gilt: $s_1 = s_2 = 1$. Zu jedem Eigenwert gibt es genau einen Eigenvektor, also gilt auch für ihre geometrischen Vielfachheiten: $m_1 = m_2 = 1$. Folglich ist $m_i = s_i$ für $i = 1,2$ und somit für beide Eigenwerte die geometrische gleich der algebraischen Vielfachheit. Aus Satz 5.1, Behauptung 2. folgt jetzt die gleichmäßige Stabilität der trivialen Lösung, also des Gleichgewichtpunktes. Einen Gleichgewichtspunkt, für den $\lambda_1 = \overline{\lambda_2} = \lambda = i\beta$, $\beta \neq 0$ gilt, nennt man einen **stabilen Wirbelpunkt** oder ein **Zentrum**. Wir erstellen nun das Phasenporträt. Ist $C_1 = C_2 = 0$, so erhält man die triviale Lösung des Systems, d.h. die Gleichgewichtslage wird im Koordinatenursprung der y_1, y_2-Ebene eingenommen. Der Punkt $(0,0)$ ist der einzige Gleichgewichtspunkt dieses Systems. Ist wenigstens ein $C_i \neq 0$, so formen wir die allgemeine Lösung wie folgt um: Wir setzen $C = \sqrt{C_1^2 + C_2^2}$. Dann ist

$$\left(\frac{C_1}{C}\right)^2 + \left(\frac{C_2}{C}\right)^2 = 1,$$

d.h., es existiert genau ein $\varphi \in [0, 2\pi]$, sodass

$$\sin \varphi = \frac{C_1}{C} \qquad \cos \varphi = \frac{C_2}{C} \tag{5.42}$$

gilt. Schreibt man (5.41) in der Form

$$y_1(t) = C\left(\frac{C_1}{C}\cos\omega_0 t + \frac{C_2}{C}\sin\omega_0 t\right)$$

$$y_2(t) = C\left(-\frac{C_1}{C}\omega_0\sin\omega_0 t + \frac{C_2}{C}\omega_0\cos\omega_0 t\right)$$

und setzt die Ausdrücke (5.42) ein, so ergibt sich

$$y_1(t) = C(\sin\varphi\cos\omega_0 t + \cos\varphi\sin\omega_0 t)$$

$$y_2(t) = C\omega_0(-\sin\varphi\sin\omega_0 t + \cos\varphi\cos\omega_0 t).$$

Unter Verwendung der Additionstheoreme für die Sinus- und die Kosinusfunktion erhält man für fixierte Konstanten C_1 und C_2 eine Parameterdarstellung einer Phasenkurve in der y_1, y_2-Ebene

$$y_1(t) = C\sin(\omega_0 t + \varphi), \qquad y_2(t) = C\omega_0\cos(\omega_0 t + \varphi).$$

Aus dieser Parameterdarstellung lässt sich der Parameter t eliminieren, denn es gilt

$$\left(\frac{y_1}{C}\right)^2 = sin^2(\omega_0 t + \varphi) \qquad \left(\frac{y_2}{C\omega_0}\right)^2 = \cos^2(\omega_0 t + \varphi).$$

Addiert man die letzten beiden Gleichungen, so ergibt sich wegen $\sin^2 z + \cos^2 z = 1$ eine parameterfreie Darstellung für die Phasenkurven in Gleichungsform

$$\frac{y_1^2}{C^2} + \frac{y_2^2}{C^2\omega_0^2} = 1,$$

welche auch, wenn man die Gleichung nach y_1 bzw. nach y_1 auflöst, in Form von Funktionen

$$y_2 = y_2(y_1) = \pm\omega_0\sqrt{C^2 - y_1^2} \quad \text{oder} \quad y_1 = y_1(y_2) = \pm\frac{1}{\omega_0}\sqrt{C^2\omega_0^2 - y_2^2}$$

geschrieben werden kann.

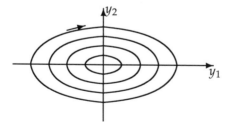

Bild 5.4

Als Phasenkurven ergeben sich für $C = 0$ der Gleichgewichtspunkt $(0,0)$ und für $C \neq 0$ Ellipsen mit dem gemeinsamen Mittelpunkt im Gleichgewichtspunkt (siehe *Bild 5.4*). Sie werden für wachsende Parameterwerte t im mathematisch negativen

Sinn, also im Uhrzeigersinn durchlaufen. Dies wird gezeigt, indem man Punkte auf der Phasenkurve in die rechten Seiten des Systems (5.40) einsetzt und aus den linken Seiten den Vektor der Tangentenrichtung auf der Phasenkurve bildet.

Ist speziell $\omega = 1$, dies entspricht dem Fall 2π-periodischer Schwingungen, so sind die Phasenkurven Kreise mit dem Mittelpunkt im Gleichgewichtspunkt und dem Radius C.

Die triviale Lösung des Systems (5.40) ist gleichmäßig stabil (vgl. Beispiel 5.3). Sie ist jedoch nicht asymptotisch stabil, da beide Lösungsfunktionen $y_1(t)$ und $y_2(t)$ für $t \to \infty$ nicht gegen Null konvergieren. In der Phasenebene bedeutet dies: Eine Phasenkurve, die in der Nähe des Gleichgewichtspunktes beginnt, bleibt in ihrem weiteren Verlauf in der Nähe des Gleichgewichtspunktes.   ■

Beispiel 5.7

Untersuchen Sie die Gleichgewichtslage gedämpfter Eigenschwingungen, beschrieben durch die Differenzialgleichung

$$y'' + 2\delta y' + \omega_0^2 y = 0. \tag{5.43}$$

Lösung:

Mit Einführung der neuen abhängigen Variablen $y_1 = y$ und $y_2 = y'$ erhält man ein System von Differenzialgleichungen der Form (5.37):

$$\begin{aligned} y_1' &= && y_2 \\ y_2' &= -\omega_0^2 y_1 &&-2\delta y_2. \end{aligned} \tag{5.44}$$

Der einzige Gleichgewichtspunkt ist wieder der Koordinatenursprung der Phasenebene. Das System (5.44) gibt ebenfalls einen Zusammenhang zwischen dem Bewegungsgesetz eines Massenpunktes $y(t) = y_1(t)$, seiner Geschwindigkeit $y'(t) = y_2(t)$ und seiner Beschleunigung $y''(t) = y_2'(t)$ an. Wie in Abschn. 3.5 unterscheiden wir wieder den Kriechfall, den aperiodischen Grenzfall und den Schwingfall.

Fall 1: Der **Kriechfall** (starke Dämpfung)

Aus (3.32) und ergibt sich in unseren neuen Bezeichnungen:

$$\begin{aligned} y_1 &= C_1 e^{\lambda_1 t} + C_2 e^{\lambda_2 t} \\ y_2 &= \lambda_1 C_1 e^{\lambda_1 t} + \lambda_2 C_2 e^{\lambda_2 t}. \end{aligned} \tag{5.45}$$

Dabei sind beide Eigenwerte reell, voneinander verschieden und negativ. Es gelte $\lambda_2 < \lambda_1 < 0$ mit $\lambda_{1/2} = -\delta \pm \sqrt{\delta^2 - \omega_0^2}$. Folglich ist gemäß Satz 5.1, Behauptung 1. die triviale Lösung, also der Gleichgewichtspunkt, asymptotisch stabil.

Der Gleichgewichtspunkt $(0,0)$ heißt **asymptotisch stabiler Knotenpunkt 2. Art**, falls $\lambda_1, \lambda_2 \in \mathbb{R}$, $\lambda_1, \lambda_2 < 0$ und $\lambda_1 \neq \lambda_2$ gilt (siehe *Bild 5.5*).

Weiter folgt aus (5.45)

$$\lim_{t\to+\infty} y_1(t) = 0 \quad \text{und} \quad \lim_{t\to+\infty} y_2(t) = 0 \tag{5.46}$$

Im Kriechfall erhält man als Phasenkurven im Falle $C_1 = C_2 = 0$ den Gleichgewichtspunkt $(0,0)$, für $C_1 \neq 0$ und $C_2 = 0$, ergibt sich aus (5.45) als Phasenkurve die Halbgerade $y_2 = \lambda_1 y_1 \, y_1 \neq 0$ und für $C_1 = 0$ und $C_2 \neq 0$ die Halbgerade $y_2 = \lambda_2 y_1 \, y_1 \neq 0$. Aus (5.46) geht hervor, dass die Halbgeraden für $t \to \infty$ in den Gleichgewichtspunkt einmünden. Für $C_1 \neq 0$ und $C_2 \neq 0$ lässt sich der Parameter t aus den Gleichungen (5.45) nicht eliminieren, sodass eine Darstellung der Phasenkurven in expliziter Form $y_2 = f(y_1)$ nicht möglich ist. Man kann sie aber mithilfe von (5.45) in der y_1, y_2-Ebene skizzieren, indem man C_1 und C_2 Zahlenwerte zuordnet.

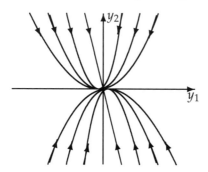

Bild 5.5

Der Anstieg der Tangente an die Phasenkurve besitzt einen endlichen Grenzwert, wenn der Berührungspunkt $(y_1(t), y_2(t))$ für $t \to \infty$ gegen den Gleichgewichtspunkt konvergiert. In der Tat, gemäß (5.38) und (5.45) sowie $\lambda_2 - \lambda_1 < 0$ ist

$$\frac{dy_2}{dy_1} = \frac{\lambda_1^2 C_1 e^{\lambda_1 t} + \lambda_2^2 C_2 e^{\lambda_2 t}}{\lambda_1 C_1 e^{\lambda_1 t} + \lambda_2 C_2 e^{\lambda_2 t}} = \frac{\lambda_1^2 C_1 + \lambda_2^2 C_2 e^{(\lambda_2 - \lambda_1)t}}{\lambda_1 C_1 + \lambda_2 C_2 e^{(\lambda_2 - \lambda_1)t}} \quad \text{und}$$

$$\lim_{t\to+\infty} \frac{dy_2}{dy_1} = \lambda_1.$$

Fall 2: Der **aperiodische Grenzfall** (mittlere Dämpfung)

Aus (3.33) ergibt sich jetzt:

$$\begin{aligned} y_1 &= (C_1 + C_2 t)e^{-\delta t} \\ y_2 &= C_2 e^{-\delta t} - \delta(C_1 + C_2 t)e^{-\delta t}. \end{aligned} \tag{5.47}$$

Jetzt ist $\lambda_1 = -\delta < 0$ ein reeller Eigenwert der algebraischen Vielfachheit $s = 2$. Folglich besitzen alle Eigenwerte einen negativen Realteil und nach Satz 5.1, Behauptung 1. ist der Gleichgewichtspunkt wieder gleichmäßig und asymptotisch stabil.

Der Gleichgewichtspunkt $(0,0)$ heißt **asymptotisch stabiler Knotenpunkt 3. Art**, falls $\lambda_1, \lambda_2 \in \mathbb{R}$, $\lambda_1 = \lambda_2 < 0$ und $m = 1$ gilt (siehe *Bild 5.6*, (*Bild 5.7* wird in Bemerkung 5.1 erläutert)). In unserem Beispiel ist die letzte Bedingung erfüllt, denn

$\lambda_1 = -\delta$ besitzt die geometrische Vielfachheit $m = 1$. Die Grenzwertbeziehungen (5.46) bleiben gültig. Das Phasenporträt für den aperiodischen Grenzfall besteht im Falle $C_1 = C_2$ aus dem Gleichgewichtspunkt $(0,0)$ und für $C_1 \neq 0$ und $C_2 = 0$ aus der Halbgeraden $y_2 = -\delta y_1$. Alle anderen Fälle gestatten keine explizite Darstellung der Form $y_2 = f(y_1)$. Sämtliche Phasenkurven münden in den Gleichgewichtspunkt ein. Auch hier erhält man einen endlichen Grenzwert für den Anstieg der Tangente an die Phasenkurve:

$$\frac{dy_2}{dy_1} = \frac{-2C_2\delta e^{-\delta t} + (C_1 + C_2 t)\delta^2 e^{-\delta t}}{C_2 e^{-\delta t} - (C_1 + C_2 t)\delta e^{-\delta t}} = \frac{\dfrac{-2C_2\delta}{(C_1 + C_2 t)\delta} + \delta}{\dfrac{C_2}{(C_1 + C_2 t)\delta} - 1} \quad \text{und}$$

$$\lim_{t \to +\infty} \frac{dy_2}{dy_1} = -\delta.$$

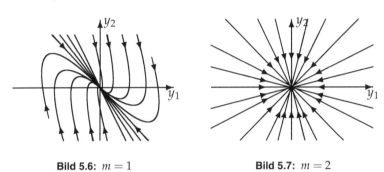

Bild 5.6: $m = 1$ **Bild 5.7:** $m = 2$

Fall 3: Der **Schwingfall** (schwache Dämpfung)

Aus (3.34) erhält man jetzt:

$$\begin{aligned}
y_1 &= e^{-\delta t}(C_1 \cos \omega t + C_2 \sin \omega t) \\
y_2 &= -\delta e^{-\delta t}(C_1 \cos \omega t + C_2 \sin \omega t) \\
&+ e^{-\delta t}(-\omega C_1 \sin \omega t + \omega C_2 \cos \omega t).
\end{aligned} \tag{5.48}$$

Dabei ist $\omega = \sqrt{\omega_0^2 - \delta^2}$. Die Eigenwerte haben nun die Gestalt: $\lambda_1 = -\delta + i\omega$ und $\lambda_2 = -\delta - i\omega$. Nach Satz 5.1, Behauptung 1 ist der Gleichgewichtspunkt asymptotisch stabil. Die Grenzwertbeziehung (5.46) bleibt gültig.

Für $C_1 = C_2 = 0$ ergibt sich wieder der Gleichgewichtspunkt $(0,0)$. Das Phasenporträt unterscheidet sich jedoch wesentlich von den Phasenporträts für den Kriechfall und den aperiodischen Grenzfall. Wir vermerken dazu, dass man für $\delta = 0$ (keine Reibung) wieder den Fall ungedämpfter Eigenschwingungen erhält. Wegen der Periodizität der Funktionen (5.41) entstehen als Phasenkurven geschlossene Kurven, die den Gleichgewichtspunkt umschließen. Im vorliegenden Fall konvergiert der Faktor $e^{-\delta t}$ in (5.48) für $t \to \infty$ gegen Null, während die in Klammern stehenden periodischen Ausdrücke in (5.48) beschränkt bleiben. Dies bewirkt, dass die für $\delta = 0$ geschlossenen Phasenkurven in Spiralen übergehen, die sich für $t \to \infty$ asymptotisch dem Gleichgewichtspunkt nähern, d.h., die Phasenkurven kommen dem Gleichgewichtspunkt beliebig nahe, münden aber nicht in ihn ein.

Im Gegensatz zum Kriechfall und zum asymptotischen Grenzfall besitzt jetzt der Anstieg der Tangente an die Phasenkurve keinen Grenzwert. Dies folgt daraus, dass für $t \to \infty$ keine Grenzwerte der Sinus- und Kosinusfunktion existieren. Man nennt in diesem Falle den Gleichgewichtspunkt $(0,0)$ einen **asymptotisch stabilen Strudelpunkt**. Ein Strudelpunkt unterscheidet sich von einem Knotenpunkt dadurch, dass der Anstieg der Tangente an die Phasenkurve keinen endlichen Grenzwert besitzt, wenn der Punkt $(y_1(t), y_2(t))$ auf der Phasenkurve gegen den Gleichgewichtspunkt geht. Ein **asymptotisch stabiler Strudelpunkt** ist in *Bild 5.8* dargestellt.

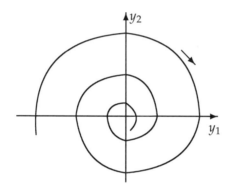

Bild 5.8

Wir fassen die Ergebnisse dieses Beispiels aus Sicht des Anwenders noch kurz zusammen. Bei einer ungedämpften Schwingung ist der Gleichgewichtspunkt $(0,0)$ ein gleichmäßig stabiler Wirbelpunkt. Asymptotische Stabilität ist nicht erreichbar, aber rein ungedämpfte Schwingungen sind eine Abstraktion und treten in Prozessen in Natur und Technik auch nicht auf. Für gedämpfte Schwingungen liegt stets aymptotische Stabilität vor. Ist die Dämpfung schwach, so wird der Wirbelpunkt zu einem Strudelpunkt. Der Knotenpunkt 3. Art beim aperiodischen Grenzfall kann bei kleinen Änderungen der Koeffizienten im System (5.43) (z.B. durch Messfehler) sowohl in einen Strudelpunkt als auch in einen Knotenpunkt 2. Art übergehen, wobei die asymptotische Stabilität erhalten bleibt. ∎

Bemerkung 5.1 Der Gleichgewichtspunkt $(0,0)$ heißt **asymptotisch stabiler Knotenpunkt 1. Art**, falls $\lambda_1, \lambda_2 \in \mathbb{R}$, $\lambda_1 = \lambda_2 < 0$ und $m = 2$ gilt (siehe *Bild 5.7*).

Sind beide Eigenwerte reell und positiv, so erhält man **instabile Knotenpunkte**, genauer der Gleichgewichtspunkt $(0,0)$ heißt

instabiler Knotenpunkt 1. Art, falls $\lambda_1, \lambda_2 \in \mathbb{R}$, $\quad \lambda_1 = \lambda_2 > 0$, $\quad m = 2$ gilt,

instabiler Knotenpunkt 2. Art, falls $\lambda_1, \lambda_2 \in \mathbb{R}$, $\quad \lambda_1, \lambda_2 > 0$, $\quad \lambda_1 \neq \lambda_2$ gilt,

instabiler Knotenpunkt 3. Art, falls $\lambda_1, \lambda_2 \in \mathbb{R}$, $\quad \lambda_1 = \lambda_2 > 0$, $\quad m = 1$ gilt.

Die Bewegung auf den Phasenkurven geht jetzt vom Gleichgewichtspunkt weg. □

5.4 Alles stabil?

Kontrollfragen

- Erläutern Sie den Unterschied zwischen den Begriffen stetige Abhängigkeit von den Anfangsdaten und Stabilität!
- Wann nennt man die Lösung eines linearen Systems stabil, gleichmäßig stabil bzw. instabil?
- Wann heißt eine stabile Lösung asymptotisch stabil?
- Was bedeutet Stabilität, gleichmäßige Stabilität bzw. Instabilität der trivialen Lösung eines linearen Systems?
- Ein lineares System besitze eine quadratische Koeffizientenmatrix 2. Ordnung. Welcher Zusammenhang besteht zwischen den Eigenschaften der Eigenwerte dieser Matrix und den Stabilitätseigenschaften der trivialen Lösung des Systems?
- Erläutern Sie die Begriffe Phasenkurve, Phasenebene und Phasenporträt!
- Was versteht man unter einem Gleichgewichtspunkt oder einer Gleichgewichtslage eines linearen Systems?

Aufgaben

5.1 Untersuchen Sie die triviale Lösung des Systems

$$\begin{aligned} y_1' &= 2y_1 \\ y_2' &= y_1 + y_2 \end{aligned}.$$

auf Stabilität und ermitteln Sie für die fünf verschiedenen Anfangsbedingungen $[y_1(0) = 1, y_2(0) = 1], [y_1(0) = 1, y_2(0) = 2], [y_1(0) = 1, y_2(0) = 3], [y_1(0) = 1, y_2(0) = 4], [y_1(0) = 1, y_2(0) = 5]$ die Phasenkurven.

5.2 Geben Sie das Phasenporträt des Systems $y_1' = 0$, $y_2' = 0$ an.

5.3 Gegeben seien die Systeme

$$\text{a)} \quad \begin{aligned} y_1' &= -y_1 \\ y_2' &= -2y_2 \end{aligned}, \quad \text{b)} \quad \begin{aligned} y_1' &= y_1 \\ y_2' &= 2y_2 \end{aligned}, \quad \text{c)} \quad \begin{aligned} y_1' &= -y_1 \\ y_2' &= y_2 \end{aligned}.$$

Welche Stabilitätseigenschaften besitzt die triviale Lösung für jedes der Systeme?

5.4 Untersuchen Sie in Abhängigkeit von $a \neq 0$ den Gleichgewichtspunkt des Systems $y_1'(t) = ay_1$, $y_2'(t) = ay_2$ auf Stabilität und schließen Sie aus den Phasenporträts auf die Art des Gleichgewichtspunktes.

5.5 Zeigen Sie, dass der Gleichgewichtspunkt $(0,0,0)$ des Systems

$$y' = Ay = \begin{pmatrix} -2 & -1 & 0 \\ 0 & -2 & -4 \\ -1 & 0 & 1 \end{pmatrix}$$

instabil ist.

6 Etwas zur numerischen Lösung

Bei einem großen Teil der in den Anwendungen wichtigen Differenzialgleichungen lässt sich die Lösung nicht durch eine Formel angeben. In diesen Fällen hilft eine numerische Lösung weiter.

Numerische Verfahren liefern Näherungswerte der gesuchten Funktion anstelle ihrer exakten Werte. Allgemeine Lösungen von Differenzialgleichungen lassen sich durch numerische Methoden nicht ermitteln, sondern nur spezielle Lösungen. Wir betrachten nur numerische Verfahren für das Anfangswertproblem

$$y' = f(t,y), \qquad y(t_0) = y_0 \tag{6.1}$$

und nehmen an, dass die Voraussetzungen des Satzes 2.1 erfüllt sind, d.h. (6.1) besitzt eine eindeutige Lösung $y = y(t)$. Zur näherungsweisen Berechnung der Lösung von (6.1) wird das Problem wie bei der Methode der sukzessiven Approximationen (vgl. Abschn. 2.2) in eine so genannte iterierfähige Gestalt der Form

$$y(t) = y_0 + \int_{t_0}^{t} f(z,y(z))\,dz \tag{6.2}$$

überführt. Bei der Methode der sukzessiven Approximationen wird die Anfangsnäherung y_0 in die rechte Seite von (6.2) eingesetzt und das Integral ausgewertet. Falls keine exakte Auswertung möglich ist, so wird das Integral und somit der Funktionswert für die Lösung näherungsweise berechnet. Dazu geht man wie folgt vor: An der Stelle t_0 ist die Lösung durch die Anfangsbedingung bekannt. An weiteren gegebenen Stellen, den so genannten **Stützstellen** $t_1, t_2, t_3, \ldots$ des Definitionsbereichs der Lösung von (6.1) sollen Näherungswerte, die wir mit $y_1, y_2, y_3, \ldots$ bezeichnen, für die exakten Werte $y(t_1), y(t_2), y(t_3), \ldots$ der Lösung ermittelt werden. Von Interesse ist natürlich die Abweichung der Näherungswerte von den exakten Werten.

Wir betrachten das Anfangswertproblem auf einem Intervall $[t_0, t_0 + T]$, $T > 0$ und legen die Stützstellen fest. Für ein fixiertes $n \in \mathbb{N}$ definieren wir die **Schrittweite** $h := \dfrac{T}{n}$ sowie $n+1$ Stützstellen $t_i := t_0 + ih$, $i = 0, \ldots, n$ $(t_n = t_0 + T)$. Dadurch wird das Intervall in genau n Teilintervalle $[t_i, t_{i+1}]$, $i = 0, \ldots, n-1$ von gleicher Länge $t_{i+1} - t_i = h$ unterteilt. Der Abstand zwischen je zwei benachbarten Stützstellen kann i. Allg. unterschiedlich sein. Wir betrachten jedoch nur den Fall $t_{i+1} - t_i = h$ für jedes i, $(i = 0, \ldots, n-1)$. Man spricht in diesem Falle von **äquidistanten Stützstellen**, auf die wir uns beschränken werden.

6.1 Das EULER-*Verfahren*

Aus (6.2) folgt für den exakten Wert $y(t_1)$

$$y(t_1) = y_0 + \int_{t_0}^{t_1} f(z), y(z))dz. \tag{6.3}$$

Ersetzt man den Anfangswert (t_0, y_0) durch den auf der Lösungskurve liegenden Punkt $(t_i, y(t_i))$, so ergibt sich analog zu (6.3) die Gleichung

$$y(t_{i+1}) = y(t_i) + \int_{t_i}^{t_{i+1}} f(z, y(z))dz \qquad (i = 0, 1, 2, \dots, n-1). \tag{6.4}$$

Beim EULER-*Verfahren* berechnet man das Integral in (6.3) näherungsweise, indem man den Integranden $f(t, y(t))$ durch eine Konstante ersetzt, die gleich dem Wert von $f(t, y(t))$ an der **unteren Integrationsgrenze**, d.h. gleich $f(t_0, y_0)$ ist. Dann geht (6.3) in eine Gleichung für den Näherungswert y_1 von $y(t_1)$ über:

$$y_1 = y_0 + (t_1 - t_0)f(t_0, y_0) = y_0 + hf(t_0, y_0)$$

Im nächsten Schritt wird (t_0, y_0) durch (t_1, y_1) ersetzt. Es ergibt sich der Näherungswert y_2 von $y(t_2)$:

$$y_2 = y_1 + (t_2 - t_1)f(t_1, y_1) = y_1 + hf(t_1, y_1)$$

Allgemein erhält man als Iterationsvorschrift für das EULER-*Verfahren*:

$$y_{i+1} = y_i + hf(t_i, y_i) \qquad (i = 0, \dots, n-1), \tag{6.5}$$

wobei die Näherung y_{i+1} aus dem vorhergehenden Näherungswert y_i berechnet wird. Dabei gilt $y_n \approx y(t_n) = y(t_0 + T)$.

Geometrische Interpretation: Der Differenzialgleichung in (6.1) ist das Richtungsfeld (siehe Abschn. 2.1) zugeordnet. Es gibt den Anstieg $y'(t)$ der Tangente an die Lösungskurve $y(t)$ im Punkt $(t, y(t))$ an.

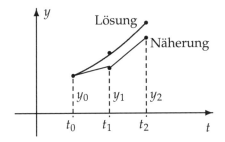

Bild 6.1

Wir versuchen, eine Näherungslösung zu konstruieren, die dem Richtungsfeld möglichst genau folgt. Aus (6.5) erhält man $\dfrac{y_{i+1} - y_i}{h} = f(t_i, y_i)$. Dies ist der Anstieg der Sekante durch die Punkte (t_i, y_i) und (t_{i+1}, y_{i+1}). Vom Startpunkt (t_0, y_0) geht man längs eines Geradenstücks mit dem Anstieg $f(t_0, y_0)$ um die Schrittweite h nach rechts. Der Endpunkt des Geradenstücks hat die Abszisse t_1, seine Ordinate bezeichnen wir mit y_1. Vom Punkt (t_1, y_1) geht man längs eines Geradenstücks mit dem Anstieg $f(t_1, y_1)$ wieder um die Schrittweite h nach rechts usw. (siehe *Bild 6.1*). Der entstehende Polygonzug ist eine Näherungskurve für die Lösungskurve von (6.1). Deshalb spricht man auch vom EULERschen *Polygonzugverfahren*. Die Anstiege der Geradenstücke in den Punkten (t_i, y_i) sind nur näherungsweise den Anstiegen der tatsächlichen Lösungskurve gleich, da diese Punkte mit Ausnahme von (t_0, y_0) i. Allg. nicht auf der Lösungskurve liegen.

Beispiel 6.1

Berechnen Sie eine Näherungslösung des Anfangswertproblems

$$y' = t^2 + y^2, \qquad y(0) = 0 \qquad t \in [0,1] \tag{6.6}$$

mit dem EULER-*Verfahren* unter Verwendung der Schrittweite $h = 0.1$. Rechnen Sie mit 4 Dezimalstellen und vergleichen Sie die Näherungswerte mit den exakten Werten.

Lösung:

Aus (6.5) erhält man:

$$
\begin{aligned}
y_1 &= y_0 + h(t_0^2 + y_0^2) = 0 + 0.1(0 + 0) = 0 \\
y_2 &= y_1 + h(t_1^2 + y_1^2) = 0 + 0.1(0.1^2 + 0) = 0.001 \qquad \text{usw.}
\end{aligned}
$$

Weitere Näherungswerte sind *Tabelle 6.1* zu entnehmen.

Tabelle 6.1: Berechnung nach EULER-*Verfahren*

i	t_i	Näherung: y_i	Lösung: $y(t_i)$	Fehler: $\lvert y_i - y(t_i)\rvert$
0	0.0	0.0000	0.0000	0.0000
1	0.1	0.0000	0.0003	0.0003
2	0.2	0.0010	0.0027	0.0017
3	0.3	0.0050	0.0090	0.0040
4	0.4	0.0140	0.0214	0.0074
5	0.5	0.0300	0.0418	0.0118
6	0.6	0.0551	0.0724	0.0173
7	0.7	0.0914	0.1156	0.0242
8	0.8	0.1413	0.1741	0.0328
9	0.9	0.2072	0.2509	0.0437
10	1.0	0.2925	0.3502	0.0577

Die exakte Lösung der Differenzialgleichung in (6.6) ist nicht durch elementare Funktionen, sondern durch eine Potenzreihe darstellbar. Als exakte Lösung $y(t)$ wurde das mit der Methode der sukzessiven Approximation erhaltene Näherungspolynom $y_3(t)$ (vgl. Beispiel 2.5 Abschn. 2.2) angenommen. Zum Intervallende hin wird der Fehler größer. ∎

Die Vorteile des Verfahrens bestehen in der einfachen Handhabung. Der Nachteil ist, dass man für eine gute Näherung die Schrittweite h sehr klein wählen muss, was wiederum die Anzahl der Rechenschritte sehr groß werden lässt.

Deshalb wurden Verfahren entwickelt, bei denen man mit größerer Schrittweise h (geringerer Anzahl von Rechenschritten) die ebenfalls eine akzeptable Näherungslösung erhält.

6.2 Das HEUN-*Verfahren*

Wir bezeichnen mit

$$y_{i+1}^{I} = y_i + hf(t_i, y_i) \qquad (i = 0, \ldots, n-1) \tag{6.7}$$

die Näherungen des EULER-*Verfahrens*, wobei der Exponent I darauf hinweist, dass es sich um einen ersten Näherungswert für $y(t_{i+1})$ handelt. Unser Ziel ist es, einen zweiten Näherungswert y_{i+1}^{II} für $y(t_{i+1})$ zu konstruieren. Beim EULER-*Verfahren* wird die Näherung (6.4) unter Benutzung der **unteren** Integrationsgrenze ermittelt. Zur Konstruktion von y_{i+1}^{II} verwenden wir die **obere** Integrationsgrenze. Wir ersetzen nämlich den Integranden $f(z, y(z))$ durch die Konstante $f(t_{i+1}, y_{i+1}^{I})$. Weiter setzen wir

$$y_{i+1}^{II} = y_i + hf(t_{i+1}, y_{i+1}^{I}). \tag{6.8}$$

Die Näherung y_{i+1} für $y(t_{i+1})$ wird als Linearkombination von (6.7) und (6.8) angesetzt:

$$y_{i+1} = c_1 y_{i+1}^{I} + c_2 y_{i+1}^{II}. \tag{6.9}$$

Die Koeffizienten c_1 und c_2 in (6.9) bestimmt man durch einen so genannten TAYLOR-*Abgleich*, der hier nicht ausgeführt wird. Es ergibt sich $c_1 = c_2 = \dfrac{1}{2}$. Mit

$$K_{1i} = f(t_i, y_i) \qquad K_{2i} = f(t_{i+1}, y_{i+1}^{I}) = f(t_{i+1}, y_i + hK_{1i}) \quad \text{folgt}$$

$$y_{i+1}^{I} \overset{(6.7)}{=} y_i + hK_{1i} \qquad y_{i+1}^{II} \overset{(6.8)}{=} y_i + hK_{2i}$$

$$y_{i+1} \overset{(6.9)}{=} \frac{1}{2}(y_i + hK_{1i} + y_i + hK_{2i})$$

$$\implies y_{i+1} = y_i + hK_i \quad \text{mit} \quad K_i = \frac{1}{2}(K_{1i} + K_{2i}) \quad (i = 0, \dots, n-1) \qquad (6.10)$$

die Iterationsvorschrift für das HEUN-*Verfahren* (siehe *Bild 6.2*).

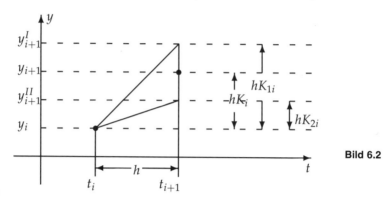

Bild 6.2

Beispiel 6.2

Berechnen Sie eine Näherungslösung des Anfangswertproblems (6.6) mit dem HEUN-*Verfahren* unter Verwendung der Schrittweite $h = 0.25$ analog zu Beispiel 6.1. Rechnen Sie wieder mit 4 Dezimalstellen und vergleichen Sie die Näherungswerte mit den exakten Werten.

Lösung:

Aus (6.7), (6.8) und (6.10) erhält man

$$y_1^I = y_0 + h(t_0^2 + y_0^2) = 0 + 0.25(0^2 + 0^2) = 0$$

$$y_1 = y_0 + \frac{h}{2}((t_0^2 + y_0^2) + (t_1^2 + (y_1^I)^2))$$

$$= 0 + \frac{0.25}{2}((0^2 + 0^2) + (0.25^2 + 0^2)) = 0.0078 \qquad \text{usw.}$$

Weitere Näherungswerte sind *Tabelle 6.2* zu entnehmen.

Tabelle 6.2: Berechnung nach HEUN-*Verfahren*

i	t_i	y_i^I	Näherung: y_i	Lösung: $y(t_i)$	Fehler: $|y_i - y(t_i)|$
0	0.00	0.0000	0.0000	0.0000	0.0000
1	0.25	0.0000	0.0078	0.0052	0.0026
2	0.50	0.0156	0.0391	0.0418	0.0027
3	0.75	0.0782	0.1180	0.1428	0.0248
4	1.00	0.2203	0.2803	0.3502	0.0699

In den Stützstellen t_i $(i = 0, \dots, 4)$ unterscheidet sich die Näherungslösung nur wenig von der exakten Lösung. ∎

6.3 Das klassische RUNGE-KUTTA-*Verfahren*

Beim KLASSISCHEN RUNGE-KUTTA-*Verfahren*, im Weiteren kurz RUNGE-KUTTA-*Verfahren* genannt, werden vier Näherungen $y_{i+1}^{I}, y_{i+1}^{II}, y_{i+1}^{III}, y_{i+1}^{IV}$ für den exakten Wert $y(t_i)$ verwendet, wobei y_{i+1}^{I} wie in (6.7) ermittelt wird.

$$y_{i+1}^{I} = y_i + hf(t_i, y_i). \tag{6.11}$$

Die Näherung y_{i+1}^{II} wird ähnlich wie beim HEUN-*Verfahren* gebildet, wobei die Rolle des Punktes (t_{i+1}, y_{i+1}^{I}) vom Punkt $(t_i + \frac{h}{2}, \frac{1}{2}(y_i + y_{i+1}^{I}))$ (Halbierungspunkt der Verbindungsstrecke (t_i, y_i) und (t_{i+1}, y_{i+1}^{I})) übernommen wird:

$$y_{i+1}^{II} = y_i + hf\left(t_i + \frac{h}{2}, \frac{1}{2}(y_i + y_{i+1}^{I})\right). \tag{6.12}$$

In der Vorschrift für die Bildung von y_{i+1}^{III} wird auf der rechten Seite von (6.12) der Wert y_{i+1}^{I} durch y_{i+1}^{II} ersetzt:

$$y_{i+1}^{III} = y_i + hf\left(t_i + \frac{h}{2}, \frac{1}{2}(y_i + y_{i+1}^{II})\right). \tag{6.13}$$

Die Näherung y_{i+1}^{IV} wird wie y_{i+1}^{II} in (6.8) gebildet, wobei y_{i+1}^{I} durch y_{i+1}^{III} ersetzt wird:

$$y_{i+1}^{IV} = y_i + hf(t_{i+1}, y_{i+1}^{III}). \tag{6.14}$$

Als Näherung y_{i+1} betrachten wir eine Linearkombination aus (6.11) bis (6.14):

$$y_{i+1} = c_1 y_{i+1}^{I} + c_2 y_{i+1}^{II} + c_3 y_{i+1}^{III} + c_4 y_{i+1}^{IV}. \tag{6.15}$$

Durch einen TAYLOR-*Abgleich* erhält man für die Zahlen c_k $(k = 1, \ldots, 4)$:

$$c_1 = \frac{1}{6} \qquad c_2 = \frac{1}{3} \qquad c_3 = \frac{1}{3} \qquad c_4 = \frac{1}{6}$$

Somit ergibt sich aus (6.15)

$$y_{i+1} = \frac{1}{6}(y_{i+1}^{I} + 2y_{i+1}^{II} + 2y_{i+1}^{III} + y_{i+1}^{IV}).$$

Wir führen noch einige Bezeichnungen ein:

$$
\begin{aligned}
k_{1i} &= f(t_i, y_i) \\
k_{2i} &= f\left(t_i + \frac{h}{2}, \frac{1}{2}(y_i + y_{i+1}^{I})\right) = f\left(t_i + \frac{h}{2}, y_i + \frac{k_{1i}}{2}\right) \\
k_{3i} &= f\left(t_i + \frac{h}{2}, \frac{1}{2}(y_i + y_{i+1}^{II})\right) = f\left(t_i + \frac{h}{2}, y_i + \frac{k_{2i}}{2}\right) \\
k_{4i} &= f(t_i + h, y_{i+1}^{III}) = f(t_i + h, y_i + k_{3i}).
\end{aligned}
\tag{6.16}
$$

6

Somit lassen sich die Formeln (6.11) bis (6.15) übersichtlich darstellen:

$$y_{i+1}^{I} = y_i + hk_{1i} \quad y_{i+1}^{II} = y_i + hk_{2i} \quad y_{i+1}^{III} = y_i + hk_{3i} \quad y_{i+1}^{IV} = y_i + hk_{4i}$$

$$y_{i+1} = y_i + hk_i \quad (i = 0, \ldots, n-1), \quad k_i = \frac{1}{6}(k_{1i} + 2k_{2i} + 2k_{3i} + k_{4i}). \quad (6.17)$$

Die Näherung y_{i+1} berechnet man aus y_i nach folgendem Schema:

Tabelle 6.3: RUNGE-KUTTA-*Verfahren*

t	y	k_{ji}	hk_{ji}	$c_j hk_{ji}$	
t_i	y_i	$f(t_i, y_i)$	hk_{1i}	hk_{1i}	y_i
$t_i + \frac{h}{2}$	$y_i + h\frac{k_{1i}}{2}$	$f(t_i + \frac{h}{2}, y_i + h\frac{k_{1i}}{2})$	hk_{2i}	$2hk_{2i}$	
$t_i + \frac{h}{2}$	$y_i + h\frac{k_{2i}}{2}$	$f(t_i + \frac{h}{2}, y_i + h\frac{k_{2i}}{2})$	hk_{3i}	$2hk_{3i}$	
$t_i + h$	$y_i + hk_{3i}$	$f(t_i + h, y_i + hk_{3i})$	hk_{4i}	hk_{4i}	hk_i
				$6hk_i$	$y_{i+1} = y_i + hk_i$
t_{i+1}	y_{i+1}	$f(t_{i+1}, y_{i+1})$	$hk_{1(i+1)}$		

Beispiel 6.3

Berechnen Sie von der Lösung des Anfangswertproblems (6.6) mit dem RUNGE-KUTTA-*Verfahren* näherungsweise Funktionswerte an den Stellen $t = 0.5$ und $t = 1$ unter Verwendung einer Schrittweite von $h = 0.5$. Rechnen Sie wieder mit 4 Dezimalstellen und vergleichen Sie die Näherungswerte mit den exakten Werten.

Lösung:

Tabelle 6.4: Berechnung nach RUNGE-KUTTA-*Verfahren*

i	t	y	k_{ji}	hk_{ji}	$c_j hk_{ji}$		Fehler $|y_i - y(t_i)|$
0	**0.00**	**0.0000**	0.0000	0.0000	0.0000	0.0000	
	0.25	0.0000	0.0625	0.0313	0.0625		
	0.25	0.0156	0.0627	0.0314	0.0627		
	0.50	0.0314	0.2510	0.1255	0.1255	0.0418	
					0.2507	**0.0418**	0.0000
1	**0.50**	**0.0418**	0.2517	0.1259	0.1259	0.0418	
	0.75	0.1048	0.5735	0.2867	0.5735		
	0.75	0.1852	0.5968	0.2984	0.5968		
	1.00	0.3402	1.0098	0.5049	0.5049	0.3002	
					1.8010	**0.3420**	0.0082
	1.00	**0.3420**					

An der Stelle $t = 0.5$ stimmen bei Rechnung mit 4 Dezimalstellen exakte und Näherungslösung überein.   ∎

6.4 Konvergenz und Schrittweite

Für praktische Belange ist es wichtig, ob und wie schnell wir uns mit der durch ein numerisches Verfahren erhaltenen Näherungslösung der exakten Lösung des Anfangswertproblems, die i. Allg. nicht bekannt ist, nähern. Uns interessiert der **globale** Fehler

$$F_g = \max_{0 \le i \le n} |y_i - y(t_i)|,$$

d. h. der maximale Abstand zwischen exakter und Näherungslösung im gesamten Intervall $t_0, t_0 + T$, und wovon dieser abhängt.

In den Beispielen beträgt der **globale** Fehler F_g beim EULER*Verfahren* 0.0577, beim HEUN-*Verfahren* 0.0699 und beim RUNGE-KUTTA-*Verfahren* 0.00082 bei den dort verwendeten Schrittweiten. Es zeigt sich, dass man eine Verkleinerung des Fehlers einmal durch Verringerung der Schrittweite und zum anderen durch Verbesserungen im Verfahren erreichen kann. Die exakte Lösung ist i. Allg. nicht bekannt. Folglich benötigen wir Abschätzungen für den **globalen** Fehler F_g, die ohne Kenntnis der exakten Lösung auskommen. Wir legen die entsprechende Theorie für die spezielle Klasse der **Einschrittverfahren** dar.

Definition 6.1

Ein **Einschrittverfahren** ist eine Iterationsvorschrift zur numerischen Lösung von Anfangswertproblemen der Gestalt (6.1), welche sich in der Form

$$y_{i+1} = y_i + h\,\Phi(t_i, y_i, h) \qquad (i = 0, \dots, n-1) \tag{6.18}$$

darstellen lässt. Dabei ist Φ die Verfahrensfunktion, h die Schrittweite und $t_i = t_0 + ih$.

6

Die drei bisher betrachteten Verfahren sind **Einschrittverfahren** und zwar gilt für

- das EULER-*Verfahren* $\Phi(t, y, h) = f(t, y),$

- das HEUN-*Verfahren* $\Phi(t, y, h) = \dfrac{1}{2}(f(t, y) + f(t + h, y + hf(t, y))),$

- das RUNGA-KUTTA-*Verfahren* $\Phi(t, y, h) = \dfrac{1}{6}(k_1 + 2k_2 + 2k_3 + k_4)$ mit k_{ji}
  $(j = 1, \dots, 4)$ aus (6.16).

Es gibt noch andere Einschrittverfahren (siehe z. B. [8]). Bei einem **Einschrittverfahren** wird y_{i+1} nur unter Verwendung der vorherigen Näherung y_i, der Schrittweite h, und der Stützstelle t_i berechnet, während bei einem **Mehrschrittverfahren** oder r-**Schrittverfahren** zur Ermittlung von y_{i+1} die Ergebnisse der r vorhergehenden

Berechnungsschritte $i, i-1, i-r+1$ herangezogen werden. Mehrschrittverfahren sind in [8] ausführlich dargelegt.

Definition 6.2

Das **Einschrittverfahren** (6.18) heißt konvergent, wenn für jede exakte Lösung $y(t)$ und die zugehörige Folge y_n von Näherungslösungen gilt:

$$\lim_{h \to 0} F_g = \lim_{h \to 0} \max_{0 \leq i \leq n} |y_i - y(t_i)| = 0. \tag{6.19}$$

Dies bedeutet, wenn n, die Anzahl der Stützstellen, über alle Grenzen wächst, so geht die Schrittweite h gegen null. Somit geht für ein konvergentes Verfahren der **globale** Fehler F_g gegen null und die Folge der Näherungslösungen konvergiert gegen die exakte Lösung des Anfangswertproblems. Die Berechnung von F_g ist aber, wenn die exakte Lösung nicht bekannt ist, nicht einfach. Deshalb geben wir noch ein einfaches hinreichendes Kriterium für die Konvergenz an.

Satz 6.1

Die rechte Seite $f(t,y)$ in (6.1) erfülle in einem Rechteck

$$P := \{(t,y) \mid |t - t_0| \leq a, \ |y - y_0| \leq b, a, b \in \mathbb{R}\},$$

folgende Voraussetzungen: Für das

1. EULER-*Verfahren*: Die partiellen Ableitungen erster Ordnung von $f(t,y)$ nach t und y existieren und sind stetig.

2. HEUN-*Verfahren*: Die partiellen Ableitungen zweiter Ordnung von $f(t,y)$ nach t und y existieren und sind stetig.

3. RUNGE-KUTTA-*Verfahren*: Die partiellen Ableitungen vierter Ordnung von $f(t,y)$ nach t und y existieren und sind stetig.

Dann konvergieren die Näherungslösungen der genannten Verfahren für die Schrittweite $h \to 0$ zur exakten Lösung des Anfangswertproblems.

Die Voraussetzungen von Satz 6.1 sind Verschärfungen der Voraussetzungen des Existenz- und Eindeutigkeitsatzes 2.1, d. h. sind die Voraussetzungen von Satz 6.1 erfüllt, so besitzt das Anfangswertproblem (6.6) mit $f(t,y) = t^2 + y^2$ eine eindeutige Lösung. Die partiellen Ableitungen erster und zweiter Ordnung lauten: $f_t(t,y) = 2t$, $f_y(t,y) = 2y$, $f_{tt}(t,y) = 2$, $f_{yy}(t,y) = 2$, $f_{ty}(t,y) = f_{yt}(t,y) = 0$. Alle partiellen Ableitungen höherer Ordnung sind gleich null. Somit sind die Voraussetzungen von Satz 6.1 erfüllt und die Näherungen in den Beispielen 6.1 bis 6.3 konvergieren für h gegen null gegen die exakte Lösung des Anfangswertproblems (6.6).

Da wir jedoch nur endlich viele Rechenschritte ausführen können, besteht die Anwendung des Satzes 6.1 darin, eine Toleranzgrenze vorzugeben, die der globale Fehler nicht überschreiten soll und daraus die Schrittweite zu bestimmen. Die Schrittweitensteuerung ist eines der zentralen Probleme der numerischen Mathematik und kann hier nicht annähernd erschöpfend behandelt werden. Deshalb nur einige Faustregeln:

- Aus (6.18) folgt: $\Phi(t_i,y_i,h) = \dfrac{y_{i+1} - y_i}{h}$, $(i = 0,\ldots,n-1)$ ist der Anstieg der Sekante durch die Punkte (t_i,y_i) und (t_{i+1},y_{i+1}). Damit das numerische Verfahren dem Richtungsfeld der Differenzialgleichung folgt, muss gelten: $\Phi(t_i,y_i,h) \approx y'(t_i) = f(t_i,y(t_i))$. Dies kann man durch Änderung der Schrittweite nach den einzelnen Iterationsschritten erreichen und zwar verkleinert man für große Werte von $|\Phi(t_i,y_i,h)|$ die Schrittweite, während man sie für kleine $|\Phi(t_i,y_i,h)|$ evtl. vergrößern kann.

- Für das RUNGE-KUTTA-*Verfahren* kann folgende Regel verwendet werden: Ist die Ungleichung

$$\left|\frac{k_{2i} - k_{3i}}{k_{1i} - k_{2i}}\right| < 0.1 \qquad\qquad (6.20)$$

nicht erfüllt, so sollte zu einer kleineren Schrittweite übergegangen werden. Da die Werte für k_{ji}, $(j = 1,\ldots,4)$ bei jedem Iterationsschritt berechnet werden, kann die Ungleichung (6.20) ständig überprüft und gegebenenfalls die Schrittweite geändert werden.

Für den zweiten Iterationsschritt im Beispiel 6.3 ergibt sich:

$$\left|\frac{k_{2i} - k_{3i}}{k_{1i} - k_{2i}}\right| = \left|\frac{0.5735 - 0.5968}{0.2517 - 0.5735}\right| \approx 0.07 < 0.1.$$

Eine Schrittweitenverkleinerung ist hier nicht erforderlich.

6

6.5 Annäherungsversuche

Kontrollfragen

- Erläutern Sie die Begriffe (äquidistante) Stützstellen und Schrittweite!
- Worin besteht das Prinzip des Euler-Verfahrens?
- Geben Sie eine geometrische Interpretation des Euler-Verfahrens an!
- Welcher Unterschiede gibt es zwischen dem Euler-und dem Heun-Verfahren?
- Erläutern Sie das Runge-Kutta-Verfahren!
- Wie ist der globale Fehler definiert?
- Was versteht man unter einem Einschrittverfahren?
- Wann nennt man ein Einschrittverfahren konvergent?
- Geben Sie Konvergenzbedingungen von konkreten Einschrittverfahren an!

Aufgaben

6.1 Weisen Sie nach, dass man durch Anwendung des Euler-Verfahrens, des Heun-Verfahrens bzw. des Runge-Kutta-Verfahrens auf das Anfangswertproblem $y' = a$, $y(t_0) = y_0$, $t \in [t_0, t_0 + T]$, $a \in \mathbb{R}$ stets die exakte Lösung erhält.

6.2   Leiten Sie die Rechteckregel bzw. die Trapezregel der numerischen Integration her, indem Sie auf das Anfangswertproblem $y' = f(t)$, $y(t_0) = 0$ das Euler-Verfahren bzw. das Heun-Verfahren anwenden.

6.3   Wenden Sie auf das Anfangswertproblem $y' = -ay$, $y(0) = 1$, $a > 0$ das Euler-Verfahren an. Für welche Schrittweiten h gilt für mit diesem Verfahren erzeugten Näherungen $\lim_{t \to \infty} y_n = 0$?

6.4   Berechnen Sie für das Anfangswertproblem $y' = y$, $y(0) = 1$ die exakte Lösung $y(t)$ sowie die mit dem Euler-Verfahren erzeugte Näherungslösung y_n. Zeigen Sie, dass bei $h \to 0$ für jeden fixierten Punkt $t > 0$ die Beziehung $\lim_{n \to \infty} y_n = y(t)$ gilt.

6.5   Das Einschrittverfahren (6.18) besitze eine Verfahrensfunktion der Gestalt

$$\Phi(t,y,h) = \alpha f(t,y) + \beta f(t + h, y + h f(t,h)).$$

Für welches Zahlenpaar (α, β) erhält man

- das Euler-Verfahren
- das Heun-Verfahren?

7 Lösung gewöhnlicher Differenzialgleichungen mit MAPLE

7.1 Vorbemerkungen

Dieses Buch liefert nur einen Einstieg in die Behandlung gewöhnlicher Differenzial-gleichungen mit MAPLE. Weiterführende Darlegungen findet man in [10] oder [17]. Das Mathematik-Softwaresystem MAPLE ist an vielen Universitäten und Hochschulen für die Studenten nutzbar. In diesem Buch wurde mit der Version 9.5 von MAPLE gearbeitet. Die Vorteile von MAPLE bestehen in

- der analytischen Lösung von Aufgaben durch symbolische Rechnungen (Formelmanipulation),
- sehr weitgehenden Vereinfachungen durch das Kommando simplify,
- numerischen Rechnungen mit hoher Genauigkeit,
- zwei- und dreidimensionalen Visualisierungen mithilfe eines umfangreichen Grafikprogramms.

Nach dem Start von MAPLE öffnet sich eine Arbeitsfläche (Worksheet), in welcher geschrieben und gerechnet wird. In der elektronischen Hilfe findet man auch durchgerechnete Beispiele, die problemlos nachvollzogen werden können.

Auf der Arbeitsfläche ist nach dem Zeichen > eine ausführbare Anweisung einzugeben. Diese wird stets mit ; und Enter abgeschlossen. MAPLE wertet daraufhin die Eingabe aus, führt Berechnungen durch und zeigt das Ergebnis an. Statt ; darf auch : am Ende einer Eingabe stehen. In diesem Falle wird die Berechnung ebenso ausgeführt, das Resultat wird aber nicht am Bildschirm angezeigt. Mit #Text kann eine Kommentarzeile eingefügt werden. Ferner benötigen wir noch den Zuweisungsoperator := beispielsweise $a := 1$.

Man kann in MAPLE mehrere Arbeitsflächen gleichzeitig laden. Jede Arbeitsfläche wird in einem eigenen Fenster angezeigt. Hierbei ist aber Folgendes zu beachten: Hat man auf einer Arbeitsfläche eine Variable definiert, so gilt diese auch für alle anderen geöffneten Arbeitsflächen als definiert, was zu Problemen führen kann. Deshalb ist es sinnvoll, bei Aufschlagen einer neuen Arbeitsfläche in der ersten Zeile den Befehl restart: einzugeben. Damit werden alle vorherigen Einstellungen gelöscht und MAPLE verhält sich wie nach einem Neustart. Zusätzliche Programmpakete werden durch das Kommando with() : geladen.

Wir stellen die wichtigsten Kommandos und Programmpakete noch einmal in Tabellenform zusammen:

Tabelle 7.1: Wichtige MAPLE-Kommandos und Operatoren

Eingabe	Bedeutung
;	beendet eine Eingabe mit Anzeige des Ergebnisses
:	beendet eine Eingabe ohne Anzeige des Ergebnisses
#	Zeile wird von MAPLE ignoriert
:=	Zuweisungsoperator
=	Gleichheitsoperator zur Formulierung von Gleichungen
>, >=	Größer-, Größer-Gleich-Operator
<, <=	Kleiner-, Kleiner-Gleich-Operator
%	Zugriff auf das letzte Ergebnis

Tabelle 7.2: Rechenoperationen

Rechenoperation	übliche Darstellung	Eingabe in MAPLE
Addition	$a + b$	a + b
Subtraktion	$a - b$	a - b
Multiplikation	$a \cdot b$	a * b
Division	$\dfrac{a}{b}$	a/b
Potenzieren	a^b	a^b
Radizieren (Quadratwurzel)	$\sqrt{a}$	sqrt(a)
Radizieren (n-te Wurzel)	$\sqrt[n]{a^m}$	a^(m/n)
Logarithmieren (Basis a)	$\log_a b$	log[a](b)
Logarithmieren (Basis e)	$\ln b$	ln(b)

Tabelle 7.3: Elementare Funktionen

Funktion	übliche Darstellung	Eingabe in MAPLE
Potenzfunktion	t^n	t^n
Wurzelfunktion (Quadratwurzel)	$\sqrt{t}$	sqrt(t)
Wurzelfunktion (n-te Wurzel)	$\sqrt[n]{t}$	t^(1/n)
Exponentialfunktion (Basis e)	e^t	exp(t)
Logarithmusfunktion (Basis e)	$\ln t$	ln(t)
Sinusfunktion	$\sin t$	sin(t)
Kosinusfunktion	$\cos t$	cos(t)
Tangensfunktion	$\tan t$	tan(t)
Arkussinusfunktion	$\arcsin t$	arcsin(t)
Arkuskosinusfunktion	$\arccos t$	arccos(t)
Arkustangensfunktion	$\arctan t$	arctan(t)

7

Tabelle 7.4: Wichtige Programmpakete

Programmpaket	Aufruf
Lineare Algebra	with(linalg):
Grafikpaket	with(plots):
Erweitertes Grafikpaket	with(plottools):
Grafikpaket für Differenzialgleichungen	with(DEtools):
Integraltransformationen	with(inttrans):

Überblick über die benötigten Datentypen

Folgen sind Aufzählungen, die durch das Kommando seq eingegeben werden, z. B. seq($t = n * 0.2, n = 0..10$);. Der erste Parameter enthält eine Vorschrift (Folge oder Funktion), der zweite den zulässigen Wertebereich. Folgen können nicht verschachtelt werden, d. h. ein Element einer Folge kann nicht selbst wieder eine Folge sein.

In MAPLE sind die Datentypen **Mengen** und **Listen** zu unterscheiden. Eine Menge ist eine Aufzählung von Elementen, um die geschweifte Klammern gesetzt werden, während bei einer Liste die Elemente in eckigen Klammern stehen. Die Eingabe einer Menge erfolgt also durch me $:= \{a, b, c\}$;, die einer Liste durch li $:= [a, b, c]$;. Listen und Mengen kann man verschachteln, d. h. einzelne Elemente einer Liste bzw. Menge sind ihrerseits wieder Listen bzw. Mengen. In Mengen werden mehrfach auftretende Elemente eliminiert und MAPLE ändert die Reihenfolge der Elemente, was bei Listen nicht der Fall ist. Deshalb kann die Mengenschreibweise nur dann verwendet werden, wenn die Reihenfolge der Elemente unwesentlich ist.

Der Datentyp **Feld** wird mit array erzeugt. Dem Kommando folgt in der Regel eine verschachtelte Liste von Elementen. Wir verwenden Felder, um Wertetabellen zu erzeugen. Beispielsweise liefert array($[$seq($[t = n * 0.2, (n * 0.2)^2], n = 0..10$)$]$); eine Tabelle von elf Funktionswerten für die Funktion $g(t) = t^2$ im Intervall $[0, 2]$. Dabei beträgt die Schrittweite $h = 0.2$.

Zur Weiterverwendung von schon berechneten Lösungen einer Differenzialgleichung ist aus der Lösung durch das Kommando unapply(rhs(%),t); eine neue Funktion zu erzeugen. Dabei bedeutet rhs(%), dass auf die rechte Seite (rhs–right side) des letzten Ergebnisses zugegriffen wird.

Durch das Kommando subs wird eine Variable mit einem festen Wert belegt. So liefert subs($t = 1.6, t^2$); den Funktionswert von $g(t) = t^2$ an der Stelle $t = 1.6$.

Zur grafischen Darstellung von Funktionen einer Variablen verwendet man das Kommando

```
plot(f(t),t=a..b, Optionen)
```

Mit der Funktionsvorschrift ist stets der Definitionsbereich einzugeben. Wir geben die im Weiteren verwendeten Optionen an:

scaling=: Gibt die Skalierung der Achsen an. Zur Verfügung stehen unconstrained (ist voreingestellt, führt aber oft zu Verzerrungen) und constrained (gleicher Maßstab auf beiden Achsen).

thickness=n: Zum Einstellen der Liniendicke. Als Parameter n ist eine natürliche Zahl einzugeben. Je größer n, desto dicker die Linie.

color=farbe: Zur Farbangabe. Als Farbe wurde bei den folgenden Beispielen wegen der besseren Druckqualität stets schwarz gewählt.

axes=: Bestimmt das Aussehen der Kooordinatenachsen. Zur Verfügung stehen die Optionen:

normal: Die Achsen gehen durch den Koordinatenursprung,

`frame`: Die Achsen befinden sich in der linken unteren Ecke der Grafik,

`boxed`: Die Grafik wird vollständig umrahmt,

`none`: Keine Anzeige von Achsen.

Im Weiteren werden einige Musterbeispiele zur Lösung von Differenzialgleichungen mit MAPLE ausführlich dargelegt. Dabei geben die Kommentarzeilen mit # in der MAPLE-Lösung Erläuterungen zum letzten ausgeführten MAPLE-Schritt. Die Kommentarzeilen mit ## kennzeichnen den den jeweiligen Lösungsschritt. Im Beispiel 7.1 ist zu jedem MAPLE-Schritt eine ausführliche Kommentarzeile angefügt, in den weiteren Beispielen nur für erstmals verwendete MAPLE-Kommandos.

Im Detail gibt es sicher noch andere Lösungsvarianten, sodass diese Beispiele geeignet sind, um die Möglichkeiten von MAPLE auszuloten.

7.2 Lösung einer skalaren gewöhnlichen Differenzialgleichung

Das MAPLE-Kommando zur Lösung von Differenzialgleichungen heißt `dsolve`. Für eine skalare Differenzialgleichung mit der gesuchten Funktion $y(t)$ erfolgt die Eingabe mit

    dsolve(dg, y(t), Optionen).

Anstelle von `dg` wird die Differenzialgleichung eingesetzt. Dabei ist zu beachten, dass die unbekannte Funktion stets als Funktion erkennbar sein muss, d.h. in der Form $y(t)$ geschrieben werden muss. Die Ableitungen können wahlweise mit `diff` oder `D` gebildet werden. Die gesuchte Funktion steht nochmals an zweiter Stelle im Argument von `dsolve`. Folgende Optionen sind verwendbar:

`explicit`: MAPLE versucht, die allgemeine Lösung symbolisch, d.h. durch eine Funktion in t darzustellen. Diese Ausgabe erfolgt in der Regel auch, wenn keine Option angegeben ist, allerdings kann unter Umständen auch das allgemeine Integral ausgegeben werden.

`series`: MAPLE gibt als Lösung ein Näherungspolynom mit Restglied an, wobei die Koeffizienten des Polynoms i. Allg. noch von der Lösung in einem fixierten Punkt abhängen.

`output=basis`: Diese Option ist nur für **skalare lineare** Differenzialgleichungen verwendbar. MAPLE gibt in diesem Falle ein Fundamentalsystem und eine spezielle Lösung als Liste aus, wobei das Fundamentalsystem ebenfalls als Liste ausgegeben wird.

Ist ein Anfangswertproblem gegeben, so sind die Differenzialgleichung und das System der Anfangsbedingungen als Menge zu schreiben.

    dsolve({dg,ab}, y(t), Optionen).

7

Die obigen Optionen erzeugen folgende Ausgaben:

`explicit`: Gibt die Lösung des Anfangswertproblems an.

`series`: Die Koeffizienten des Näherungspolynoms sind jetzt durch Verarbeitung der Anfangsbedingungen eindeutig bestimmte Zahlenwerte.

`output=basis`: Ist nicht für Anfangswertprobleme verwendbar.

Für Anfangswertprobleme sind noch weitere Optionen möglich:

`method=laplace`: MAPLE ermittelt die Lösung über die Laplace-Transformation.

`numeric`: MAPLE gibt die numerische Lösung in Form einer Wertetabelle aus.

`odeplot`: MAPLE gibt eine grafische Darstellung der numerischen Lösung aus. Dieses Kommando ist **nur für numerische Lösungen** verwendbar. Wird die Grafik zu eckig, so kann diese mit der Vergrößerung der Zahl n in der Option `numpoints=n` geglättet werden. Man schreibt dann `odeplot(numpoints=n);`.

Eine numerische Lösung bzw. die grafische Darstellung einer symbolischen oder numerischen Lösung sind nur möglich, wenn allen Konstanten in der Differenzialgleichung spezielle Werte zugewiesen werden.

Beispiel 7.1

> Bestimmen Sie die allgemeine Lösung, ein Fundamentalsystem und eine spezielle Lösung der linearen inhomogenen Differenzialgleichung erster Ordnung $y' + ky = \sin at$. Lösen Sie das Anfangswertproblem für die Anfangsbedingung $y(0) = 10$, einmal mit der Option `explicit` und zum anderen mit `method=laplace`. Berechnen Sie die numerische Lösung des Anfangswertproblems für $k = 2$ und $a = 1$. Stellen Sie die exakte und die numerische Lösung des Anfangswertproblems grafisch dar.

Lösung:

```
>   restart:
>   # Löschen von bestehenden Belegungen
>   with(DEtools): with(plots): with(inttrans):
>   # Laden der benötigten Pakete
>   dg:=diff(y(t),t)+k*y(t)=sin(a*t):
>   # Kurzbezeichnung für die Differenzialgleichung
>   ## 1. Allgemeine Lösung
>   dsolve(dg,y(t),explicit);
```

$$y(t) = e^{(-kt)} \_C1 - \frac{a\cos(at) - \sin(at)k}{k^2 + a^2}$$

```
>   # In der allgemeinen Lösung bezeichnet _C1 die
>   Integrationskonstante.
>   ## 2. Fundamentalsystem und eine spezielle Lösung
>   dsolve(dg,y(t),output=basis);
```

$$[[e^{(-kt)}], \frac{-a\cos(at) + \sin(at)k}{k^2 + a^2}]$$

```
>  # Ausgabe des Fundamentalsystems und der speziellen Lösung als
>  Liste mit dem Fundamentalsystem als Unterliste.
>  ## 3. Lösung des Anfangswertproblems mit der Option explicit
>  ls:=dsolve({dg,y(0)=10},y(t),explicit);
```

$$ls := y(t) = \frac{e^{(-kt)}(a + 10k^2 + 10a^2)}{k^2 + a^2} - \frac{a\cos(at) - \sin(at)k}{k^2 + a^2}$$

```
>  # Differenzialgleichung und Anfangsbedingung sind als Menge zu
>  schreiben.
>  ## 4. Lösung des Anfangswertproblems mittels
>  Laplace-Transformation
>  dsolve({dg,y(0)=10},y(t),method=laplace);
```

$$y(t) = \frac{\sin(at)k + (a + 10k^2 + 10a^2)e^{(-kt)} - a\cos(at)}{k^2 + a^2}$$

```
>  # Beide Optionen liefern das gleiche Ergebnis.
>  ## 5. Grafische Darstellung der exakten Lösung
>  z:=unapply(rhs(%),t);
```

$$z := t \rightarrow \frac{\sin(at)k + (a + 10k^2 + 10a^2)e^{(-kt)} - a\cos(at)}{k^2 + a^2}$$

```
>  # Erzeugung einer neuen Funktion z(t) aus y(t) mit unapply.
>  # Zugriff auf rechte Seite des letzten Ergebnisses mit rhs(%)
>  k:=2: a:=1:
>  # Belegung der Parameter
>  plot(z(t),t=0..2,thickness=4,color=black);
```

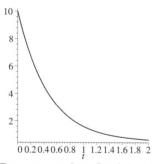

```
>  # Erzeugung der Grafik mit plot. Dabei sind Funktion und
>  Definitionsbereich anzugeben.
>  ## 6. Numerische Lösung
>  f:=dsolve({dg,y(0)=10},y(t),numeric);
```

$$f := \mathbf{proc}(x\_rkf45) \dots \mathbf{end\ proc}$$

```
>  # Ergebnis von dsolve bei der Option numeric ist eine Prozedur.
```

```
> array([seq([t=n*0.2,y=subs(f(n*0.2),y(t))],n=0..10)]);
```

$$
\begin{bmatrix}
t = 0. & y = 10. \\
t = 0.2 & y = 6.72071820225237371 \\
t = 0.4 & y = 4.55470976320860643 \\
t = 0.6 & y = 3.13296987986182929 \\
t = 0.8 & y = 2.20694465132381534 \\
t = 1.0 & y = 1.60894702693989244 \\
t = 1.2 & y = 1.22566655958248494 \\
t = 1.4 & y = 0.980448578727170505 \\
t = 1.6 & y = 0.821443408291030131 \\
t = 1.8 & y = 0.713681131117890666 \\
t = 2.0 & y = 0.633767609528300579
\end{bmatrix}
$$

```
> # Mit array wird die Folge seq als Wertetabelle angezeigt.
> ## 7. Grafische Darstellung der numerischen Lösung
> odeplot(f,[t,y(t)],0..2,thickness=4,color=black);
```

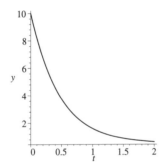

Die Grafiken der symbolischen und der numerischen Lösung stimmen überein, wobei odeplot nur für die Darstellung der numerischen Lösung verwendbar ist.   ■

MAPLE kommt auch mit der Lösung von Differenzialgleichungen höherer Ordnung zurecht.

Beispiel 7.2

> Bestimmen Sie die allgemeine Lösung, ein Fundamentalsystem und eine spezielle Lösung der linearen inhomogenen Differenzialgleichung vierter Ordnung $y^{(4)} + ky'' + my = \sin at$ für beliebige reelle k, m, a und für den Spezialfall $k = 5$, $m = -36$ und $a = 1$. Lösen Sie für diese Parameterwerte k, m, a das Anfangswertproblem mit den Anfangsbedingungen $y(0) = 1$, $y'(0) = 0$, $y''(0) = 1$, $y'''(0) = 0$, einmal mit der Option explicit und zum anderen mit method=laplace. Berechnen Sie die numerische Lösung des Anfangswertproblems und stellen Sie diese sowie die exakte Lösung grafisch dar.

Lösung:

```
> restart:
> with(DEtools):with(plots):with(inttrans):
> dg:=D(D(D(D(y))))(t)+k*D(D(y))(t)+m*y(t)=sin(a*t):
> dg1:=D(D(D(D(y))))(t)+5*D(D(y))(t)-36*y(t)=sin(t):
> ab:=y(0)=1,D(y)(0)=0,D(D(y))(0)=1,D(D(D(y)))(0)=0:
> ## 1. Allgemeine Lösung für dg
> dsolve(dg,y(t));
```

$$y(t) = \frac{4\,(k^2 - 4\,m)\sin(a\,t)}{(-k^2 + 4\,m)\,(k + \sqrt{k^2 - 4\,m} - 2\,a^2)\,(-k + \sqrt{k^2 - 4\,m} + 2\,a^2)}$$

$$+ \_C1\,e^{\left(\frac{\sqrt{-2k-2\sqrt{k^2-4m}}\,t}{2}\right)} + \_C2\,e^{\left(-\frac{\sqrt{-2k+2\sqrt{k^2-4m}}\,t}{2}\right)} + \_C3\,e^{\left(-\frac{\sqrt{-2k-2\sqrt{k^2-4m}}\,t}{2}\right)}$$

$$+ \_C4\,e^{\left(\frac{\sqrt{-2k+2\sqrt{k^2-4m}}\,t}{2}\right)}$$

```
> ## 2. Fundamentalsystem und eine spezielle Lösung für dg
> dsolve(dg,y(t),output=basis);
```

$$\left[\left[e^{\left(\frac{\sqrt{-2k-2\sqrt{k^2-4m}}\,t}{2}\right)}, e^{\left(-\frac{\sqrt{-2k+2\sqrt{k^2-4m}}\,t}{2}\right)}, e^{\left(-\frac{\sqrt{-2k-2\sqrt{k^2-4m}}\,t}{2}\right)}, e^{\left(\frac{\sqrt{-2k+2\sqrt{k^2-4m}}\,t}{2}\right)}\right],\right.$$

$$\left.\frac{\sin(a\,t)}{-k\,a^2 + m + a^4}\right]$$

```
> ## 3. Allgemeine Lösung für dg1
> dsolve(dg1,y(t));
```

$$y(t) = -\frac{1}{40}\sin(t) + \_C1\,e^{(-2t)} + \_C2\,e^{(2t)} + \_C3\sin(3t) + \_C4\cos(3t)$$

```
> ## 4. Fundamentalsystem und eine spezielle Lösung für dg1
> dsolve(dg1,y(t),output=basis);
```

$$\left[\left[e^{(-2t)}, e^{(2t)}, \sin(3t), \cos(3t)\right], -\frac{1}{40}\sin(t)\right]$$

```
> ## 5. Lösung des Anfangswertproblems für dg1 mit der Option
> explicit
> dsolve({dg1,ab},y(t),explicit);
```

$$y(t) = -\frac{1}{40}\sin(t) + \frac{99}{260}\,e^{(-2t)} + \frac{101}{260}\,e^{(2t)} + \frac{1}{312}\sin(3t) + \frac{3}{13}\cos(3t)$$

```
> ## 6. Lösung des Anfangswertproblems für dg1 mittels
> Laplace-Transformation
> dsolve({dg1,ab},y(t),method=laplace);
```

$$y(t) = -\frac{1}{40}\sin(t) + \frac{99}{260}\,e^{(-2t)} + \frac{101}{260}\,e^{(2t)} + \frac{1}{312}\sin(3t) + \frac{3}{13}\cos(3t)$$

```
> ## 7. Grafische Darstellung der exakten Lösung
> z:=unapply(rhs(%),t);
```

7

$$z := t \rightarrow -\frac{1}{40}\sin(t) + \frac{99}{260}e^{(-2t)} + \frac{101}{260}e^{(2t)} + \frac{1}{312}\sin(3t) + \frac{3}{13}\cos(3t)$$

```
>  plot(z(t),t=0..2,thickness=4,color=black);
```

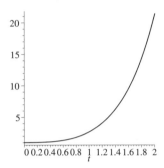

```
>  ## 8. Numerische Lösung
>  f1:=dsolve({dg1,ab},y(t),numeric);
```

$$f1 := \mathbf{proc}(x\_rkf45) \dots \mathbf{end\ proc}$$

```
>  array([seq([t=n*0.2,y=subs(f1(n*0.2),y(t))],n=0..10)]);
```

$$\begin{bmatrix}
t = 0. & y = 1. \\
t = 0.2 & y = 1.02205885160729748 \\
t = 0.4 & y = 1.11250055476950904 \\
t = 0.6 & y = 1.34099715158552812 \\
t = 0.8 & y = 1.81500159048735643 \\
t = 1.0 & y = 2.67285078015080257 \\
t = 1.2 & y = 4.08495824957047926 \\
t = 1.4 & y = 6.27069897232288298 \\
t = 1.6 & y = 9.53747261786269540 \\
t = 1.8 & y = 14.3470504434011890 \\
t = 2.0 & y = 21.4141970553978851
\end{bmatrix}$$

```
>  ## 9. Grafische Darstellung der numerischen Lösung
>  odeplot(f1,[t,y(t)],0..2,thickness=4,color=black);
```

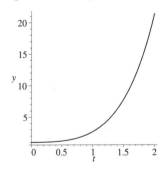

Beispiel 7.3

Bestimmen Sie für die RICCATIsche Differenzialgleichung $y' = t^2 + y^2$ (vgl. Beipiel 2.5, Abschn. 2.2) die allgemeine Lösung und die Lösung des Anfangswertproblems mit der Anfangsbedingung $y(0) = 0$ mittels eines Potenzreihenansatzes. Stellen Sie die Näherungslösung grafisch dar.

Lösung:

```
> restart:
> with(DEtools):with(plots):
> dg:=diff(y(t),t)=t^2+y(t)^2:
> ## 1. Allgemeine Lösung
> dsolve(dg,y(t));
```

$$y(t) = -\frac{t\,(\_C1\,\text{BesselJ}(\frac{-3}{4}, \frac{t^2}{2}) + \text{BesselY}(\frac{-3}{4}, \frac{t^2}{2}))}{\_C1\,\text{BesselJ}(\frac{1}{4}, \frac{t^2}{2}) + \text{BesselY}(\frac{1}{4}, \frac{t^2}{2})}$$

```
> # Ausgabe in (nichtelementaren) Besselfunktionen
> ## 2. Lösung des Anfangswertproblems mit Potenzreihenansatz
> Order:=13:
> # Anzahl der Terme in der Potenzreihenentwicklung (Restglied
> enthält 12. Potenz von t)
> f:=dsolve({dg,y(0)=0},y(t),series);
```

$$f := y(t) = \frac{1}{3}t^3 + \frac{1}{63}t^7 + \frac{2}{2079}t^{11} + O(t^{13})$$

```
> ## 3. Grafische Darstellung der Näherungslösung
> g:=convert(rhs(f),polynom);
```

$$g := \frac{1}{3}t^3 + \frac{1}{63}t^7 + \frac{2}{2079}t^{11}$$

```
> # Umwandlung der Reihe in ein Polynom (Restglied wird
> weggelassen).
> plot(g,t=-1..1,thickness=4,color=black);
```

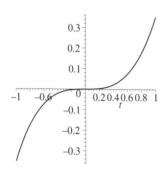

Beispiel 7.4

Die Differenzialgleichung für den freien Fall ohne Berücksichtigung des Luftwiderstandes hat die Form $y'' = -g$, wobei g die Erdbeschleunigung bezeichnet. Ein Körper falle aus einer Höhe von 20 m mit einer Startgeschwindigkeit von 0 m/s. Berechnen Sie den Punkt, in welchem der Körper auf dem Erdboden auftrifft und stellen Sie die Bahnkurve sowie den Geschwindigkeitsverlauf des Körpers grafisch dar.

Lösung:

```
> restart:
```

```
> with(DEtools):with(plots):
```

```
> dg:=D(D(y))(t)=-g:
```

```
> ## 1. Lösung des Anfangswertproblems
```

```
> dsolve({dg,y(0)=20,D(y)(0)=0},y(t));
```

$$y(t) = -\frac{g\,t^2}{2} + 20$$

```
> z:=unapply(rhs(%),t);
```

$$z := t \rightarrow -\frac{1}{2}g\,t^2 + 20$$

```
> g:=9.81:
```

```
> ## 2. Schnittpunkte mit der t-Achse
```

```
> solve(z(t)=0,t);
```

$$-2.019275109, 2.019275109$$

```
> # Die Lösung mit negativem Vorzeichen entfällt.
```

```
> t0:=max(%);
```

$$t0 := 2.019275109$$

```
> ## 3. Bahnkurve und Geschwindigkeitsverlauf
```

```
> plot({z(t),diff(z(t),t$1)},t=0..t0,color=black,thickness=4);
```

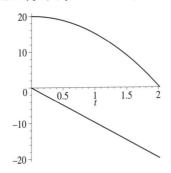

```
> # Eingabe von mehreren Funktionen in einer Grafik als Menge.
```

```
> # Bildung der 1. Ableitung von z(t) mit diff(z(t),t$1).
```

Der Parabelast stellt die Bahnkurve des fallenden Körpers dar. Die Gerade gibt den Geschwindigkeitsverlauf an. Da der Körper nach unten fällt, ist die Geschwindigkeit (1. Ableitung der Funktion $z(t)$) negativ.   ■

7.3 Lösung von Systemen

Das MAPLE-Kommando `dsolve` ist auch in der Lage, einfache Systeme von Differenzialgleichungen zu lösen, in jedem Falle solche mit konstanten Koeffizienten. Man geht wie in den Beispielen 7.1 und 7.2 vor. Dabei sind alle Gleichungen des Systems im ersten Parameter von `dsolve` als Menge, also in geschweiften Klammern, anzugeben. Das System der unbekannten Funktionen wird jetzt ebenfalls als Menge geschrieben.

Für die grafische Darstellung der Lösung hat man mehrere Möglichkeiten.

Darstellung mit `plot` für $n = 2$: Es seien $y_1(t), y_2(t)$, $t \in [t_1, t_2]$ die Koordinatenfunktionen des Lösungsvektors des Systems.

Eingabe: `plot({y1,y2},t=t1..t2,Optionen);`

Ausgabe: Beide Koordinatenfunktionen erscheinen in einer Grafik.

Eingabe: `plot([y1,y2,t=t1..t2],Optionen);`

Ausgabe Eine Phasenkurve (vgl. Abschn. 5.3) in der y_1, y_2-Ebene.

Darstellung mit `odeplot` für $n = 2$: Sei f das Ergebnis von `dsolve` bei der Option `numeric`.

Eingabe: `odeplot(f,[t,yi(t)],t1..t2):,(i=1,2) display(p1,p2);`

Ausgabe: Beide Koordinatenfunktionen erscheinen in einer Grafik.

Eingabe: `odeplot(f,[y(t),y2], t1..t2,Optionen);`

Ausgabe: Eine Phasenkurve in der y_1, y_2-Ebene.

Eingabe: `odeplot(f,[t,y1(t),y2], t1..t2,Optionen);`

Ausgabe: Dreidimensionale Darstellung der Lösung als Raumkurve.

Ansonsten ist die Vorgehensweise analog zu den Beispielen 7.1 und 7.2.

Beispiel 7.5

Bestimmen Sie die allgemeine Lösung des linearen homogenen Systems erster Ordnung $y_1' = y_2$, $y_2' = -\omega^2 y_1$. Lösen Sie das Anfangswertproblem für die Anfangsbedingungen $y_1(0) = 1, y_2(0) = 2$, einmal mit der Option `explicit` und zum anderen mit `laplace`. Berechnen Sie die numerische Lösung des Anfangswertproblems für $\omega = 1$. Stellen Sie die exakte und die numerische Lösung des Anfangswertproblems grafisch dar.

Lösung:

```
>  restart:
>  with(DEtools):with(plots):with(inttrans):
>  sy:=D(y1)(t)=y2(t),D(y2)(t)=-omega^2*y1(t):
>  ## 1. Allgemeine Lösung
>  dsolve({sy},{y1(t),y2(t)},explicit);
```

$$\{y1(t) = \_C1\sin(\omega t) + \_C2\cos(\omega t), y2(t) = -\omega(-\_C1\cos(\omega t) + \_C2\sin(\omega t))\}$$

```
>  ## 2. Lösung des Anfangswertproblems mit der Option explicit
>  lsg:=dsolve({sy,y1(0)=1,y2(0)=2},{y1(t),y2(t)},explicit);
```

$$lsg := \{y1(t) = \frac{2\sin(\omega t)}{\omega} + \cos(\omega t), y2(t) = -\omega(-\frac{2\cos(\omega t)}{\omega} + \sin(\omega t))\}$$

```
>  ## 3. Lösung des Anfangswertproblems
>  mittels Laplace-Transformation
>  dsolve({sy,y1(0)=1,y2(0)=2},{y1(t),y2(t)},method=laplace);
```

$$\{y2(t) = 2\cos(\omega t) - \omega\sin(\omega t), y1(t) = \frac{2\sin(\omega t)}{\omega} + \cos(\omega t)\}$$

```
>  ## 4. Grafische Darstellung der exakten Lösung (1. Möglichkeit)
>  z1:=subs(lsg,y1(t));
```

$$z1 := \frac{2\sin(\omega t)}{\omega} + \cos(\omega t)$$

```
>  z2:=subs(lsg,y2(t));
```

$$z2 := -\omega(-\frac{2\cos(\omega t)}{\omega} + \sin(\omega t))$$

```
>  omega:=1:
>  plot({z1,z2},t=0..4*Pi,thickness=4,color=black);
```

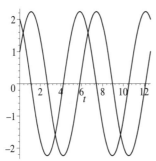

```
>  #y1(t) geht durch den Punkt (0,1), y2(t) durch den Punkt (0,2)
>  hindurch.
>  ## 5. Grafische Darstellung der exakten Lösung (2. Möglichkeit)
>  plot([z1,z2,t=0..2*Pi],thickness=4,color=black,
>  scaling=constrained);
```

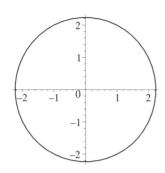

> # Eingabe einer Funktion in Parameterdarstellung als Liste

> # Darstellung einer Phasenkurve in der z1,z2-Ebene.

> ## 6. Numerische Lösung

> f:=dsolve({sy,y1(0)=1,y2(0)=2},{y1(t),y2(t)},numeric);

$$f := \mathbf{proc}(x\_rkf45) \dots \mathbf{end\ proc}$$

> array([seq([t=n*0.2,y1=subs(f(n*0.2),y1(t)),
> y2=subs(f(n*0.2),y2(t))], n=0..10)]);

$$
\begin{bmatrix}
t = 0. & y1 = 1. & y2 = 2. \\
t = 0.2 & y1 = 1.37740526486478320 & y2 = 1.76146386743119754 \\
t = 0.4 & y1 = 1.69989780005494672 & y2 = 1.45270368548650941 \\
t = 0.6 & y1 = 1.95462079428199975 & y2 = 1.08602878250131551 \\
t = 0.8 & y1 = 2.13141920330915280 & y2 = 0.676057357662123048 \\
t = 1.0 & y1 = 2.22324463504212533 & y2 = 0.239133650223186416 \\
t = 1.2 & y1 = 2.22643629935520293 & y2 = -0.207323560398180562 \\
t = 1.4 & y1 = 2.14086698183716173 & y2 = -0.645515544096721294 \\
t = 1.6 & y1 = 1.96994807754481017 & y2 = -1.05797280280681760 \\
t = 1.8 & y1 = 1.72049355331640297 & y2 = -1.42825207761461859 \\
t = 2.0 & y1 = 1.40244833626903254 & y2 = -1.74159153624122199
\end{bmatrix}
$$

> ## 7. Grafische Darstellung der numerischen Lösung (1.
> Möglichkeit)

> p1:=odeplot(f,[t,y1(t)],0..4*Pi, thickness=4,color=black):

> p2:=odeplot(f,[t,y2(t)],0..4*Pi, thickness=4,color=black):

> display(p1,p2);

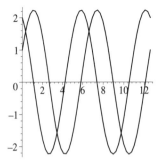

```
>  # display überlagert die Eizelgrafiken p1,p2 zu einer neuen
>  Grafik.
>  ## 8. Grafische Darstellung der numerischen Lösung (2.
>  Möglichkeit)
>  odeplot(f,[y1(t),y2(t)],0..2*Pi,thickness=4,color=black,
>  numpoints=500,scaling=constrained);
```

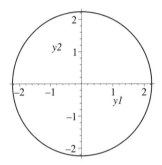

```
>  # Darstellung einer Phasenkurve in der y1,y2-Ebene.
>  ## 9. Grafische Darstellung der numerischen Lösung (3.
>  Möglichkeit)
>  odeplot(f,[t,y1(t),y2(t)],0..4*Pi,thickness=4,color=black,
>  numpoints=500,axes=normal);
```

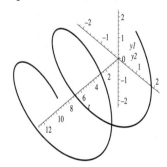

```
>  #Darstellung der Lösung als Raumkurve.
```

Die Graphen der exakten Lösung und der numerischen Lösung stimmen überein. ∎

7.4 Grafische Lösung von Differenzialgleichungen

Bisher haben wir eine mit `dsolve` berechnete Lösung grafisch dargestellt. Das Paket `DEtools` enthält jedoch Kommandos, mit denen Lösungen von Differenzialgleichungen, ohne sie vorher zu ermitteln, grafisch dargestellt werden. Somit haben wir die Möglichkeit, auch wenn das Kommando `dsolve` kein Ergebnis liefert, grafische Lösungen von Differenzialgleichungen zu erhalten. Dies ist für nichtlineare Differenzialgleichungen und nichtlineare Systeme von Bedeutung.

Tabelle 7.5: Wichtige Kommandos im Paket `DEtools`

Eingabe	Bedeutung
`dfieldplot`	zeichnet Phasenebene (Richtungsfeld) mit Pfeilen
`phaseportrait`	zeichnet Phasenebene und Phasenkurven
`DEplot`	zeichnet Phasenebene und Phasenkurven

Das Richtungsfeld oder die Phasenebene zeichnet man mit `dfieldplot`. Sind außerdem Phasenkurven zu zeichnen, so arbeitet man mit `phaseportrait` oder `DEplot`. In diesem Falle sind Anfangsbedingungen einzugeben. Dies ist als Liste oder als Folge `seq(Bildungsgesetz, Definitionsbereich)`, wobei die Folge als Menge einzugeben ist, möglich.

Bei allen drei Kommandos wird die gesuchte Funktion $y(t)$ als Liste eingegeben. Als Optionen für die Form der Pfeile (arrows) stehen `THICK,THIN,SLIM` zur Verfügung, für die Kommandos `phaseportrait` und `DEplot` sind außerdem noch die Optionen `LINE` (Pfeile ohne Spitze) und `NONE` (Herausnahme der Pfeile, falls die Grafik sonst zu unübersichtlich wird) sinnvoll.

Mit `color=farbe` wird die Farbe der Pfeile angegeben, während `linecolor=farbe` die Farbe der Phasenkurven einstellt.

Die Option `dirgrid=[,]` (Voreinstellung `dirgrid=[20,20]`) gestattet es, die Anzahl der Pfeile in der Phasenebene zu verringern.

Die Option `stepsize=n` dient zur Veränderung der Schrittweite beim numerischen Verfahren.

Beispiel 7.6

Skizzieren Sie für die Differenzialgleichung $y' = \cos(y)$ das Richtungsfeld sowie die Phasenkurven für fünf verschiedene Anfangsbedingungen $y(1) = 0$, $y(1) = 1$, $y(1) = -1$, $y(1) = 2$, $y(1) = -2$.

Lösung:

```
>   restart:
```

7

```
> with(DEtools):

> dg:=D(y)(t)=cos(y(t)):

> ## 1. Richtungsfeld

> dfieldplot(dg,[y(t)], t=0..5, y=-4..4,arrows=THICK,color=black);
```

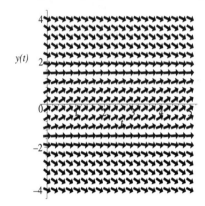

```
> ## 2. Phasenportrait

> phaseportrait(dg,[y(t)],t=0..5,[[y(1)=0],[y(1)=1],[y(1)=-1],

> [y(1)=2],[y(1)=-2]],arrows=THIN, color=black,linecolor=black,

> thickness=4);
```

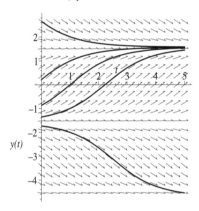

```
> # Lösung geht durch den durch die Anfangsbedingung fixierten

> Punkt hindurch.

> ## 3. Verwendung von DEplot

> DEplot(dg,[y],t=0..5,y=-4..4,{seq([1,n],n=-2..2)

> },y=-4..4,dirgrid=[10,10],arrows=SLIM,

> color=black,linecolor=black,

> thickness=4);
```

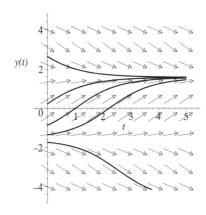

Für Systeme geht man analog wie in Beispiel 7.6 vor, wobei die Eingabe als Liste zu beachten ist.

Beispiel 7.7

Skizzieren Sie für das System $y_1' = \cos(y_1) + y_2$, $y_2' = \cos(y_2) - y_1$ das Richtungsfeld sowie die Phasenkurven für fünf verschiedene Anfangsbedingungen $[y_1(0) = 0, y_2(0) = 0]$, $[y_1(0) = 0, y_2(0) = 0.5]$, $[y_1(0) = 0, y_2(0) = 1.0]$, $[y_1(0) = 0, y_2(0) = 1.5]$, $[y_1(0) = 0, y_2(0) = 2.0]$.

Lösung:

```
> restart:

> with(DEtools):

> sy:=D(y1)(t)=cos(y1(t))+y2(t),D(y2)(t)=cos(y2(t))-y1(t):

> #Richtungsfeld

> dfieldplot([sy],[y1(t),y2(t)],t=0..8,y1=-4..4,y2=-4..4,

> arrows=THICK,color=black);
```

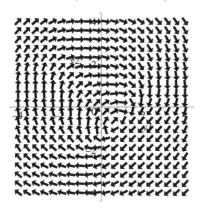

```
> #Phasenportrait
```

```
> phaseportrait([sy],[y1(t),y2(t)],t=0..8,[[y1(0)=0,y2(0)=0],
> [y1(0)=0,y2(0)=0.5],[y1(0)=0,y2(0)=1.0],[y1(0)=0,y2(0)=1.5],
> [y1(0)=0,y2(0)=2.0]],stepsize=0.1,arrows=NONE,color=black,
> linecolor=black,thickness=3);
```

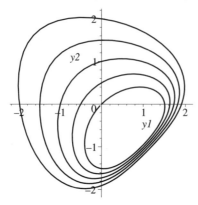

```
> #Verwendung von DEplot
> DEplot([sy],[y1(t),y2(t)],t=0..8,{seq([0,0,n*0.5],n=0..4)},
> stepsize=0.1, color=black,linecolor=black,thickness=3);
```

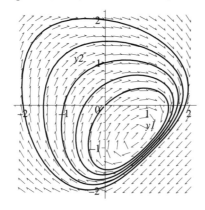

Anhang 1: Lösungen der Modellierungsbeispiele

Die Differenzialgleichungen in den Beispielen 1.4 bis 1.8 sind sowohl vom Typ (1.4) als auch Differenzialgleichungen mit trennbaren Variablen. Außer in Beispiel 1.7 sind die Differenzialgleichungen auch linear. Jedes Beispiel wird nach einer der zulässigen Methoden gelöst. Der Leser berechne als Übungsaufgabe die Lösungen der Beispiele nach anderen möglichen Verfahren.

Lösung von Beispiel 1.4

Wir betrachten (1.14) als Differenzialgleichung vom Typ (1.4). Ihre allgemeine Lösung lautet

$$N(t) = C e^{-kt}.$$

Einsetzen der Anfangsbedingung $N(0) = N_0$ liefert $C = N_0$. Damit ist $N(t) = N_0 e^{-kt}$, die spezielle Lösung, die durch den Punkt $(0, N_0)$ hindurchgeht.

Lösung von Beispiel 1.5

Die Differenzialgleichung in (1.15) sehen wir als Differenzialgleichung mit trennbaren Variablen an und setzen $f_1(t) = -k$ und $f_2(T) = (T + T_u)$ (vgl. (2.6)). Gemäß (2.7) erhält man

$$\int_{T_0}^{T} \frac{d\tau}{\tau + T_u} = -\int_{0}^{t} k ds + \ln |C| \text{ oder } \ln \left| \frac{T + T_u}{C} \right| = -kt.$$

Nach Entlogarithmieren ergibt sich die allgemeine Lösung

$$T(t) = C e^{-kt} - T_u.$$

Einsetzen der Anfangsbedingung $T(0) = T_0$ in die allgemeine Lösung liefert $C = T_0 + T_u$ und die spezielle Lösung

$$T(t) = (T_0 + T_u) e^{-kt} - T_u.$$

A1

Lösung von Beispiel 1.6

Wir fassen die Differenzialgleichung (1.16) als lineare inhomogene Differenzialgleichung mit $a_0(t) = \frac{1}{200}$ und $g(t) = 0.1$ auf. Ihre allgemeine Lösung lautet gemäß (2.15)

$$y_a^{inh}(t) = 20 + C e^{-\frac{t}{200}}.$$

Nach Einsetzen der Anfangsbedingung $y(0) = 16$ in die allgemeine Lösung ergibt sich $C = -4$ und die spezielle Lösung $y_s(t) = 20 - 4\mathrm{e}^{-\frac{t}{200}}$.

Es ist noch der Zeitpunkt t zu bestimmen, zu welchem die Stickstoffmenge im Gefäß mit 20 Litern Fassungsvermögen 99 %, also $y(t) = 19,8$ Liter beträgt. Einsetzen dieses Wertes in die spezielle Lösung liefert eine Bestimmungsgleichung für t:

$$t = -200 \ln\left(\frac{20 - 19,8}{4}\right) \approx 600.$$

Nach 600 Sekunden bzw. 10 Minuten enthält das Gefäß 99 % Stickstoff.

Lösung von Beispiel 1.7

Wir betrachten eine **bimolekulare Reaktion** (Reaktion 2. Ordnung) der Form

$$A + B \to A B,$$

d.h. ein Molekül vom Typ A vereinigt sich mit einem Molekül vom Typ B zu einem Molekül vom Typ $A B$.

Es seien a und b die Konzentrationen der Stoffe A und B zum Anfangszeitpunkt $t_0 = 0$. Bezeichnet man mit $x(t)$ die Konzentration des Reaktionsproduktes $A B$ zum Zeitpunkt $t > 0$, so wird die Reaktion gemäß (1.18) durch das Anfangswertproblem

$$x'(t) = k(a - x(t))(b - x(t)) \qquad x(0) = 0 \tag{7.1}$$

beschrieben, die wir als Differenzialgleichung mit trennbaren Variablen auffassen. Dabei ist k wie üblich eine positive Reaktionskonstante.

Es sei zunächst $a \neq b$. Nach Variablentrennung

$$k\,\mathrm{d}t = \frac{\mathrm{d}x}{(a - x)(b - x)} = \frac{\mathrm{d}x}{(x - a)(x - b)} \tag{7.2}$$

ist zur Integration der rechten Seite eine Partialbruchzerlegung (vgl. [4]) durchzuführen, d.h. die rechte Seite von (7.2) ist derart umzuformen, dass über eine Summe von Brüchen integriert werden kann. In unserem Falle führt der Ansatz

$$\frac{1}{(x - a)(x - b)} = \frac{A_1}{x - a} + \frac{A_2}{x - b},$$

in welchem die unbekannten Koeffizienten A_1 und A_2 noch zu bestimmen sind, zum Ziel. Multiplikation der letzten Gleichung mit $(x - a)(x - b)$ führt auf die Beziehung

$$1 = A_1 (x - b) + A_2 (x - a). \tag{7.3}$$

Setzt man in (7.3) $x = a$, so ergibt sich $A_1 = \dfrac{1}{a - b}$. Setzt man hingegen $x = b$, so erhält man $A_2 = -\dfrac{1}{a - b}$. Mit den berechneten Koeffizienten hat die Gleichung (7.2) jetzt die Form

$$k\,dt = \frac{1}{a-b}\left[\frac{1}{x-a} - \frac{1}{x-b}\right]dx,$$

welche elementar integriert werden kann. Nach Integration beider Seiten ergibt sich

$$kt = \frac{1}{a-b}\ln\left|\frac{x-a}{x-b}\right| + C. \tag{7.4}$$

Die Formel (7.4) stellt das allgemeine Integral der Differenzialgleichung in (7.1) dar. Die Konstante C wird wie üblich aus der Anfangsbedingung ermittelt. Zur Lösung des Anfangswertproblems (7.1) gibt es folgende Möglichkeiten: Entweder löst man (7.4) nach $x(t)$ auf (Berechnung der allgemeinen Lösung) und setzt die Anfangsbedingung in die allgemeine Lösung ein oder, man setzt die Anfangsbedingung in das allgemeine Integral (7.4) ein und löst anschließend nach $x(t)$ auf. Wir gehen hier nach der zweiten Variante vor. Setzt man in (7.4) $t = 0$ und $x = 0$, so ergibt sich $C = -\frac{1}{a-b}\ln\left|\frac{a}{b}\right|$. Nach Einsetzen in (7.4) ergibt sich

$$kt = \frac{1}{a-b}\ln\left|\frac{b(a-x)}{a(b-x)}\right|.$$

Löst man die letzte Gleichung nach x auf, so erhält man die Lösung des Anfangswertproblems in der Form

$$x(t) = a\,b\,\frac{e^{(a-b)kt} - 1}{ae^{(a-b)kt} - b}.$$

Der Leser möge die Zwischenschritte sowie die erste Lösungsvariante als Übungsaufgabe selbst ausführen. Es sei jetzt $a = b$. Dann hat Gleichung (7.2) die Gestalt

$$k\,dt = \frac{dx}{(a-x)^2} = \frac{dx}{(x-a)^2}$$

und kann elementar integriert werden:

$$kt = -\frac{1}{x-a} + C.$$

A1

Einsetzen der Anfangsbedingung liefert $C = -\frac{1}{a}$. Setzt man diesen Wert für C in die letzte Gleichung ein und löst diese nach $x(t)$ auf, so ergibt sich

$$x(t) = \frac{a^2 kt}{akt + 1}$$

als Lösung des Anfangswertproblems (7.1). Auch hier möge der Leser die Zwischenschritte selbst nachvollziehen.

Lösung von Beispiel 1.8

Wir betrachten (1.20) als lineare inhomogene Differenzialgleichung 1. Ordnung mit einem konstanten Koeffizienten $a_0(t) = -\gamma(1-\beta)$ und einem konstanten Störglied $g(t) = -\alpha\gamma$. Die allgemeine Lösung der inhomogenen Gleichung lautet gemäß Formel (2.15)

$$y_a^{inh}(t) = \frac{\alpha}{1-\beta} + C e^{\gamma(1-\beta)t}.$$

Für $y(0) = y_0$ ergibt sich wegen $y_0 = C + \dfrac{\alpha}{1-\beta}$ bzw. $C = y_0 - \dfrac{\alpha}{1-\beta}$ und

$$y(t) = \frac{\alpha}{1-\beta} + \left(y_0 - \frac{\alpha}{1-\beta}\right) e^{\gamma(1-\beta)t}$$

als Lösung des Anfangswertproblems. Wir zeigen noch, dass das Volkseinkommen $y(t)$ eine streng monoton wachsende Funktion ist. Da das Volkseinkommen zum Zeitpunkt $t = 0$ größer als der Konsum zu diesem Zeitpunkt sein muss, gilt $y(0) = y_0 > c(0)$. Dann folgt aus der ersten Annahme in Beispiel 1.8 $y_0 > c(0) = \alpha + \beta y_0$ und somit $y_0 > \dfrac{\alpha}{1-\beta}$. Für die erste Ableitung von $y(t)$ gilt dann

$$y'(t) = (y_0(1-\beta) - \alpha)\gamma e^{\gamma(1-\beta)t} > 0,$$

woraus die Behauptung folgt.

Anhang 2: Lösungen der Aufgaben

Kapitel 1

1.1 Wir bezeichnen mit M den Berührungspunkt der Tangente mit der Kurve, mit T den Schnittpunkt der Tangente mit der y-Achse, mit P den Lotfußpunkt von M und mit α den Anstiegswinkel der Tangente. Weiter setzen wir $\overline{PM} := y$. Bekanntlich ist $\tan\alpha = y'$. Für den Flächeninhalt A des Dreiecks ergibt sich in diesen Bezeichnungen $A = \dfrac{\overline{TP} \cdot y}{2} = a^2$. Es sind zwei Fälle zu unterscheiden:

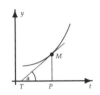

Für $0 \leq \alpha < \dfrac{\pi}{2}$ ist $\tan\alpha = \dfrac{y}{\overline{TP}}$. Wegen $\tan\alpha = y'$ ist $\overline{TP} = \dfrac{y}{y'}$ und $\dfrac{y^2}{2y'} = a^2$.

Für $\dfrac{\pi}{2} \leq \alpha < \pi$ ist $\tan\beta = \dfrac{y}{\overline{TP}}$. Wegen $\tan\beta = \tan(\pi - \alpha) = -\tan\alpha = -y'$ ist

$\overline{TP} = \dfrac{y}{-y'}$ und $-\dfrac{y^2}{2y'} = a^2$.

Auflösen der beiden Beziehungen nach y' liefert eine Differenzialgleichung vom Typ $y' = g(y)$ in der Form $y' = \pm\dfrac{y^2}{2a^2}$. Ihre Integration ergibt $y = \dfrac{2a^2}{C \pm t}$. Die gesuchten Kurven sind Hyperbeln.

1.2 Mit den Bezeichnungen der vorhergehenden Aufgabe ergibt sich wegen $\overline{TP} + \overline{PM} = \overline{TP} + y = b$ mit $y' = \dfrac{\pm y}{(b - y)}$ wieder eine Differenzialgleichung vom Typ $y' = g(y)$. Ihre Integration liefert für $b\ln|y| - y = \pm t + C$, $0 < y < b$. Eine explizite Darstellung in der Form $y = \varphi(t)$ ist nicht möglich.

1.3 Allgemeine Lösung: $y_a^{inh}(t) = \dfrac{t^2}{2} + C_1 t + C_2$. Das Randwertproblem mit den

- Randbedingungen 1 ist eindeutig lösbar. Die Lösung lautet $y(t) = \dfrac{t^2}{2} + \dfrac{t}{2}$,
- Randbedingungen 2 ist nicht eindeutig lösbar: $y(t) = \dfrac{t^2}{2} + t + C_2$,
- Randbedingungen 3 ist nicht lösbar.

A2

1.4 Wir gehen wie in Beispiel 1.10 vor, verwenden aber jetzt die Differenzialgleichung (1.14) aus Beispiel 1.4, die vom Typ $N' = g(N)$ ist. Das Anfangswertproblem $N' = -kN$, $N(0) = N_0$ besitzt die Lösung $N(t) = N_0 e^{-kt}$ (Lösung des direkten Problems). Zur Bestimmung von k ist ein inverses Problem zu lösen. Die Bedingung, dass nach 30 Tagen 50% der Ausgangsmenge zerfallen ist, liefert zur Ermittlung von k die Gleichung $\dfrac{N_0}{2} = N_0 e^{-k30}$, woraus $k = \dfrac{\ln 2}{30}$ folgt. Einsetzen von k in die Lösung des direkten Problems ergibt $N(t) = N_0 2^{-\frac{t}{30}}$. Aus der Gleichung $0,01 N_0(t) = N_0 2^{-\frac{t}{30}}$ erhält man $t = 199,32 \approx 200$. Nach etwa 200 Tagen ist noch 1% der Ausgangsmenge N_0 vorhanden.

1.5 Die Geschwindigkeit nach einer Stunde beträgt $v(1) = 122,5$ km/h. Ist $y(t)$ der vom Auto zurückgelegte Weg, so gilt $y'(t) = v(t)$, $y(0) = 1$. Die Lösung dieses Anfangswertproblems ist $y(t) = 130t - 10\sqrt{3}\arctan(\sqrt{3}t) + 1$. Nach 1 Stunde sind $y(1) = 112,86$ km zurückgelegt worden.

Kapitel 2

2.1 Für differenzierbare Funktionen $y(t)$ gilt:

- Falls $y(t)$ an der Stelle t_0 ein relatives Extremum besitzt, so ist $y'(t_0) = 0$.
- Ist $y'(t_0) = 0$ und $y''(t_0) < 0$, so liegt in t_0 ein lokales Maximum vor.
- Ist $y'(t_0) = 0$ und $y''(t_0) > 0$, so liegt in t_0 ein lokales Minimum vor.

Mit $y'(t) = f(x, y(t))$ ergibt sich $f(t, y) = 0$, d.h., falls lokale Extremwerte existieren, so liegen sie auf der Kurve $y(t)$, die die Gleichung $f(t, y) = 0$ erfüllt. Weiter gilt wegen $f(t, y) = 0$

$$\begin{aligned} y''(t) &= f_t(t, y) + f_y(t, y) y'(t) \\ &= f_t(t, y) + f_y(t, y) f(t, y) = f_t(t, y). \end{aligned}$$

Folglich liegt für Punkte, in denen $f(t, y) = 0$ und $f_t(t, y) < 0$ gilt, ein lokales Maximum und für Punkte, in denen $f(t, y) = 0$ und $f_t(t, y) > 0$ gilt, ein lokales Minimum der Lösungskurve der Differenzialgleichung $y' = f(t, y)$ vor.

2.2 Für differenzierbare Funktionen $y(t)$ gilt: Falls $(t_0, y(t_0))$ ein Wendepunkt des durch y gegebenen Graphen ist, so gilt $y''(t_0) = 0$, d.h., falls Wendepunkte existieren, so liegen sie auf der Kurve, die die Gleichung $f_t(t, y) + f_y(t, y) f(t, y) = 0$ erfüllt.

2.3 Unter Verwendung der Aufgaben 2.1 und 2.2 ergibt sich:

$$f(t, y) = y - t^2 = 0 \implies y = t^2$$

$$f_t(t, y) + f_y(t, y) f(t, y) = -2t + y - t^2 = 0 \implies y = t^2 + 2t.$$

Falls vorhanden, liegen lokale Extremwerte der Lösungskurven auf der Parabel $y = t^2$. Wendepunkte, falls es solche gibt, befinden sich auf der Parabel $y = t^2 + 2t$. Die allgemeine Lösung der linearen Differenzialgleichung $y' = y - t^2$ hat die Gestalt: $y_a^{inh}(t) = C e^t + t^2 + 2t + 2$.

2.4   Isoklinen sind für a) die Geraden $t = m$ und für b) die Geraden $y = m$ $m \in \mathbb{R}$.

2.5   Die Isoklinen bilden die Schar von Halbgeraden $y = -mt$, $m \in \mathbb{R}$. Die Lösungskurvenschar besteht aus den Hyperbeln $y = \dfrac{C}{t}$ $C \in \mathbb{R}$.

2.6   Die Isoklinen bilden die Schar von Halbgeraden $y = \dfrac{1}{m}t$, $m \neq 0$. Die Lösungskurvenschar besteht aus den Hyperbeln $y = \pm\sqrt{t^2 + C^2}$, $C \in \mathbb{R}$.

2.7 $y_0(t) = 1$, $y_1(t) = 1 + \int\limits_1^t 3z^2 \, dz = t^3$, $y_2(t) = 1 + \int\limits_1^t (z^6 + 3z^2 - 1) \, dz =$
$\dfrac{t^7}{7} + t^3 - t + \dfrac{6}{7}$, wobei $y_i(1) = 1$ für $i = 0, 1, 2$ gilt.

2.8   Nach zweifacher impliziter Differenziation folgt aus der Kreisgleichung

$$\begin{aligned} t - C_1 + (y - C_2)y' &= 0 \\ 1 + y'^2 + (y - C_2)y'' &= 0. \end{aligned}$$

Daraus folgt durch Auflösen der zweiten Gleichung nach $y - C_2$ sowie der ersten nach $t - C_1$

$$\begin{aligned} y - C_2 &= -\frac{(1 + y'^2)}{y''} \\ t - C_1 &= -(y - C_2)y' = \frac{(1 + y'^2)y'}{y''}. \end{aligned}$$

Durch Einsetzen in die Kreisgleichung lassen sich beide Parameter eliminieren und man erhält eine nichtlineare gewöhnliche Differenzialgleichung zweiter Ordnung.

$$\begin{aligned} (1 + y'^2)^2 y'^2 + (1 + y'^2)^2 &= y''^2 \implies y''^2 = (1 + y'^2)^2(y'^2 + 1) \\ \implies y''^2 &= (1 + y'^2)^3. \end{aligned}$$

2.9   Man erhält mit dem Berührungspunkt $M = (t, y)$ und

$$\tan\alpha = y' \text{ sowie } \tan\alpha = \frac{y}{t - \frac{t}{2}} = \frac{2y}{t}$$

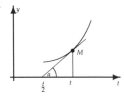

die Differenzialgleichung $y' = \dfrac{2y}{t}$. Trennung der Variablen liefert die allgemeine Lösung $y = Ct^2$.

2.10 Der Flächeninhalt eines Trapezes mit den parallelen Seiten a, b und der Höhe h ist $A = \frac{1}{2}(a+b)h$, also gilt $\frac{1}{2}(a+b)h = 3d^2$. Es sei $M = (t, y)$ der Berührungspunkt von Tangente und Kurve. Dann gilt $h = t$ und $b = y$. Der Schnittpunkt der Tangente mit der y-Achse hat die Koordinaten $(0, a)$. Wir drücken a durch die in die Tangentengleichung im Punkt (t, y) eingehenden Größen aus. Die Tangentengleichung im Punkt (t, y) schreiben wir in der Form $Y - y = y'(X - x)$ und bestimmen den Schnittpunkt dieser Geraden mit der y-Achse. Er besitzt die Koordinaten $X = 0$ und $Y = a$. Folglich ist $a = y - y't$ und man erhält die Differenzialgleichung $\frac{1}{2}(y - y't + y)t = 3d^2$ oder $y' - \frac{2}{t}y = -\frac{6d^2}{t^2}$. Dies ist eine lineare inhomogene Differenzialgleichung 1. Ordnung mit $a_0(t) = -\frac{2}{t}$ und $g(t) = -\frac{6d^2}{t^2}$.

Lösung der homogenen Gleichung: $y' - \frac{2}{t}y = 0 \implies y_a^h(t) = Ct^2$.

Lösung der inhomogenen Gleichung mit Hilfe von (2.15)

$$y_a^{inh}(t) = t^2(-6d^2)\int_{t_0}^{t}\frac{dz}{z^4} + y_a^h(t) = \frac{2d^2}{t} + Ct^2.$$

Für $C = 0$ erhält man eine Hyperbel.

Kapitel 3

3.1 Man geht wie in Beispiel 3.2 vor: $y_a^h(t) = C_1 e^t + C_2 t e^t$, $C_1'(t) = -1$, $C_2'(t) = \frac{1}{t}$, $C_1 = -t$, $C_2 = \ln|t|$, $y_s^{inh}(t) = t e^t(-1 + \ln|t|)$. Schließlich ist

$$y_a^{inh}(t) = y_a^h(t) + y_s^{inh}(t) = C_1 e^t + D_2 t e^t + t e^t \ln|t|,$$

da die Integrationskonstanten beliebig sind.

3.2 Man geht wie in Beispiel 3.4 vor: Die Nullstellen des charakteristischen Polynoms sind $\lambda_1 = 0$, $\lambda_2 = 2$. Damit ergibt sich $y_a^h(t) = C_1 + C_2 e^{2t}$. Das Störglied hat die Form $g(t) = 2e^t$, also ist gemäß (3.18) $q_m(t) = q_0 = 2$ und $\gamma = 1$, wobei γ keine Nullstelle des charakteristischen Polynoms ist. Also lautet der Störgliedansatz $y_s^{inh}(t) = Q_0 e^t$. Durch Einsetzen in die inhomogene Gleichung ermittelt man $Q_0 = -2$. Somit ist

$$y_a^{inh}(t) = y_a^h(t) + y_s^{inh}(t) = C_1 + C_2 e^{2t} - 2e^t.$$

Einsetzen in die Anfangsbedingungen liefert $C_1 = e - 1$, $C_2 = e^{-1}$. Also ist $y(t) = e - 1 + e^{2t-1} - 2e^t$ die Lösung des Anfangswertproblems.

3.3 Einsetzen der Anfangsbedingung in die allgemeine Lösung (3.31) liefert ein lineares Gleichungssystem zur Berechnung von C_1 und C_2. Die allgemeine Lösung mit den ermittelten Werten für C_1 und C_2 ergibt die Lösung des Anfangswertproblems in der Form $y(t) = y_0 \cos(\omega_0 t)$.

3.4 Wie in Aufgabe 3.3 erhält man unter Verwendung von (3.32) bis (3.34) für

$$\delta > \omega_0 \quad y(t) = \frac{y_0}{\lambda_1 - \lambda_2}(-\lambda_2 e^{\lambda_1 t} + \lambda_1 e^{\lambda_1 t}),$$

$$\delta = \omega_0 \quad y(t) = y_0(1 + \delta t)e^{-\delta t},$$

$$\delta < \omega_0 \quad y(t) = y_0 e^{-\delta t}(\cos \omega_0 t + \frac{\delta}{\omega_0} \sin \omega_0 t).$$

3.5 Einsetzen der Anfangsbedingungen in (3.35) ergibt für

$$\omega_1 \neq \omega_0 \quad y(t) = y_0 \cos \omega_0 t - \frac{a}{\omega_0^2 - \omega_1^2}\left(\frac{\omega_1}{\omega_0} \sin \omega_0 t - \sin \omega_1 t\right),$$

$$\omega_1 = \omega_0 \quad y(t) = y_0 \cos \omega_0 t + \frac{a}{2\omega_0^2}(\sin \omega_0 t - \omega_0 t \cos \omega_0 t).$$

3.6 Analog zu Beispiel 3.7 ergibt sich

$$L(p) = \int_0^\infty f(t)e^{-pt}\,dt = \lim_{A \to \infty}\int_0^A f(t)e^{-pt}\,dt = \lim_{A \to \infty}\int_0^A e^{-(p-a)t}\,dt$$

$$= \lim_{A \to \infty}\left[-\frac{e^{-(p-a)t}}{p-a}\right]_0^A = -\frac{1}{p-a}\lim_{A \to \infty}e^{-(p-a)A} + \frac{1}{p-a}.$$

Es ist zu untersuchen, für welche $p = \sigma + i\omega$ und $a = a_1 + ia_2$ der Grenzwert endlich ist. Nach den Eulerschen Formeln gilt:

$$e^{-(p-a)A} = e^{-(\sigma-a_1)A - i(\omega - a_2)A} = e^{-(\sigma-a_1)A}e^{-i(\omega-a_2)A}$$

$$= e^{-(\sigma-a_1)A}(\cos((\omega - a_2)A) - i\sin((\omega - a_2)A)).$$

Wegen $A > 0$ gilt für $\sigma - a_1 > 0 \quad \lim_{A \to \infty} e^{-(\sigma-a_1)A}(\cos((\omega - a_2)A) = 0$ sowie $\lim_{A \to \infty} e^{-(\sigma-a_1)A}\sin((\omega - a_2)A) = 0$. Folglich ist auch $\lim_{A \to \infty} e^{-(p-a)A} = 0$ für $\sigma > a_1$. Die Laplace-Transformation von $f(t)$ existiert also für $\sigma > a_1$ und es ist

$$L[f(t)] = L(p) = \frac{1}{p-a} \quad \text{für} \quad \sigma > a_1.$$

A2

3.7 **1. Lösungsweg:** Nach Definition der Heaviside-Funktion ist

$$h(t - T) = \begin{cases} 1 & \text{für } t \geq T \\ 0 & \text{für } T < t \end{cases} \quad \text{also} \quad u(t) = \begin{cases} 1 & \text{für } 0 \leq t \leq T \\ 0 & \text{für } T < t \end{cases}.$$

Da das Integrationsgebiet hier ein beschränktes Intervall ist, tritt kein uneigentliches Integral auf. Die Funktion $g(t)$ aus Satz 3.3 kann in der Form $g(t) = e^{0t}$ gewählt werden. Es ist also $M = 1$ und $c = 0$. Dann ist für $\operatorname{Re} p > 0$

$$L[u(t)] = L(p) = \int_0^T e^{-pt}\, dt = \left[-\frac{e^{-pt}}{p} \right]_0^T = \frac{1}{p}(1 - e^{-pT}).$$

2. Lösungsweg: Nach $\mathbf{T_1}$ aus Anhang 4 ist $L[h(t)] = \dfrac{1}{p}$. Der erste Verschiebungssatz liefert mit $f(t) = h(t)$, $b = T$, $c = 0$ $L[h(t - T)] = e^{-pT} L(p) = e^{-pT} L[h(t)] = e^{-pT} \dfrac{1}{p}$ für $\operatorname{Re} p > 0$. Aus dem Additionssatz folgt mit $a_1 = 1$, $a_2 = -1$, $f_1(t) = h(t)$, $f_2(t) = h(t - T)$, $c_1 = c_2 = 0$ das Ergebnis wie oben.

3.8 Gemäß $\mathbf{T_{48}}$ aus Anhang 4 erhält man $f(t) = \dfrac{e^{at} - e^{bt}}{a - b}$. Ist $a = m_1 + im_2$ und $b = m_1 - im_2$ ein Paar zueinander konjugiert komplexer Zahlen, so ergibt sich aus den Eulerschen Formeln $e^{m_1 \pm im_2} = e^{m_1 t}(\cos m_2 t \pm \sin m_2 t)$ die Originalfunktion

$$f(t) = \frac{e^{(m_1 + im_2)t} - e^{(m_1 - im_2)t}}{m_1 + im_2 - (m_1 - im_2)} = \frac{e^{m_1 t} \sin m_2 t}{m_2}.$$

3.9 $y(t) = t - 2\cos t - t\sin t$.

Kapitel 4

4.1 Die Koeffizientenmatrix des linearen Systems besitzt ein Paar zueinander konjugiert komplexer Eigenwerte $\lambda_{1/2} = 2 \pm i$. Beide Eigenwerte sind einfach. Zum Eigenwert $\lambda_1 = 2 + i$ gehört der Eigenvektor $\boldsymbol{u}^1 = \begin{pmatrix} 1 \\ 1 + i \end{pmatrix}$. Dann ist

$$\boldsymbol{z}^1 = \boldsymbol{u}^1 e^{(2+i)t} = \begin{pmatrix} 1 \\ 1 + i \end{pmatrix} e^{(2+i)t} = \begin{pmatrix} e^{2t}(\cos t + i\sin t) \\ (1 + i)e^{2t}(\cos t + i\sin t) \end{pmatrix}$$

ein Lösungsvektor in komplexer Form. Real- und Imaginärteil von $\boldsymbol{z}^1$ liefern ein Fundamentalsystem in reeller Form:

$$\boldsymbol{y}^1 = \operatorname{Re} \boldsymbol{z}^1 = \begin{pmatrix} e^{2t}\cos t \\ e^{2t}(\cos t - \sin t) \end{pmatrix} \quad \text{und}$$

$$\boldsymbol{y}^2 = \operatorname{Im} \boldsymbol{z}^1 = \begin{pmatrix} e^{2t}\sin t \\ e^{2t}(\cos t + \sin t) \end{pmatrix}.$$

4.2   Die Koeffizientenmatrix des linearen Systems besitzt zwei reelle voneinander verschiedene Eigenwerte $\lambda_{1/2} = \pm 3$. Beide Eigenwerte sind einfach. Zum Eigenwert $\lambda_1 = 3$ gehört der Eigenvektor $x^1 = \begin{pmatrix} 2 \\ 1 \end{pmatrix}$, während zum Eigenwert $\lambda_1 = -3$ der Eigenvektor $x^1 = \begin{pmatrix} 4 \\ -1 \end{pmatrix}$ korrespondiert. Dann besitzt die allgemeine Lösung die Gestalt:

$$y_a^h(t) = C_1 x^1 e^{3t} + C_2 x^2 e^{-3t} = C_1 \begin{pmatrix} 2 \\ 1 \end{pmatrix} e^{3t} + C_2 \begin{pmatrix} 4 \\ -1 \end{pmatrix} e^{-3t}.$$

4.3   Die Koeffizientenmatrix des linearen Systems besitzt einen reellen Eigenwert $\lambda_1 = 3$ der algebraischen Vielfachheit $s_1 = 2$. Der Rang r_1 der Matrix $A - \lambda_1 E_2$ beträgt 1, also ist die geometrische Vielfachheit $m_1 = n - r_1 = 1$. Somit ist der Lösungsansatz (4.18) mit $s_1 = 2$ Und $m_1 = 1$ zu verwenden. Zur Bestimmung der vier unbekannten Koeffizienten $v_{11}, v_{12}, v_{21}, v_{22}$ ergibt sich wie in Beispiel 4.8 ein lineares algebraisches Gleichungssystem mit einer quadratischen Koeffizientenmatrix vierter Ordnung, deren Rang gleich 2 ist. Folglich sind zwei Koeffizienten frei wählbar. Wählen $v_{11} = C_1$ und $v_{12} = C_2$. Dann ist $v_{21} = C_1 + C_2$ und $v_{22} = C_2$. Die allgemeine Lösung schreiben wir koordinatenweise

$$y_a^h(t) = \begin{pmatrix} y_1(t) \\ y_2(t) \end{pmatrix} = \begin{pmatrix} (C_1 + C_2 t)\, e^{3t} \\ (C_1 + C_2 (1 + t)\, e^{3t} \end{pmatrix},$$

setzen die Anfangsbedingungen ein und berechnen die Werte der Konstanten C_1, C_2 zu $C_1 = 1$ und $C_2 = -1$. Die Lösung des Anfangswertproblems lautet:

$$y(t) = \begin{pmatrix} (1 - t)\, e^{3t} \\ -t\, e^{3t} \end{pmatrix}.$$

4.4   Ergebnisse siehe Beispiele 4.11 und 4.12 in Abschn. 4.5.

4.5   Ergebniss siehe Beispiel 4.13 in Abschn. 4.6.

Kapitel 5

5.1   Die Eigenwerte sind $\lambda_1 = 1$, $\lambda_2 = 2$. Nach Satz 6.1 ist die triviale Lösung des Systems instabil.

Die allgemeine Lösung lautet in Koordinatenschreibweise

$$y_1(t) = C_1 e^{2t}, \quad y_2(t) = C_1 e^{2t} + C_2 e^t.$$

A2

Für die fünf verschiedenen Anfangsbedingungen ist jeweils das Anfangswertproblem zu lösen. Die Anfangsbedingung für die erste Koordinatenfunktion des Lösungsvektors ist $y_1(t) = 1$ in allen fünf Fällen. Sie ist in der Tabelle unten aus Platzgründen nicht mit angegeben. Die Phasenkurve $y_2 = y_2(y_1)$ in der y_1, y_2-Ebene erhält man durch Elimination des Parameters t in der Lösung.

$$
\begin{aligned}
y_2(t) = 1: \quad & y_1(t) = e^{2t}, \, y_2(t) = e^{2t} & \implies \quad & y_2 = y_1 \\
y_2(t) = 2: \quad & y_1(t) = e^{2t}, \, y_2(t) = e^{2t} + e^t & \implies \quad & y_2 = y_1 + \sqrt{y_1} \\
y_2(t) = 3: \quad & y_1(t) = e^{2t}, \, y_2(t) = e^{2t} + 3e^t & \implies \quad & y_2 = y_1 + 3\sqrt{y_1} \\
y_2(t) = 5: \quad & y_1(t) = e^{2t}, \, y_2(t) = e^{2t} + 4e^t & \implies \quad & y_2 = y_1 + 4\sqrt{y_1}.
\end{aligned}
$$

5.2 Man erhält für die allgemeine Lösung in Koordinatenschreibweise: $y_1(t) = C_1$, $y_2(t) = C_2$ mit C_1, C_2 beliebig. Fixiert man C_1 und C_2, so erhält man einen Punkt in der y_1, y_2-Ebene. Das Phasenporträt besteht also aus allen Punkten der y_1, y_2-Ebene.

5.3 Nach Berechnung der Eigenwerte Satz 6.1 anwenden.

a) Eigenwerte: $\lambda_1 = -1$, $\lambda_2 = -2$, triviale Lösung asymptotisch stabil.

b) Eigenwerte: $\lambda_1 = 1$, $\lambda_2 = 2$, triviale Lösung instabil.

c) Eigenwerte: $\lambda_1 = -1$, $\lambda_2 = 1$, triviale Lösung instabil.

5.4 Der Punkt $(0,0)$ in der y_1, y_2-Ebene ist der einzige Gleichgewichtspunkt des Systems, a ist ein Eigenwert der algebraischen Vielfachheit $s = 2$. Für $a > 0$ ist der Gleichgewichtspunkt instabil, für $a < 0$ ist er asymptotisch stabil.

Aus der allgemeinen Lösung erhält man durch Elimination des Parameters t als Phasenkurven Halbgeraden (ohne den Gleichgewichtspunkt) der Form $y_2 = cy_1, c \neq 0$, beliebig. Für $a > 0$ verläuft die Bewegung auf der Phasenkurve vom Gleichgewichtspunkt weg (instabiler Knotenpunkt 1. Art) und für $a < 0$ zum Gleichgewichtspunkt hin (asymptotisch stabiler Knotenpunkt 1. Art).

5.5 Die Eigenwerte $\lambda_1 = -3$ und $\lambda_2 = 0$ erfüllen zwar die Bedingung $\operatorname{Re}\lambda_j \leq 0$ aus Satz 6.1, jedoch ist $\lambda_2 = 0$ ein doppelter Eigenwert mit $1 = m_2 < s_2 = 2$. Also folgt aus Satz 6.1 die Instabilität des Gleichgewichtspunktes.

Kapitel 6

6.1 Die exakte Lösung lautet: $y(t) = y_0 + a(t - t_0)$. Wegen $f(t, y(t)) = a$ ist in Formel (6.18) $\Phi(t_i, y_i, h) = 1$ für alle i $(i = 0, \dots, n-1)$ sowie alle drei betrachteten Verfahren. Dies folgt aus (6.5), (6.10) und (6.17). Dann ist

$$
y(t_n) = y_0 + a \int_{t_0}^{t_n} \mathrm{d}z \approx y_n = y_{n-1} + ha = y_{n-2} + 2ha = \dots = y_0 + nha
$$

mit $nh = t_n - t_0$. Setzt man $t_n = t$, so ist $nh = t - t_0$ und die Näherungslösung fällt mit der exakten Lösung zusammen.

6.2 In (6.1) liegt der Spezialfall $f(t,y) = f(t)$ und $y_0 = y(t_0) = 0$ vor.

Euler-Verfahren: Aus (6.18) und (6.5) folgt $\Phi(t,y,h) = f(t)$. Dann ergibt sich durch sukzessive Anwendung der Formel (6.5)

$$
\begin{aligned}
y(t_n) &= \int_{t_0}^{t_n} f(z)\mathrm{d}z \approx y_n = y_{n-1} + hf(t_{n-1}) = \ldots \\
&= h[f(t_0) + f(t_1) + \ldots + f(t_{n-1})].
\end{aligned}
$$

Dabei stellt $hf(t_{n-1})$ den Flächeninhalt eines Rechtecks mit den Seitenlängen $f(t_{n-1})$ und h dar. Man erhält die Rechteckregel

$$
\int_{t_0}^{t_n} f(z)\mathrm{d}z \approx h \sum_{k=0}^{n-1} f(t_k).
$$

Heun-Verfahren: Aus (6.18) und (6.10) folgt $\Phi(t,y,h) = \dfrac{1}{2}[f(t) + f(t+h)]$. Für jedes i, $(i = 0,\ldots,n-1)$ gilt $t_i + h = t_{i+1}$. Dann ergibt sich durch sukzessive Anwendung der Formel (6.10)

$$
\begin{aligned}
y(t_n) &= \int_{t_0}^{t_n} f(z)\mathrm{d}z \approx y_n = y_{n-1} + \frac{h}{2}[f(t_{n-1}) + f(t_n)] \\
&= y_{n-2} + \frac{h}{2}[f(t_{n-2}) + 2f(t_{n-1}) + f(t_n)] = \ldots \\
&= \frac{h}{2}[f(t_0) + 2f(t_1) + \ldots + 2f(t_{n-1}) + f(t_n)].
\end{aligned}
$$

Dabei stellt $\dfrac{h}{2}(f(t_{n-1}) + f(t_n))$ den Flächeninhalt eines Trapezes mit den Seitenlängen $f(t_{n-1})$ und $f(t_n)$ sowie der Höhe h dar. Man erhält die Trapezregel

$$
\int_{t_0}^{t_n} f(z)\mathrm{d}z \approx h \left(\frac{[f(t_0) + f(t_n)]}{2} + \sum_{k=1}^{n-1} f(t_k) \right).
$$

6.3 Die Näherungen, erzeugt mit dem Euler-Verfahren, sind

$$
\begin{aligned}
y_n &= y_{n-1} + h(-ay_{n-1}) = (1-ah)y_{n-1} = (1-ah)^2 y_{n-2} = \ldots \\
&= (1-ah)^n y_0 = (1-ah)^n,
\end{aligned}
$$

da $y_0 = 1$. Die Zahlenfolge (y_n) ist eine geometrische Folge, die für $|1-ah| < 1$ gegen null konvergiert. Die Ungleichung ist für $h < \dfrac{2}{a}$ erfüllt. Für die gefundenen Schrittweiten gilt $\lim\limits_{n\to\infty} y_n = 0$, d. h. die Näherungslösung besitzt für $n \to \infty$ das gleiche Verhalten wie die exakte Lösung $y(t) = e^{-at}$ für $t \to \infty$.

6.4 Die exakte Lösung lautet $y(t) = e^t$, die mit dem Euler-Verfahren erzeugte Näherungslösung $y_n = (1+h)^n$. Sei $t > 0$ ein beliebiger fixierter Punkt: Man wähle als Schrittweite $h = \dfrac{t}{n}$. Dann ist $\lim\limits_{h \to 0} h$ gleichbedeutend mit $\lim\limits_{n \to \infty} \dfrac{t}{n}$ und

$$\lim_{n \to \infty} y_n = \lim_{n \to \infty} (1+h)^n = \lim_{n \to \infty} \left(1 + \frac{t}{n}\right)^n = e^t.$$

6.5 Für $\alpha = 1$ und $\beta = 0$ ergibt sich das Euler-Verfahren und für $\alpha = \beta = \dfrac{1}{2}$ das Heun-Verfahren.

Anhang 3: Testklausur mit Lösungen

Aufgabe 1

In geringer Höhe h über der Erdoberfläche gilt für die Geschwindigkeit der Abnahme des Luftdruckes p unter Vernachlässigung der Gravitationskräfte und bei konstanter Temperatur die Beziehung

$$\frac{\mathrm{d}p}{\mathrm{d}h} = -\frac{\rho_0}{p_0} g\, p.$$

Dabei bezeichnen p_0 bzw. ρ_0 den Druck bzw. die Dichte der Luft in der Höhe $h = 0$ und g die Erdbeschleunigung. Bestimmen Sie eine Funktion $p = p(h)$, die die Bedingung $p(0) = p_0$ erfüllt und welche die Abhängigkeit des Luftdruckes von der Höhe beschreibt.

Aufgabe 2

In einem Behälter befinden sich 100 l einer Lösung, die 10 kg Salz enthält. In den Behälter fließt stetig Wasser zu (5 l/min), welches sich gleichmäßig mit der Lösung vermischt. Das Gemisch fließt mit einer Geschwindigkeit von 5 l/min wieder aus. Wie viel Salz ist nach einer Stunde im Behälter?

Aufgabe 3

Eine Masse von 1,5 kg dehne eine Feder aus. Die Masse werde um 5 cm in positiver Richtung ausgelenkt und dann losgelassen. Der Reibungskoeffizient r betrage 15 kg/s. Die Federkonstante k sei mit 450 N/m angegeben. Bestimmen Sie die Position der Masse zu einem beliebigen Zeitpunkt t.

Aufgabe 4

Lösen Sie das Anfangswertproblem

$$\begin{array}{rcrcr} y_1' &=& y_1 &-& y_2 \\ y_2' &=& -4y_1 &+& y_2 \end{array} \qquad \begin{pmatrix} y_1(0) \\ y_2(0) \end{pmatrix} = \begin{pmatrix} 1 \\ 1 \end{pmatrix}.$$

Aufgabe 5

Geben Sie das Phasenporträt des Systems $y_1' = a$, $y_2' = a$, $a > 0$ an.

Lösung von Aufgabe 1

Es liegt ein Anfangswertproblem mit der Anfangsbedingung $p(0) = p_0$ für eine gewöhnliche Differenzialgleichung 1. Ordnung mit trennbaren Variablen bzw. vom Typ (1.4) vor. Nach der Methode der Variablentrennung folgt aus der Ausgangsgleichung

$$\frac{dp}{p} = -\frac{\rho_0}{p_0} g \, dh.$$

Hieraus erhält man durch Integration

$$\ln\left|\frac{p}{C}\right| = -\frac{\rho_0}{p_0} g h$$

und nach dem Entlogarithmieren

$$p = p(h) = C e^{-\frac{\rho_0}{p_0} g h}.$$

Die Anfangsbedingung liefert $C = p_0$. Man erhält als Abhängigkeitsgesetz des Luftdruckes von der Höhe die barometrische Höhenformel

$$p = p(h) = p_0 e^{-\frac{\rho_0}{p_0} g h}.$$

Lösung von Aufgabe 2

Es sei $y(t)$ die Salzmenge zum Zeitpunkt t. Die Bilanzgleichung lautet

$$y(t + \Delta t) = y(t) - \frac{5y(t)}{100} \Delta t.$$

Nach Grenzübergang erhält man die Differenzialgleichung

$$y'(t) + \frac{1}{20} y(t) = 0,$$

welche die allgemeine Lösung $y(t) = C e^{-\frac{1}{20} t}$ besitzt. Zum Zeitpunkt $t = 0$ ist $y(0) = 10$ kg. Aus dieser Anfangsbedingung ergibt sich $C = 10$ und die spezielle Lösung $y(t) = 10 e^{-\frac{1}{20} t}$. Nach 60 Min. sind $y(60) = 10 e^{-\frac{1}{20} 60} = 10 e^{-3} \approx 0,5$ kg Salz im Behälter.

Lösung von Aufgabe 3

Es liegt ein mechanisches Schwingungsproblem vor, welches durch eine Differenzialgleichung der Form

$$m y''(t) + r y'(t) + k y(t) = u(t)$$

beschrieben wird. Eine äußere Kraft, die auf das System einwirkt, liegt nicht vor, also ist $u(t) = 0$. Nach Einsetzen von m, r, k erhält man eine homogene lineare gewöhnliche Differenzialgleichung zweiter Ordnung

$$1{,}5y''(t) + 15y'(t) + 450y(t) = 0 \quad \text{oder} \quad y''(t) + 10y'(t) + 300y(t) = 0.$$

Jeder Term in dieser Gleichung besitzt die Maßeinheit $\text{kg}\,\text{m}/\text{s}^2$. Mit der Anfangsauslenkung von $0{,}05$ m ist $y(0) = 0{,}05$. Da die Masse nach der Auslenkung um 5 cm losgelassen wird, liegt keine Anfangsgeschwindigkeit vor, also $y'(0) = 0$. In den Bezeichnungen von (3.30) ist $\delta = 5$ und $\omega_0 = 10\sqrt{3}$. Wegen $\delta < \omega_0$ kommt das System zum Schwingen. Die allgemeine Lösung lautet

$$y_a^h(t) = e^{-5t}(C_1 \sin(5\sqrt{11}t) + C_2 \cos(5\sqrt{11}t)),$$

die Lösung des Anfangswertproblems (Bewegungsgesetz der Masse) ist

$$y(t) = e^{-5t}\left(\frac{\sqrt{11}}{220} \sin(5\sqrt{11}t) + \frac{1}{20} \cos(5\sqrt{11}t) \right).$$

Lösung von Aufgabe 4

Es sind sowohl das algebraische Lösungsverfahren als auch die Methode der Laplace-Transformation anwendbar.

$$\boldsymbol{y}(t) = \left(\begin{array}{c} y_1(t) \\ y_2(t) \end{array} \right) = \left(\begin{array}{c} \frac{1}{4}e^{3t} + \frac{3}{4}e^{-t} \\ -\frac{1}{2}e^{3t} + \frac{3}{2}e^{-t} \end{array} \right).$$

Lösung von Aufgabe 5

Die allgemeine Lösung lautet:

$$\boldsymbol{y}(t) = \left(\begin{array}{c} y_1(t) \\ y_2(t) \end{array} \right) = \left(\begin{array}{c} at + C_1 \\ at + C_2 \end{array} \right).$$

Die Phasenkurven sind die Geraden $y_2 = y_1 + C$, $C \in \mathbb{R}$, beliebig. Die Bewegungsrichtung auf der Phasenkurve ist durch den Vektor $\left(\begin{array}{c} y_1' \\ y_2' \end{array} \right) = \left(\begin{array}{c} a \\ a \end{array} \right)$ gegeben.

A3

Anhang 4: Tabelle von Laplace-Transformationen

Nr.	Originalfunktion $f(t)$	Bildfunktion $L[f(t)] = L(p)$
1	$1, h(t)$	$\dfrac{1}{p}$
2	t	$\dfrac{1}{p^2}$
3	$t^n, \quad n \in \mathbb{N}$	$\dfrac{n!}{p^{n+1}}$
4	$e^{\pm at}$	$\dfrac{1}{p \mp a}$
5	te^{at}	$\dfrac{1}{(p-a)^2}$
6	$t^n e^{at}$	$\dfrac{n!}{(p-a)^{n+1}}$
7	$\sin at$	$\dfrac{a}{p^2 + a^2}$
8	$\cos at$	$\dfrac{p}{p^2 + a^2}$
9	$t \sin at$	$\dfrac{2ap}{(p^2 + a^2)^2}$
10	$t \cos at$	$\dfrac{p^2 - a^2}{(p^2 + a^2)^2}$
11	$t^n \sin at, \quad n \in \mathbb{N}$	$\dfrac{in!}{2}\left(\dfrac{1}{(p+ia)^{n+1}} - \dfrac{1}{(p-ia)^{n+1}}\right)$
12	$t^n \cos at, \quad n \in \mathbb{N}$	$\dfrac{n!}{2}\left(\dfrac{1}{(p+ia)^{n+1}} + \dfrac{1}{(p-ia)^{n+1}}\right)$
13	$\sinh at$	$\dfrac{a}{p^2 - a^2}$
14	$\cosh at$	$\dfrac{p}{p^2 - a^2}$

Nr.	Originalfunktion $f(t)$	Bildfunktion $L[f(t)] = L(p)$
15	$t \sinh at$	$\dfrac{2ap}{(p^2 - a^2)^2}$
16	$t \cosh at$	$\dfrac{p^2 + a^2}{(p^2 - a^2)^2}$
17	$t^n \sinh at, \quad n \in \mathbb{N}$	$\dfrac{n!}{2} \left(\dfrac{1}{(p-a)^{n+1}} - \dfrac{1}{(p+a)^{n+1}} \right)$
18	$t^n \cosh at, \quad n \in \mathbb{N}$	$\dfrac{n!}{2} \left(\dfrac{1}{(p-a)^{n+1}} + \dfrac{1}{(p+a)^{n+1}} \right)$
19	$e^{at} \sin bt$	$\dfrac{b}{(p-a)^2 + b^2}$
20	$e^{at} \cos bt$	$\dfrac{p - a}{(p-a)^2 + b^2}$
21	$e^{at} \sinh bt$	$\dfrac{b}{(p-a)^2 - b^2}$
22	$e^{at} \cosh bt$	$\dfrac{p - a}{(p-a)^2 - b^2}$
23	$\sin^2 at$	$\dfrac{2a^2}{p(p^2 + 4a^2)}$
24	$\cos^2 at$	$\dfrac{p^2 + 2a^2}{p(p^2 + 4a^2)}$
25	$\sinh^2 at$	$\dfrac{2a^2}{p(p^2 - 4a^2)}$
26	$\cosh^2 at$	$\dfrac{p^2 - 2a^2}{p(p^2 - 4a^2)}$
27	$\sin(at + b)$	$\dfrac{p \sin b + a \cos b}{p^2 + a^2}$
28	$\cos(at + b)$	$\dfrac{p \cos b - a \sin b}{p^2 + a^2}$
29	$\sinh(at + b)$	$\dfrac{p \sinh b + a \cosh b}{p^2 - a^2}$
30	$\cosh(at + b)$	$\dfrac{p \cosh b + a \sinh b}{p^2 - a^2}$
31	$\sin at \sin bt$	$\dfrac{2abp}{(p^2 + (a+b)^2)(p^2 + (a-b)^2)}$

A4

Nr.	Originalfunktion $f(t)$	Bildfunktion $L[f(t)] = L(p)$
32	$\cos at \cos bt$	$\dfrac{p(p^2 + a^2 + b^2)}{(p^2 + (a+b)^2)(p^2 + (a-b)^2)}$
33	$\sin at \cos bt$	$\dfrac{a(p^2 + a^2 - b^2)}{(p^2 + (a+b)^2)(p^2 + (a-b)^2)}$
34	$\dfrac{1}{a} e^{-t/a}$	$\dfrac{1}{ap + 1}$
35	$\dfrac{1}{a}(e^{at} - 1)$	$\dfrac{1}{p(p-a)}$
36	$\dfrac{1}{a^2}(e^{at} - at - 1)$	$\dfrac{1}{p^2(p-a)}$
37	$\dfrac{1}{a^2}[1 + (at-1)e^{at}]$	$\dfrac{1}{p(p-a)^2}$
38	$1 - e^{-t/a}$	$\dfrac{1}{p(ap+1)}$
39	$\dfrac{1}{ab}\left(1 + \dfrac{be^{at} - ae^{bt}}{a - b}\right)$	$\dfrac{1}{p(p-a)(p-b)}$
40	$1 + \dfrac{ae^{-t/a} - bc^{-t/b}}{b - a}$	$\dfrac{1}{p(ap+1)(bp+1)}$
41	$ae^{-t/a} + t - a$	$\dfrac{1}{p^2(ap+1)}$
42	$1 - \cos at$	$\dfrac{a^2}{p(p^2 + a^2)}$
43	$t - \dfrac{1}{a}\sin at$	$\dfrac{a^2}{p^2(p^2 + a^2)}$
44	$1 - \cos at - \dfrac{at}{2}\sin at$	$\dfrac{a^4}{p(p^2 + a^2)^2}$
45	$\dfrac{1}{a^2} te^{-t/a}$	$\dfrac{1}{(1 + ap)^2}$
46	$\dfrac{1}{2a^3} t^2 e^{-t/a}$	$\dfrac{1}{(ap + 1)^3}$
47	$1 - \dfrac{a + t}{a} e^{-t/a}$	$\dfrac{1}{p(ap+1)^2}$
48	$\dfrac{e^{at} - e^{bt}}{a - b}$	$\dfrac{1}{(p-a)(p-b)}$

Nr.	Originalfunktion $f(t)$	Bildfunktion $L[f(t)] = L(p)$
49	$\dfrac{e^{-t/a} - e^{-t/b}}{a - b}$	$\dfrac{1}{(ap + 1)(bp + 1)}$
50	$\dfrac{e^{-(\alpha/2)t}}{\gamma_1} \sinh \gamma_1 t$ mit $\gamma_1 = \sqrt{\dfrac{\alpha^2}{4} - \beta}$	$\dfrac{1}{p^2 + \alpha p + \beta}$ mit $\dfrac{\alpha^2}{4} - \beta > 0$
51	$\dfrac{e^{-(\alpha/2)t}}{\gamma_2} \sin \gamma_2 t$ mit $\gamma_2 = \sqrt{\beta - \dfrac{\alpha^2}{4}}$	$\dfrac{1}{p^2 + \alpha p + \beta}$ mit $\dfrac{\alpha^2}{4} - \beta < 0$
52	$b \cos at + \dfrac{c}{a} \sin at$	$\dfrac{bp + c}{p^2 + a^2}$
53	$-\dfrac{c}{a} + \left(b + \dfrac{c}{a}\right) e^{at}$	$\dfrac{bp + c}{p(p - a)}$
54	$(1 + at)e^{at}$	$\dfrac{p}{(p - a)^2}$
55	$\left(t + \dfrac{1}{2}at^2\right)e^{at}$	$\dfrac{p}{(p - a)^3}$
56	$[b + (ab + c)t]e^{at}$	$\dfrac{bp + c}{(p - a)^2}$
57	$\dfrac{ae^{at} - be^{bt}}{a - b}$	$\dfrac{p}{(p - a)(p - b)}$
58	$\dfrac{e^{-(\alpha/2)t}}{\gamma_1}\left[\left(-\dfrac{\alpha}{2}\right)\sinh \gamma_1 t + \gamma_1 \cosh \gamma_1 t\right]$ mit $\gamma_1 = \sqrt{\dfrac{\alpha^2}{4} - \beta}$	$\dfrac{p}{p^2 + \alpha p + \beta}$ mit $\dfrac{\alpha^2}{4} - \beta > 0$
59	$\dfrac{e^{-(\alpha/2)t}}{\gamma_2}\left[\left(-\dfrac{\alpha}{2}\right)\sin \gamma_2 t + \gamma_2 \cos \gamma_2 t\right]$ mit $\gamma_2 = \sqrt{\beta - \dfrac{\alpha^2}{4}}$	$\dfrac{p}{p^2 + \alpha p + \beta}$ mit $\dfrac{\alpha^2}{4} - \beta < 0$
60	$\dfrac{(b - c)e^{at} + (c - a)e^{bt} + (a - b)e^{ct}}{(a - b)(a - c)(b - c)}$	$\dfrac{1}{(p - a)(p - b)(p - c)}$
61	$\dfrac{a(b - c)e^{-t/a} + b(c - a)e^{-t/b} + c(a - b)e^{-t/c}}{(a - b)(a - c)(b - c)}$	$\dfrac{1}{(ap + 1)(bp + 1)(cp + 1)}$

A4

Nr.	Originalfunktion $f(t)$	Bildfunktion $L[f(t)] = L(p)$
62	$\dfrac{1}{\beta}\left[1 - \dfrac{e^{-(\alpha/2)t}}{\gamma_1}\left(\dfrac{\alpha}{2}\sinh\gamma_1 t + \gamma_1\cosh\gamma_1 t\right)\right]$ mit $\gamma_1 = \sqrt{\dfrac{\alpha^2}{4} - \beta}$	$\dfrac{1}{p(p^2 + \alpha p + \beta)}$ mit $\dfrac{\alpha^2}{4} - \beta > 0$
63	$\dfrac{1}{\beta}\left[1 - \dfrac{e^{-(\alpha/2)t}}{\gamma_2}\left(\dfrac{\alpha}{2}\sin\gamma_2 t + \gamma_2\cos\gamma_2 t\right)\right]$ mit $\gamma_2 = \sqrt{\beta - \dfrac{\alpha^2}{4}}$	$\dfrac{1}{p(p^2 + \alpha p + \beta)}$ mit $\dfrac{\alpha^2}{4} - \beta < 0$
64	$\dfrac{a(b-c)e^{at} + b(c-a)e^{bt} + c(a-b)e^{ct}}{(a-b)(a-c)(b-c)}$	$\dfrac{p}{(p-a)(p-b)(p-c)}$
65	$\dfrac{(c-b)e^{-t/a} + (a-c)e^{-t/b} + (b-a)e^{-t/c}}{(a-b)(a-c)(b-c)}$	$\dfrac{p}{(ap+1)(bp+1)(cp+1)}$
66	$\left(1 + 2at + \dfrac{a^2 t^2}{2}\right)e^{at}$	$\dfrac{p^2}{(p-a)^3}$
67	$1 + 4at\,e^{at}$	$\dfrac{(p+a)^2}{p(p-a)^2}$
68	$1 + 2\sin at$	$\dfrac{(p+a)^2}{p(p^2 + a^2)}$
69	$\dfrac{1}{2}(\sin at + at\cos at)$	$\dfrac{ap^2}{(p^2 + a^2)^2}$
70	$\cos at + \dfrac{at}{2}\sin at$	$\dfrac{p^3}{(p^2 + a^2)^2}$
71	$\dfrac{1}{a^2 + b^2}\left(e^{-at} - \cos bt + \dfrac{a}{b}\sin bt\right)$	$\dfrac{1}{(p+a)(p^2 + b^2)}$
72	$\dfrac{a}{a^2 + b^2}\left(-e^{-at} + \cos bt + \dfrac{b}{a}\sin bt\right)$	$\dfrac{p}{(p+a)(p^2 + b^2)}$
73	$\dfrac{\cos bt - \cos at}{a^2 - b^2}$	$\dfrac{p}{(p^2 + a^2)(p^2 + b^2)}$
74	$\dfrac{a\sin bt - b\sin at}{(a^2 - b^2)}$	$\dfrac{ab}{(p^2 + a^2)(p^2 + b^2)}$
75	$\dfrac{a\sin at - b\sin bt}{a^2 - b^2}$	$\dfrac{p^2}{(p^2 + a^2)(p^2 + b^2)}$
76	$\dfrac{a\cos bt - b\cos at}{a^2 - b^2}$	$\dfrac{p(p^2 + a^2 + b^2 + ab)}{(p^2 + a^2)(p^2 + b^2)(a + b)}$

Nr.	Originalfunktion $f(t)$	Bildfunktion $L[f(t)] = L(p)$
77	$\dfrac{a\cos at - b\cos bt}{a^2 - b^2}$	$\dfrac{p(p^2 - ab)}{(p^2 + a^2)(p^2 + b^2)(a + b)}$
78	$\sqrt{t}$	$\dfrac{\sqrt{\pi}}{2}\dfrac{1}{p\sqrt{p}}$
79	$\dfrac{1}{\sqrt{t}}$	$\sqrt{\dfrac{\pi}{p}}$
80	$\dfrac{t^n}{\sqrt{t}}, \quad n \in \mathbb{N}$	$\dfrac{(2n)!\sqrt{\pi}}{n!4^n}\dfrac{1}{p^n\sqrt{p}}$
81	$\sqrt{t}\,e^{at}$	$\dfrac{\sqrt{\pi}}{2(p - a)\sqrt{p - a}}$
82	$\dfrac{1}{\sqrt{t}}\,e^{at}$	$\dfrac{\sqrt{\pi}}{\sqrt{p - a}}$
83	$\dfrac{t^n}{\sqrt{t}}\,e^{at}, \quad n \in \mathbb{N}$	$\dfrac{(2n)!\sqrt{\pi}}{n!4^n}\dfrac{1}{(p - a)^n\sqrt{p - a}}$
84	$\dfrac{e^{bt} - e^{at}}{t}$	$\ln\dfrac{p - a}{p - b}$
85	$\dfrac{1 - e^{at}}{t}$	$\ln\dfrac{p - a}{p}$
86	$\dfrac{1 - \cos at}{t}$	$\dfrac{1}{2}\ln\dfrac{p^2 + a^2}{p^2}$
87	$\dfrac{\sin at \sin bt}{t}$	$\dfrac{1}{4}\ln\dfrac{p^2 + (a + b)^2}{p^2 - (a - b)^2}$
88	$\dfrac{\cos at - \cos bt}{t}$	$\dfrac{1}{2}\ln\dfrac{p^2 + b^2}{p^2 + a^2}$
89	$\dfrac{\sinh at}{t}$	$\dfrac{1}{2}\ln\dfrac{p + a}{p - a}$
90	$\dfrac{\sin at}{t}$	$\arctan\dfrac{a}{p}$
91	$\dfrac{1}{\sqrt{t}}\sin\dfrac{a}{2t}$	$\sqrt{\dfrac{\pi}{p}}\,e^{-\sqrt{ap}}\sin\sqrt{ap}$
92	$\dfrac{1}{\sqrt{t}}\cos\dfrac{a}{2t}$	$\sqrt{\dfrac{\pi}{p}}\,e^{-\sqrt{ap}}\cos\sqrt{ap}$

A4

Literaturverzeichnis

[1] *Aulbach, B.:* Gewöhnliche Differenzialgleichungen, 2. Auflage, Spektrum, Akademischer Verlag, Heidelberg, 2004.

[2] *Amann, H.:* Gewöhnliche Differentialgleichungen, 2. Auflage, de Gruyter, Berlin, New York, 1995.

[3] *Ansorge, R., Oberle, H.-J.* Mathematik für Ingenieure, Bd. 2, Wiley-VCH, Weinheim, 2003.

[4] *Bartsch, H.-J.* Taschenbuch mathematischer Formeln, 21. Auflage, Fachbuchverlag Leipzig im Carl Hanser Verlag, Leipzig, 2007.

[5] *Boyce, W. E., Di Prima, R. C.:* Gewöhnliche Differentialgleichungen, Spektrum Akademischer Verlag, Heidelberg, Berlin, 2000.

[6] *Burg, K., Haf, H., Wille, F.:* Höhere Mathematik für Ingenieure. Bd. 3, 4. Auflage, Teubner, Stuttgart, 2002.

[7] *Dallmann, H., Elster, K. H.:* Einführung in die höhere Mathematik für Naturwissenschaftler und Ingenieure, Bd. 1, 2, 3, Uni-TB GmbH, Stuttgart, 1991, 1991, 1992.

[8] *Demailly, J.-P.:* Gewöhnliche Differentialgleichungen, Vieweg, Braunschweig, 1994.

[9] *Dobner, G., Dobner, H.-J.:* Gewöhnliche Differenzialgleichungen, Fachbuchverlag Leipzig im Carl Hanser Verlag, Leipzig, 2004.

[10] *Forst, W., Hoffmann, D.:* Gewöhnliche Differentialgleichungen, Springer, Berlin, Heidelberg, 2005.

[11] *Groetsch, C. W.:* Inverse Problems in the Mathematical Sciences, Vieweg, Braunschweig, Wiesbaden, 1993.

[12] *Heuser, H.:* Gewöhnliche Differentialgleichungen, 5. Auflage, Teubner, Stuttgart, 2006.

[13] *Luther, W., Niederdrenk, K., Reutter, F., Yserentant, H.:* Gewöhnliche Differentialgleichungen, Vieweg, Braunschweig, Wiesbaden, 1987.

[14] *Robinson, J. C.:* An Introduction to Ordinary Differential Equations, University Press, Cambridge, 2004.

[15] *Walter, W.:* Gewöhnliche Differentialgleichungen, 7. Auflage, Springer, Berlin, Heidelberg, 2000.

[16] *Wenzel, H., Meinhold, P.:* Gewöhnliche Differentialgleichungen, 7. Auflage, Teubner, Stuttgart, Leipzig, 1994.

[17] *Westermann, T.:* Mathematik für Ingenieure mit Maple, Bd. 2, Springer, Berlin, 2001.

Index

$$y(t + \Delta t) = y(t) + \lambda \Delta t - 2\lambda \Delta t$$

$$\frac{dy}{dt} = -\lambda$$

$$y(t) = -\lambda t + C$$

$$y(t_0) = y(0) = B = C$$

$$y(t_1) = 0 \iff t_1 = \frac{C}{2}$$